职业教育
计算机
系列教材

微软办公软件国际认证实训教程——Office 2016

杨桂珍◎主　编
邹丽珊　陈　宁◎副主编
曾文著◎参　编

同济大学出版社
TONGJI UNIVERSITY PRESS
·上海·
Neusoft® 东软电子出版社
Beyond Technology™

内 容 提 要

本书根据微软办公软件国际认证(Microsoft Office Specialist，MOS)的实训教程要求，以项目式、任务式教学法讲解了 Office 软件的实际应用。全书主要内容包括 Word、Excel、PowerPoint 与 Outlook 四种软件的使用方法与技巧。本书以任务分解项目难点，采用图解式对实操步骤进行清晰的介绍，并附有相关项目素材和辅导视频，贴合实际应用场景，有助于读者在实训中积累 Office 软件的使用经验，提升信息技术应用能力。

本书可作为职业院校的计算机基础课教材，也可作为微软办公软件国际认证考试的指导用书。

图书在版编目(CIP)数据

微软办公软件国际认证实训教程：Office2016 / 杨桂珍主编. -- 上海：同济大学出版社，2023.4

ISBN 978-7-5765-0594-8

Ⅰ. ①微… Ⅱ. ①杨… Ⅲ. ①办公自动化-应用软件-教材 Ⅳ. ①TP317.1

中国国家版本馆 CIP 数据核字(2023)第 000432 号

微软办公软件国际认证实训教程——Office 2016

杨桂珍 **主 编**
邹丽珊 陈 宁 **副主编**

责任编辑 张 莉
助理编辑 屈斯诗 朱华茗
责任校对 徐逢乔
封面设计 渲彩轩
出版发行 同济大学出版社 www.tongjipress.com.cn
(地址：上海市四平路 1239 号 邮编：200092 电话：021-65985622)
经 销 全国各地新华书店
排 版 南京月叶图文制作有限公司
印 刷 常熟市大宏印刷有限公司
开 本 787mm×1092mm 1/16
印 张 19
字 数 474 000
版 次 2023 年 4 月第 1 版
印 次 2023 年 4 月第 1 次印刷
书 号 ISBN 978-7-5765-0594-8

定 价 69.00 元

前言

微软办公软件国际认证（Microsoft Office Specialist，MOS）是微软公司为全球所认可的 Office 软件国际性专业认证，该认证获全球共 132 个国家地区认可，截至 2019 年 9 月中旬，全球已经有超过 2 300 万人次分别使用英文、中文、日文、德文、法文、阿拉伯文、韩文、泰文、意大利文和芬兰文等 24 种语言参加了该项考试。本书选用 MOS 2016 专家级认证级别，该认证是目前世界上知名的信息工作人员的认证计划，它延续了 MOS 专家认证的传统，用户获得最新的 MOS 认证有助于验证自己的 Office 技能，推动职业生涯发展。

配套电子资源（含项目素材及 MOS 认证考试辅导视频）

本书针对 MOS 2016 大师认证考试编写，该认证可以协助企业、政府机构、学校与个人验证对于 Microsoft Office 各软件应用知识与技能的专业程度。本书分为五个模块，含35 个项目，共计 213 个任务，提升学生对 Word、Excel、PowerPoint、Outlook 等软件的实际应用能力；并以任务形式提供复习题组、图解式解答方式，配备完整的模拟题目文档和视频解答教程。读者借助本书能提升信息技术应用能力，提高 Office 应用技能。

最后，感谢广州城市职业学院提供良好的平台，深圳微软技术中心的鼎力合作，以及相关人士的帮助与支持。本书是广州城市职业学院《信息技术》《信息技术应用基础》实训（实验）教材项目教程。广州城市职业学院杨桂珍老师为本书的主编，对本书进行了编写统稿和初审；邹丽珊、陈宁为副主编，对教材进行资料整理和后期编排；深圳微软技术中心的曾文著经理为本书提供了相关案例素材。本书的编写思路和项目设计贴近实际应用，希望随着本书的出版，MOS 认证能在更大的范围得到推广和普及，同时让更多的在校学生借此参加全国乃至世界级的 MOS 大赛。

编　者

2023 年 2 月

目录

模块一 MOS介绍

项目 MOS介绍与如何申请考生账号

项目概述

该项目将介绍MOS认证的相关信息,并详细讲解申请考生帐号的流程。

一、MOS认证简介

微软办公软件国际认证(Microsoft Office Specialist,MOS)是微软针对Microsoft Office系列软件所发展的一种认证,其认证对象是针对使用Office各类软件的用户,由于MOS是国际性且由微软官方提出的认证,因此在全球受到许多国家的认可。此认证从Office 95开始出现,经由97,2000,XP,2003,2007,2010,2013等版本,认证与考试的模型已经发展得相当成熟。全球每年获取MOS认证的人数已超过二百万人。

二、MOS认证科目

目前,MOS 2016认证考试科目主要有Word、Excel、PowerPoint、Access以及Outlook等。如图1.1所示,通过以上前三科加最后两科中选一科,共四科的测验,即可获得MOS大师证书。MOS认证的每一科目考试时间均为50分钟,考试方式主要是模拟真实的Office操作环境,通过上机在线测试来完成。如果考生顺利通过测验,Office认证中心会向考生注册时留下的E-mail地址发送邮件,MOS证书可寄发至考生留下的住址,或考生可在网上查找证书,自行下载打印。

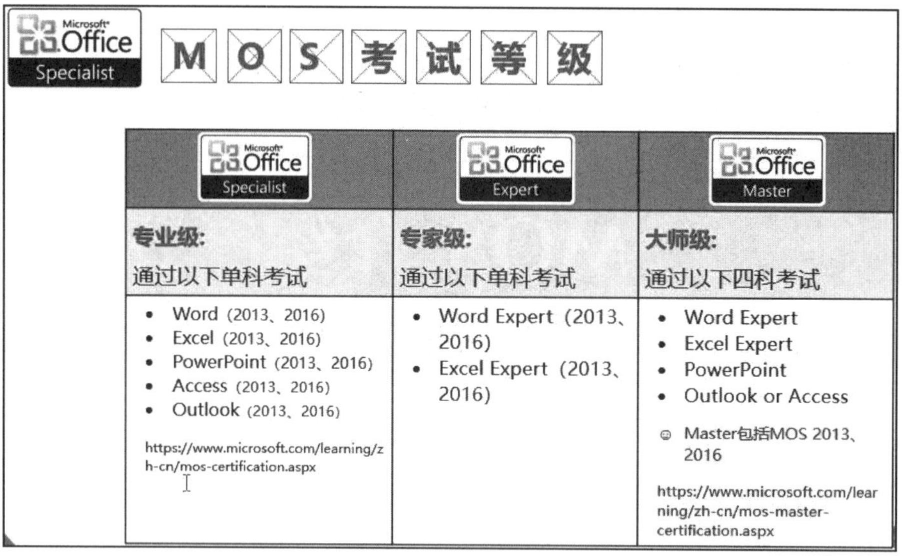

图 1.1　MOS 认证科目

三、申请考生账号

操作步骤如下。

(1) 在地址栏输入 http://www.certiport.com.cn/进入该网站,如图 1.2 所示。

(2) 单击右上角"Register"注册按钮。

图 1.2　MOS 认证网站

(3) 选择语言:Chinese Simplified。

(4) 选择国家:China,如图 1.3 所示。

(5) 按提示输入验证码。(注意:国外网站的验证码必须区分大小写)

(6) 输入考生信息，如图 1.4 所示。

① 姓氏：输入自己的姓。

② 中间名：可以不填。

③ 名字：输入自己的名字。

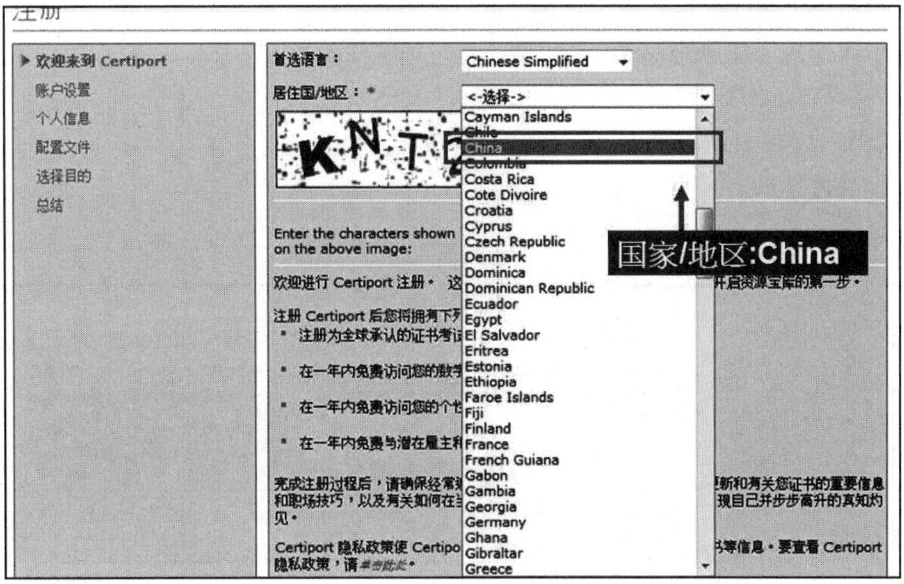

图 1.3　选择国家

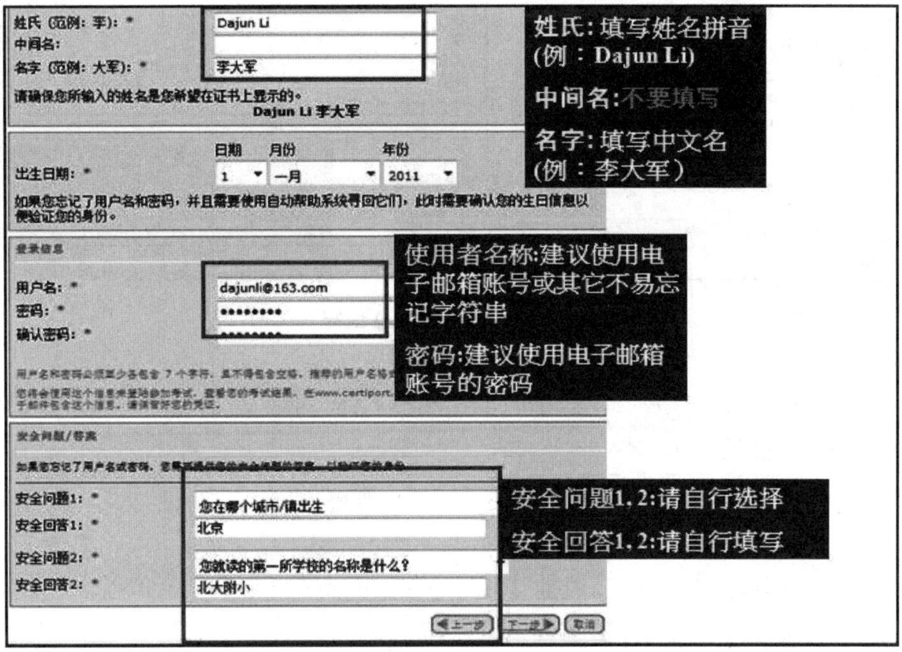

图 1.4　考生信息 1 填写

④ 选择出生日期、月份、年份。

⑤ 输入考生登录考试的账号和密码。

⑥ 输入忘记密码时的验证问题和答案。

(7) 输入电子邮件地址和邮寄地址，如图 1.5 所示。

① 输入电子邮件地址。

② 依次输入详细地址、所在城市、所在省份和邮政编码等信息。

(8) 选择自己的职业和性别。

① 选择“学生”或者其他。

② 选择性别。

③ 单击“提交”按钮。

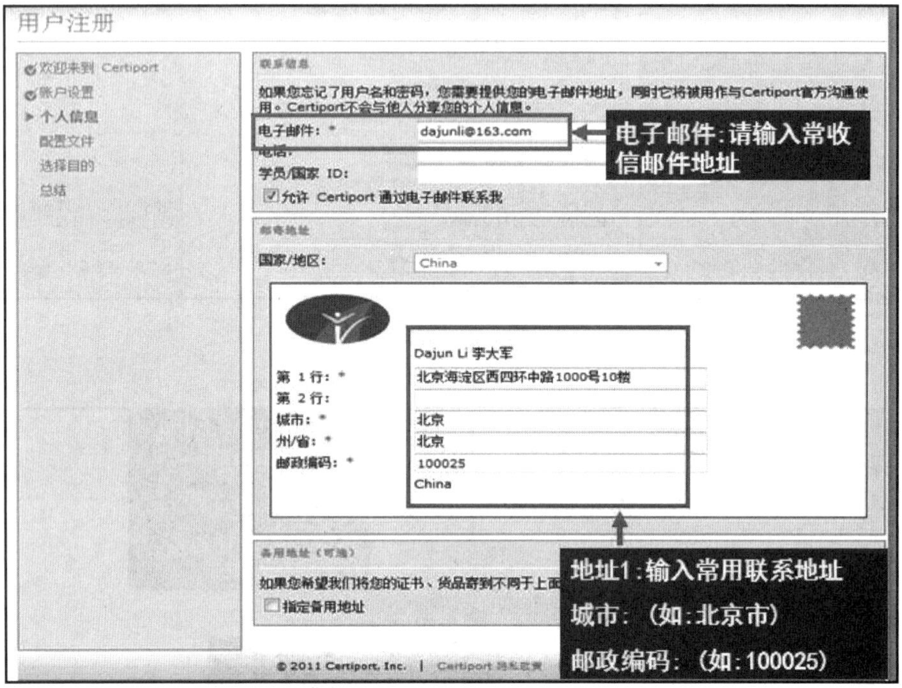

图 1.5　考生信息 2 填写

④ 提交用户注册信息后，出现如图 1.6 所示的界面，勾选“进行考试或准备考试”。

(9) 注册认证课程。

单击 Microsoft 栏右侧的“注册”按钮，如图 1.7 所示。

(10) 填写英文注册信息，如图 1.8 所示。

① 单击“使用我的 Certiport 档案”按钮，导入上面步骤注册的中文信息。

② 在左栏中用英文填写注册信息。

③ 接受协议。

④ 单击“提交”铵钮。

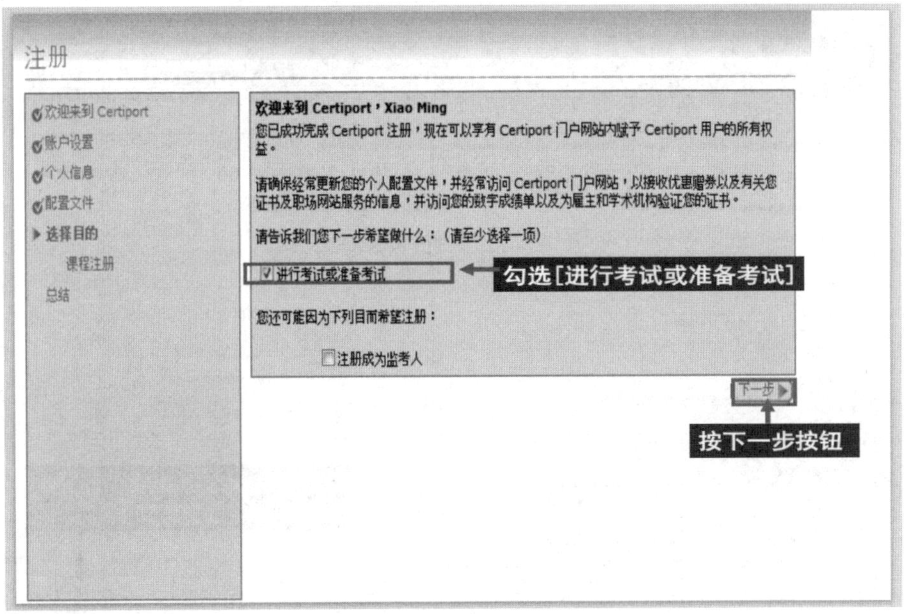

图 1.6　进行考试或准备考试

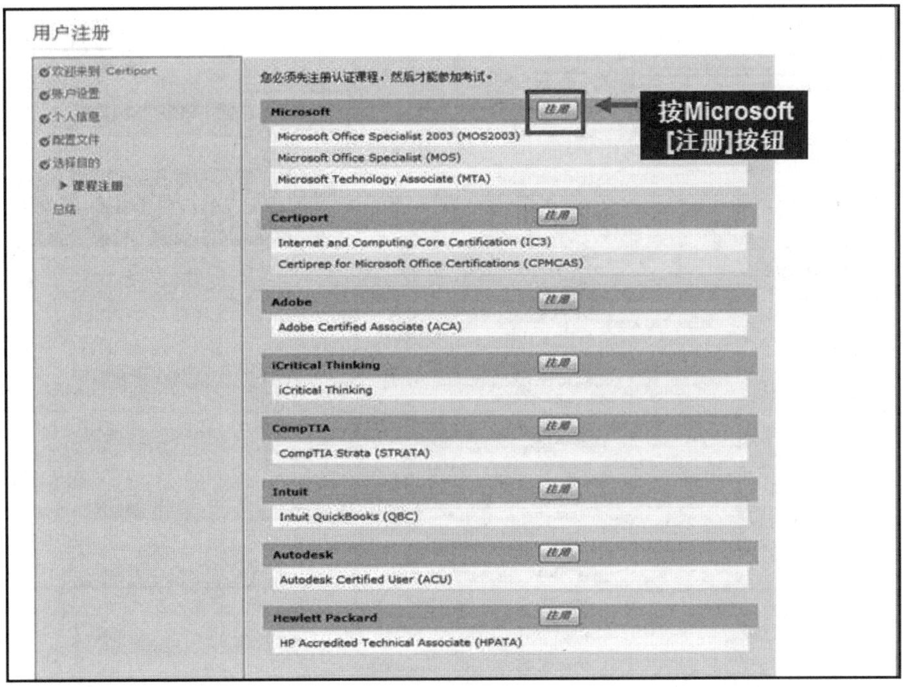

图 1.7　注册认证课程

(11) 完成 Microsoft 的注册。

完成注册认证课程后的界面如图 1.9 所示。

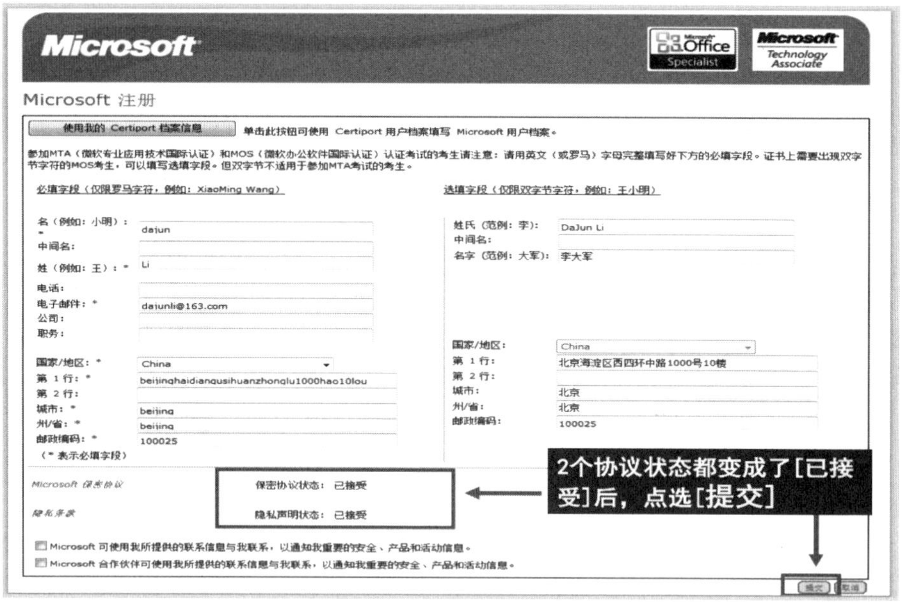

图 1.8　填写英文注册信息

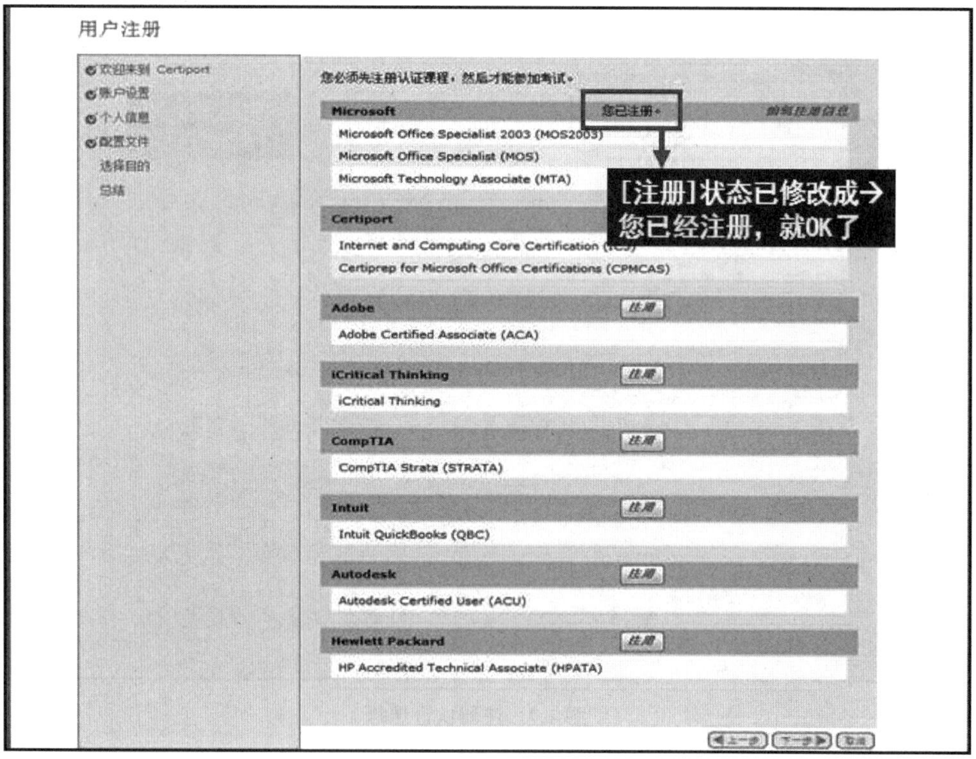

图 1.9　注册成功界面

四、账号使用

(1) 考试结束后，考生可以用考试的账号和密码登录 www.certiport.com.cn 来查看自己的考试成绩，登录界面如图 1.10、图 1.11 所示。

图 1.10　登录步骤 1

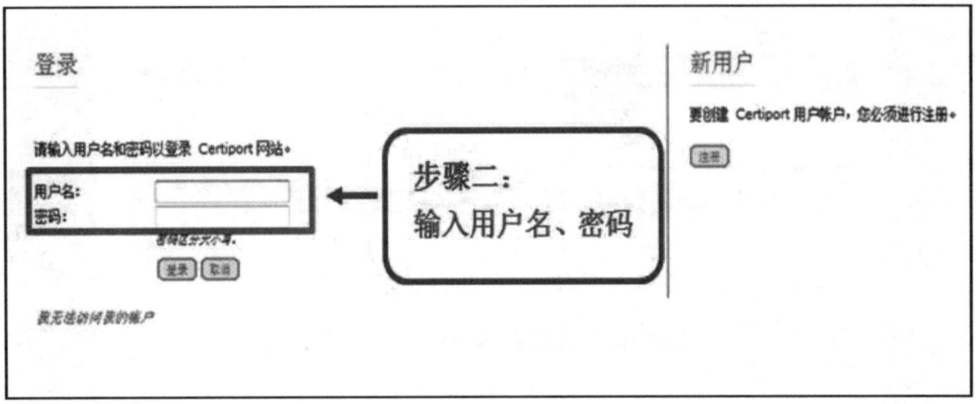

图 1.11　登录步骤 2

(2) 单击"登录"按钮，输入考生的用户名和登录密码。

(3) 查看自己所有考试成绩，成绩结果显示如图 1.12 和图 1.13 所示。

单击 PDF 或 XPS 条目查看相应科目的在线证书，如图 1.14 和图 1.15 所示。

图 1.15 中证书另存后可打印。

图 1.12　进入成绩查询界面

图 1.13　查看成绩

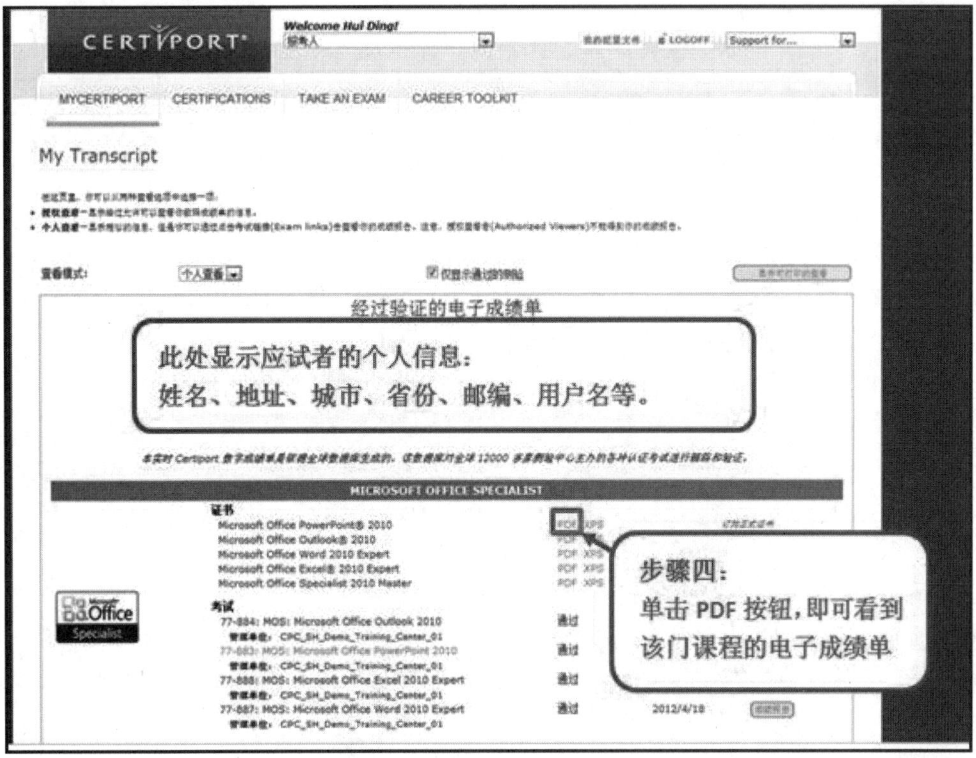

图 1.14　查看相应科目的成绩

图 1.15　在线查看证书

模块二 MOS Word 2016 Expert

项目一 在线发布月报“服务”

项目概述

假设您是某公司现场服务部的行政助理，您正准备在公司网页在线发布月报。该项目下有六个任务。

任务 1

基于正文样式创建名为“Quote 2”的样式，并设置为文本倾斜和段落居中对齐。

一、准备

打开练习文档(\MOS word 2016\项目 1:服务.docx)。

二、注释

在 Word 文档中，经常会有多处不相邻的文本需要使用同一种格式，包括字体、字号、行间距和段间距等。如果将这些相同的格式定义为一种样式，在需要时应用这种样式将会方便很多。本任务考查如何新建样式，该操作在开始菜单的样式中实现。

三、步骤

(1) 在打开的文档中选择“开始”选项卡，如图 2.1①所示。

(2) 在“开始”选项卡中选择“样式”功能区的右下角按钮，如图 2.1②所示。

(3) 在弹开的“样式”任务窗口选择最下面的第一个按钮“新建样式”，如图 2.1③所示。

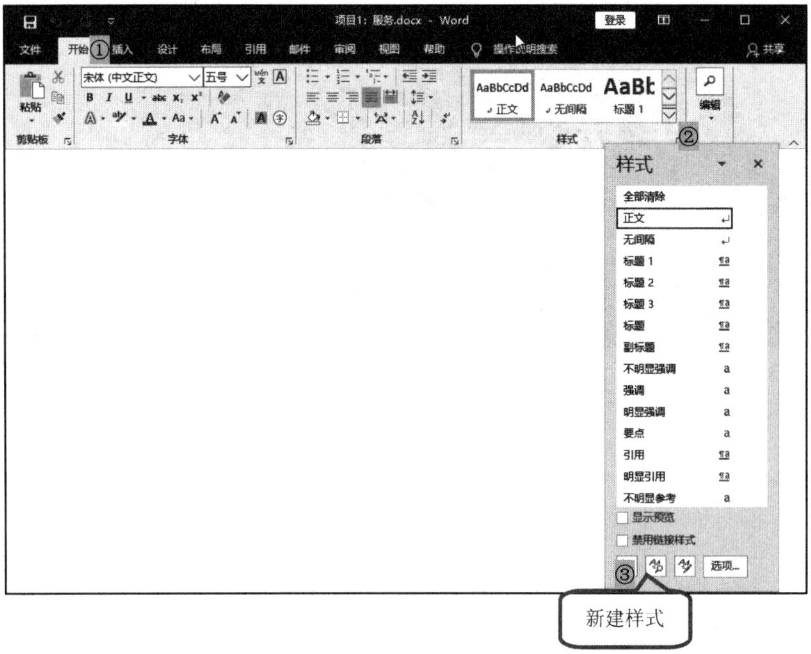

图 2.1　新建样式

（4）在新建样式对话框属性的“名称”框中输入“Quote 2”，在“样式基准”中选择“正文”，如图 2.2④所示。

（5）在该对话框的“格式”中单击“*I*”设置文字倾斜，如图 2.2⑤所示。

（6）在该对话框的“格式”中单击居中对齐方式，如图 2.2⑥所示，按“确定”按钮完成操作。

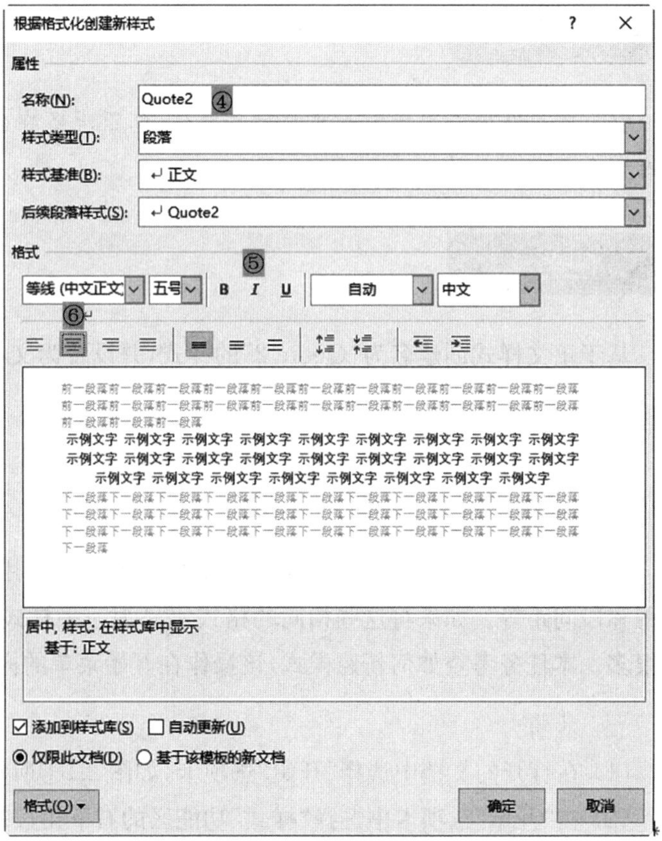

图 2.2　“根据格式化创建新样式”对话框

注 意

新建的样式会马上在光标处实现，如果不要求应用样式，要注意光标所在的位置；如果被新建样式应用了，要将其改为原来的状态。

任务 2

在最后一页的图表下方添加题注“图表 1-季度业绩”，其中文本“图表 1”应自动添加。

一、准备

打开练习文档(\MOS word 2016\项目 1：服务.docx)。

二、注释

本任务考查引用题注的设置。该操作可以在文档插入的图片中设置图片的题注，题注包括标签和文字内容。一般图片的标签设置为图表 1(数字会随着图片的增加而增加)，而表格的标签设置为表格 1(数字会随着表格的增加而增加)。

三、步骤

(1) 用垂直滚动条或组合键【Ctrl+End】，把光标移到文档最后，单击文中的图表，注意是单击图表的外框，表示选中图表，单击“引用”选项卡，在题注功能区里单击“插入题注”选项，如图 2.3 所示。

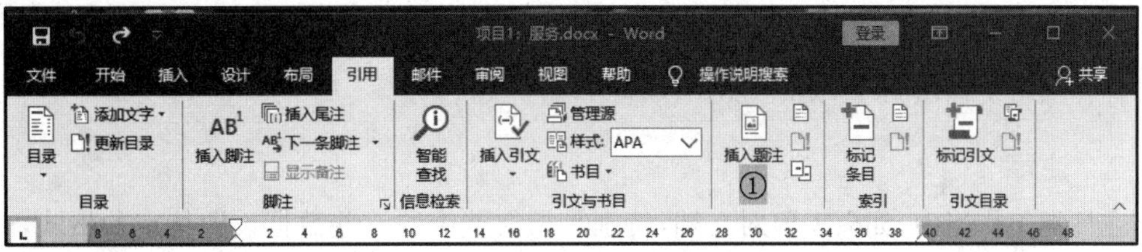

图 2.3　插入题注

(2) 在弹出的插入题注对话框中，单击“新建标签”选项，在其输入框中输入“图表”，后面的数字为自动添加，如图 2.4②所示。

(3) 在“位置”的下拉选项中选择“所选项目下方”，如图 2.4③所示，一般图表的题注在下方，表格的题注在上方。

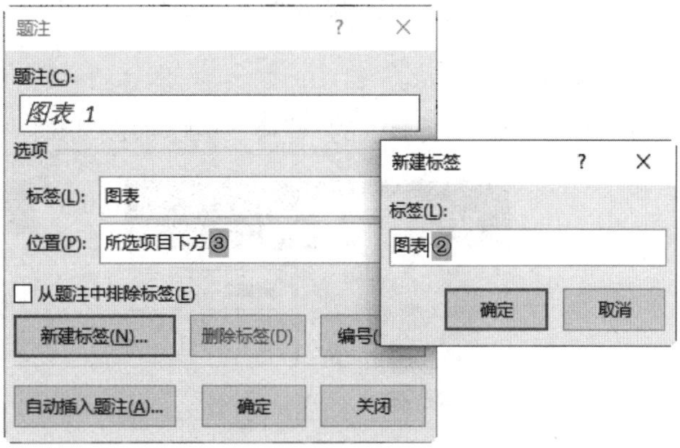

图 2.4　设置标签题注

(4) 此时题注会出现在图表

的下方，然后输入内容“季度业绩”，并将文本居中对齐，如图 2.5④所示，完成操作。

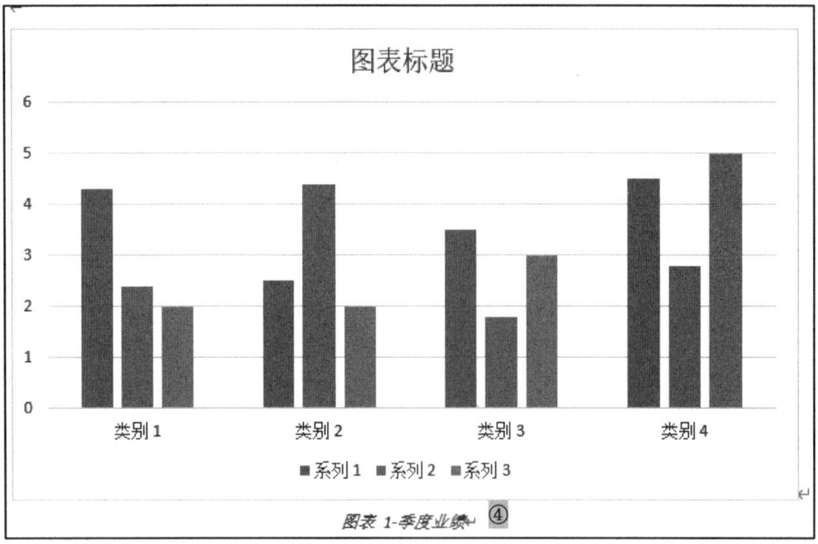

图 2.5　设置题注内容

任务 3

定位并替换所有的“标题 1”段落样式内容为“标题 2”段落样式。

一、准备

打开练习文档(\MOS word 2016\项目 1：服务.docx)。

二、注释

在日常工作当中，如果需要对文档，特别是长文档中的一些数据设置特定的格式，一一设置过于麻烦。而使用 Word 提供的查找和替换功能就可以方便地查找和替换需要的内容。本任务考查 Word 的替换功能。

三、步骤

(1) 单击开始选项卡中的“替换”选项，如图 2.6①所示。

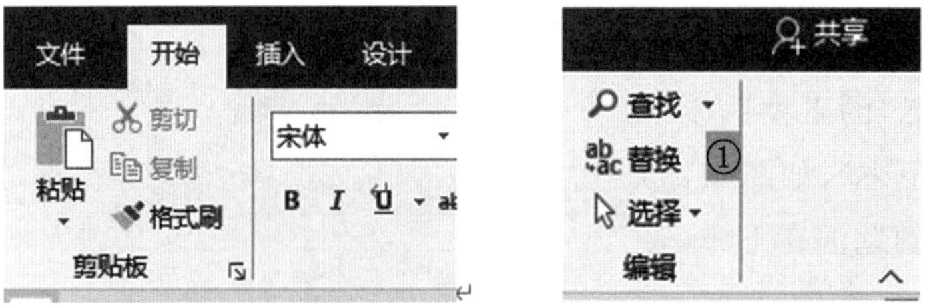

图 2.6　选择替换功能

(2) 在弹出的“查找和替换”对话框中,选定“查找内容”框,如图 2.7②所示。

(3) 单击“更多”按钮,展开更多内容,如图 2.7③所示。

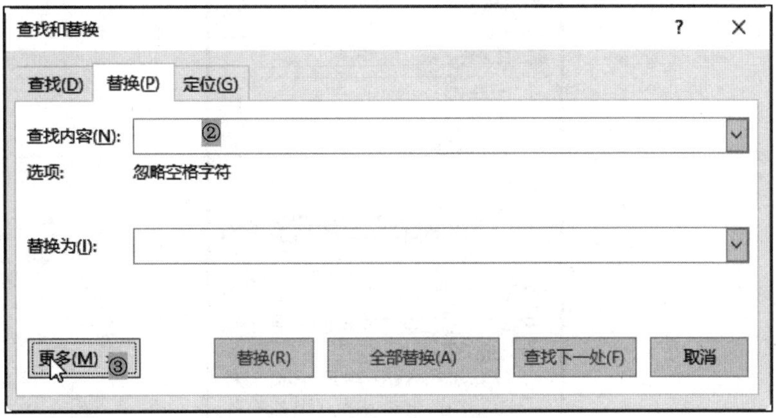

图 2.7　展开更多内容

(4) 在展开的更多内容的对话框中,单击“格式”按钮,在下拉选项中选择“样式”,如图 2.8④所示。

图 2.8　在“格式”下拉选项中选择“样式”

(5) 在弹出的“查找样式”对话框中选择“标题 1”为查找内容，如图 2.9⑤所示，并按“确定”按钮。

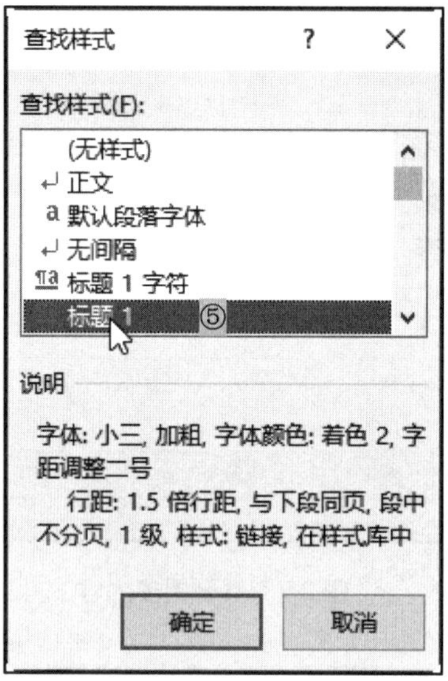

图 2.9　查找“标题 1”样式

(6) 单击替换内容框，以同样的方式在弹出的“替换样式”对话框中选择“标题 2”为替换内容，如图 2.10⑥所示。

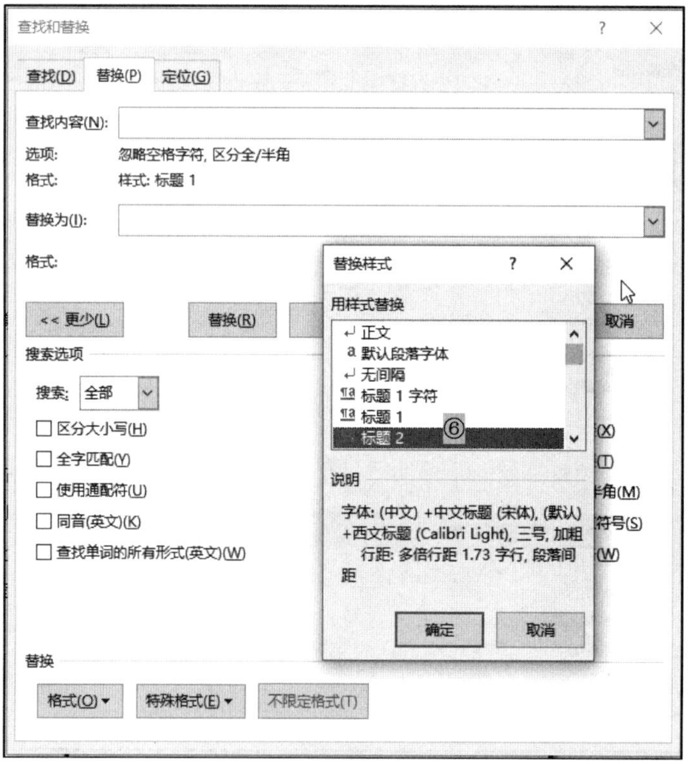

图 2.10　替换为“标题 2”样式

(7) 在“查找和替换”对话框中，单击“全部替换”按钮，显示结果为“全部完成。完成 8 处替换。”如图 2.11⑦所示，完成操作。

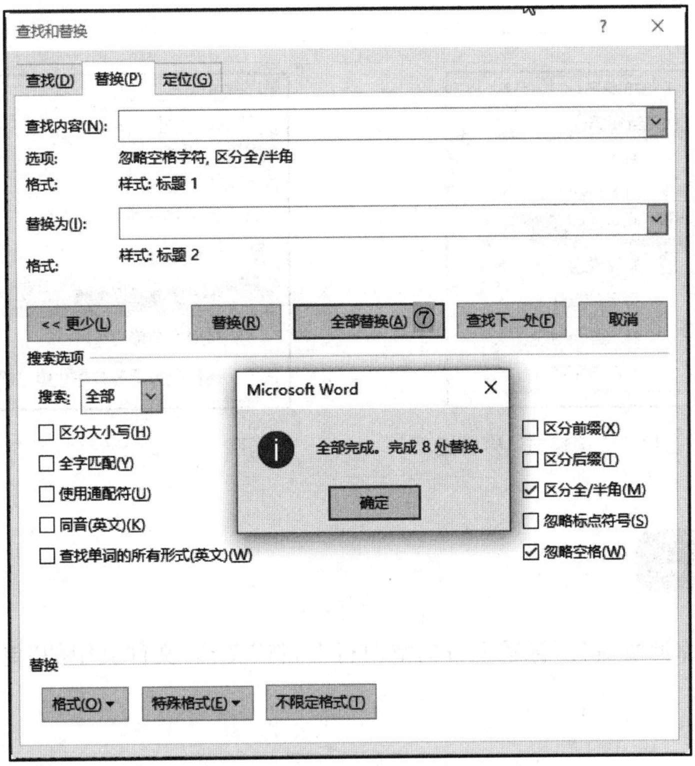

图 2.11　全部替换操作

任务 4

接受对文档的所有插入和删除，但不接受格式变更。

一、准备

打开练习文档(\MOS word 2016\项目 1：服务.docx)。

二、注释

Word 提供了文档修订功能，在打开修订功能的情况下，将会自动跟踪对文档的所有更改，包括插入、删除和格式更改，并对更改的内容给出标记。所有修订的操作均可选择“接受”或“不接受”，还可以选择“部分接受”，该任务是在修订状态下只接受插入和删除的修订，不接受格式的变更。

三、步骤

(1) 单击“审阅”选项卡，在修订选项中找到“显示标记”，并点击旁边的下拉按钮，在下拉选项中单击“设置格式”使其去掉该选项，如图 2.12①所示。

(2) 在“更改”功能区中单击“接受”的下拉按钮，选择“接受所有显示的修订”完成操作，如图 2.13②所示。

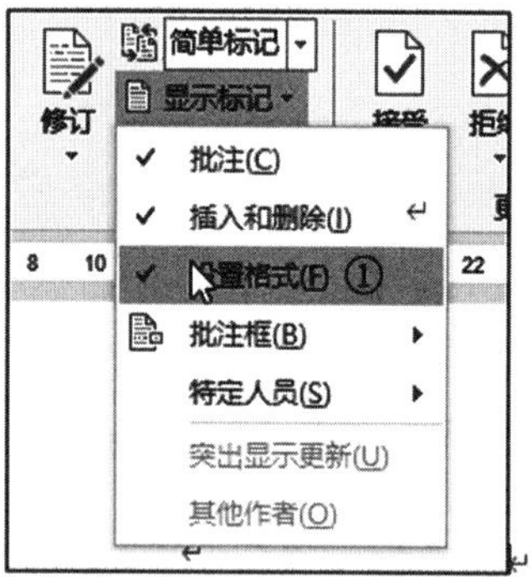

图 2.12 去掉“设置格式”修订选项

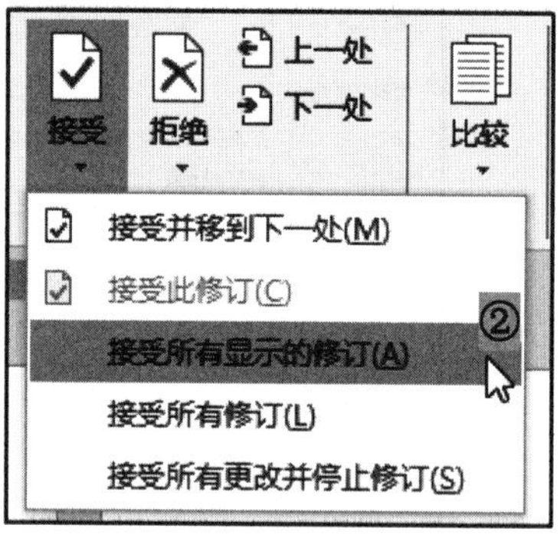

图 2.13 接受所有显示的修订

任务 5

在“全新仓库退货流程”标题上方的空白行上，将“文档”文件夹中的“更多信息.docx”内容链接到文档。

一、准备

打开练习文档(MOS word 2016\项目 1:服务.docx)。

二、注释

日常工作中使用 Word 编辑文档，有时候需要某些内容能够链接到其他内容，比如说链接到其他的段落、音频或者图片、视频，甚至是网页，这种功能在 Word 中是可以实现的，本任务考查 Word 文档的链接操作。

三、步骤

(1) 在该文档中，单击“视图”选项卡，在“显示”功能区中单击勾选“导航窗格”，如图 2.14①所示。

(2) 在展开的导航窗格中单击“全新仓库退货流程”，以快速定位到任务要求的标题位置上，如图 2.14②所示。

(3) 单击文中“全新仓库退货流程”上方的空白行，可以通过“开始”选项卡中段落功能区中的“显示/隐藏编辑标记”按钮来确认该标题上方是否只有一个空白行，如图 2.15③所示。

(4) 单击“视图”选项卡，在“视图”功能区中单击“大纲”视图，在“主控文档”功能区中单击“显示文档”，如图 2.16④所示。

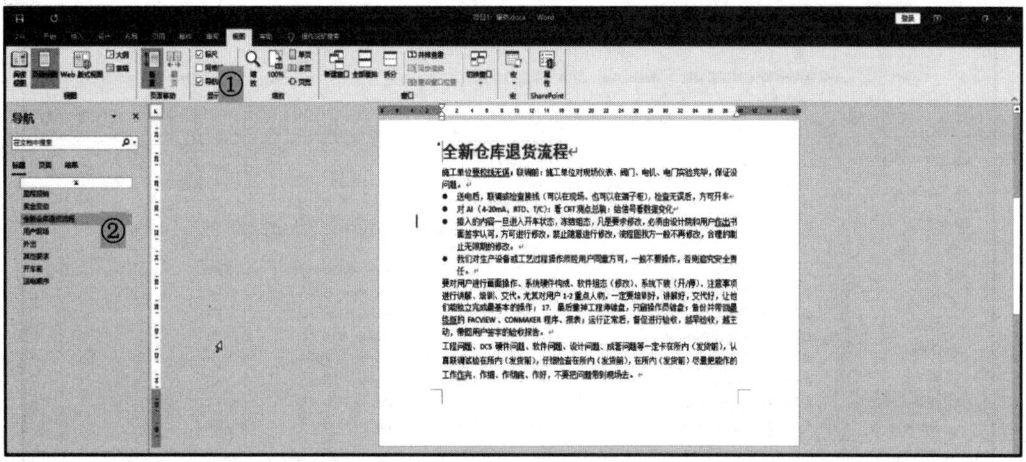

图 2.14　利用导航窗格快速定位标题位置

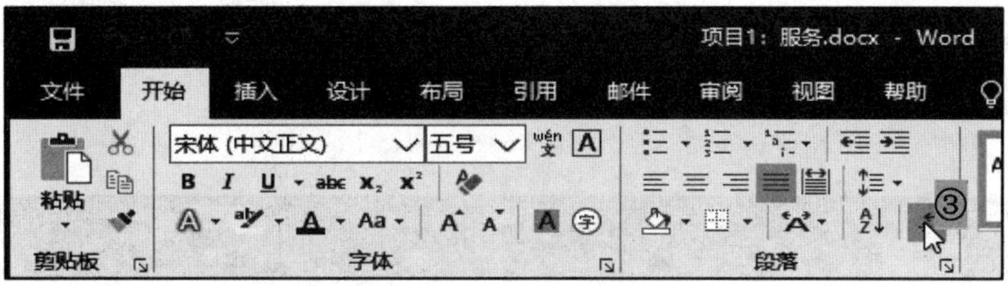

图 2.15　显示/隐藏编辑标记

（5）在展开的选项中单击“插入”按钮，如图 2.16⑤所示。

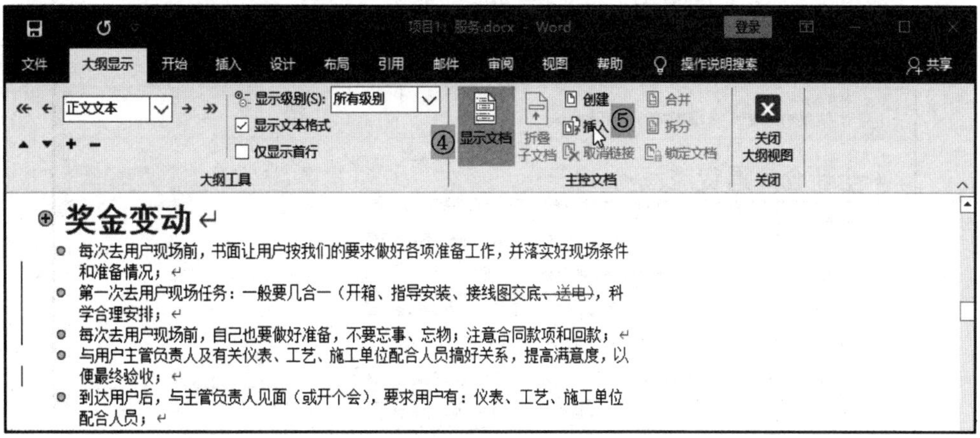

图 2.16　大纲视图

（6）在弹出的“插入子文档”对话框中，选择“文档”文件夹中的“项目素材：更多信息.docx”文档，并单击“打开”按钮，如图 2.17⑥所示。

（7）可以在大纲视图中看到对应的位置已插入“更多信息”的文档，关闭大纲视图，完成操作，如图 2.18⑦所示。

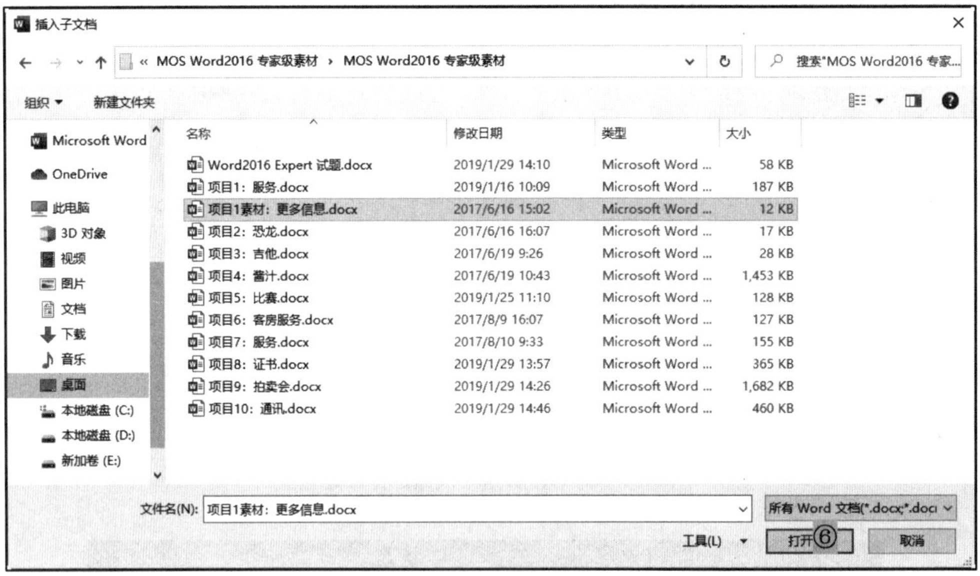

图 2.17　插入子文档

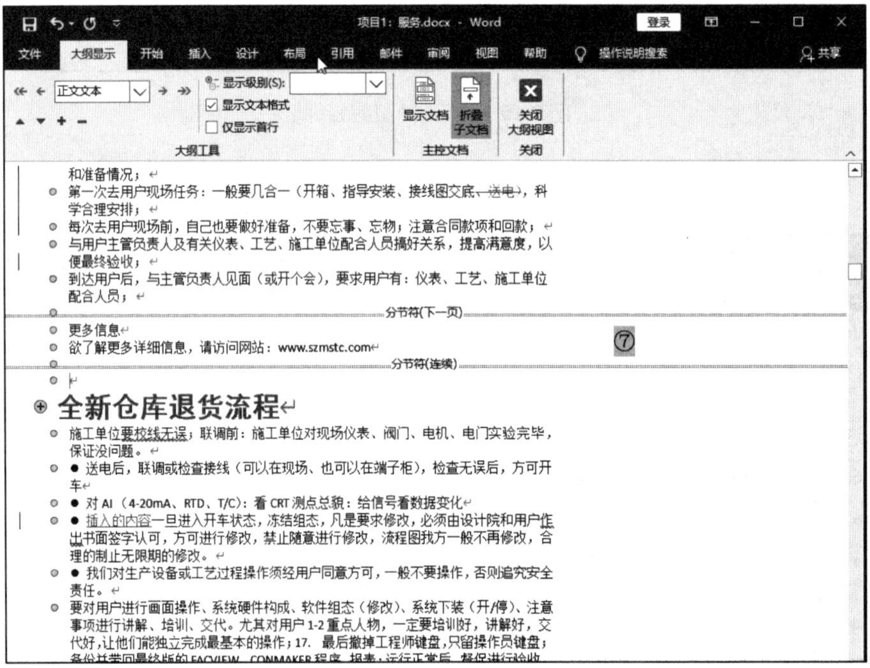

图 2.18　在大纲视图中插入该文档的结果

任务 6

将“正文”样式从“Normal.dotm”复制到“服务.docx”，覆盖现有“正文”样式。

一、准备

打开练习文档(\MOS word 2016\项目 1:服务.docx)。

二、注释

利用管理器可以将文件或模板的样式、工具栏等复制到另一个文件或模板中。本任务考查如何启用开发工具选项卡,如何在模板加载项中使用管理器进行模板的复制。

三、步骤

(1) 单击"文件"选项卡,选择"选项",在弹出的"Word 选项"对话框中单击"自定义功能区",在右边的"自定义功能区"中勾选"开发工具",如图 2.19①所示。

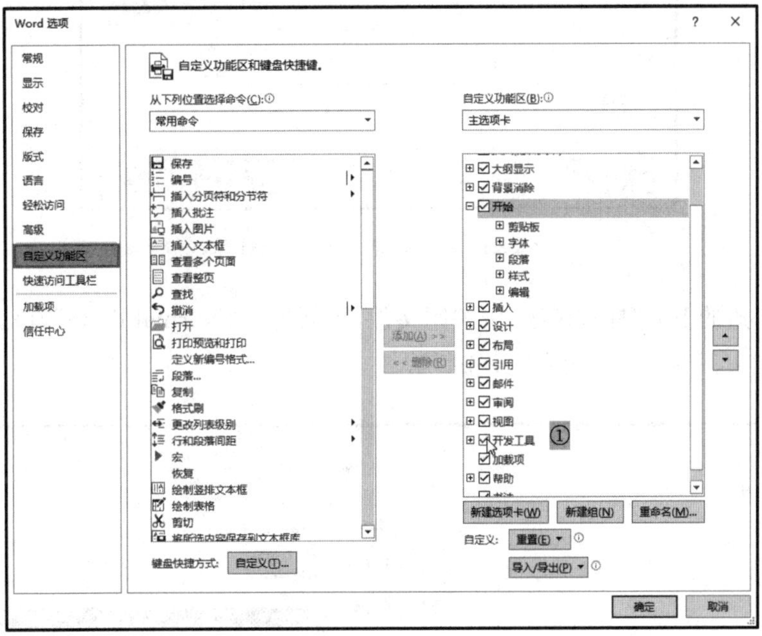

图 2.19　启用开发工具

(2) 单击"开发工具"选项卡,在"模板"功能区中单击"文档模板"按钮,如图 2.20②所示。

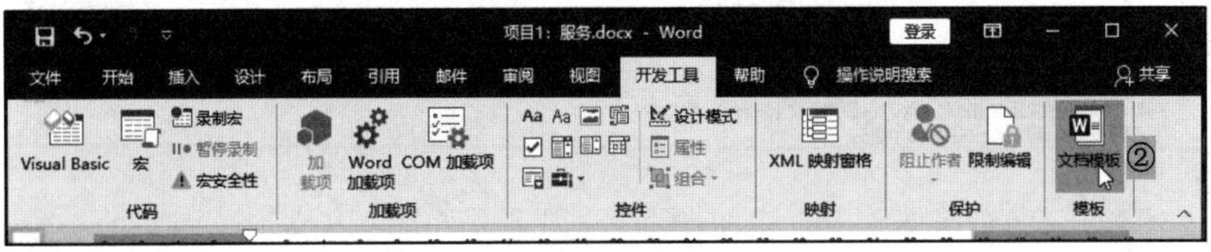

图 2.20　文档模板选项

(3) 在弹出的"模板和加载项"对话框中,单击左下角的"管理器"按钮,如图 2.21③所示。

(4) 在弹出的"管理器"对话框中,单击"样式"选项,在左边的下方"样式位于"中关闭文件,重新选择任务要求的"项目 1:服务.docx"文件,如图 2.22④所示。

图 2.21　模板和加载项中的管理器

（5）在右边的下方“样式位于”中关闭文件，重新选择“Normal.dotm”，该文件在选择的时候会自动打开默认位置，如图 2.22⑤所示。

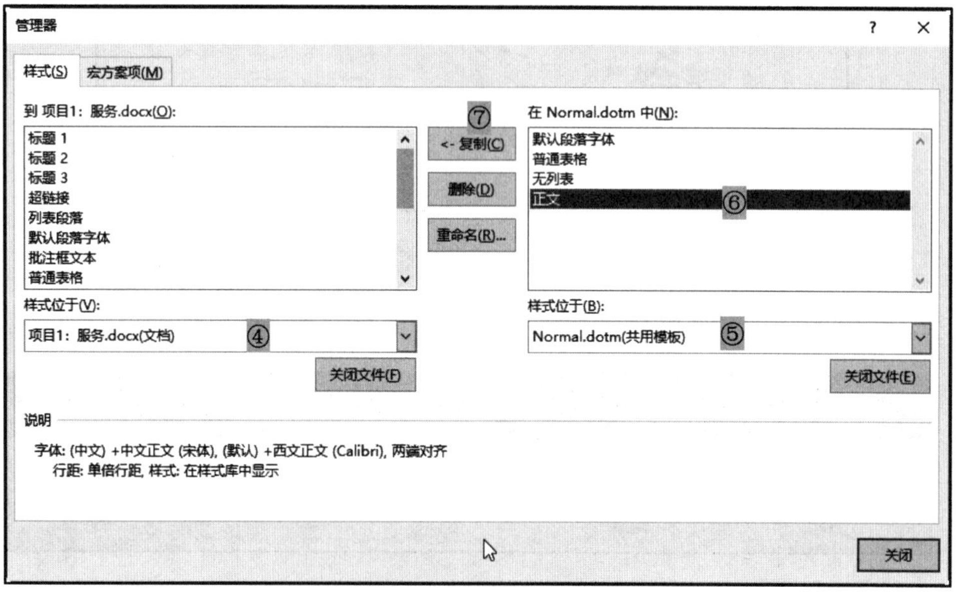

图 2.22　利用管理器进行模板复制

（6）在右边“在 Normal.dotm 中”的选择框中选择“正文”，如图 2.22⑥所示。

（7）单击“复制”按钮，最后单击“关闭”按钮完成操作，如图 2.22⑦所示。

项目二 制作个性化信件"恐龙"

项目概述

假设您是某公司现场服务部的行政助理，您要制作个性化信件，寄送给所有会员，宣布新品展览，并且最后一封要在问候语中附上会员的名字。该项目下有五个任务。

任务 1

将"名字""域"属性设置为"第一个字母大写"。

一、准备

打开练习文档(\MOS word 2016\项目 2:恐龙.docx)。

二、注释

Word 中提供了域的插入功能，通过域可以插入时间日期、文档信息等多种数据，而且插入的域内容会根据实际的变化而更新，例如插入时间日期，则时间日期会实时更新。本任务考查开发工具中域的属性修改。

三、步骤

(1) 在打开的"恐龙.docx"文档中，右键单击"名字"域，选中的域会显示灰色底纹，在弹出的快捷菜单中选择"编辑域"，如图 2.23①所示。

(2) 在弹出的"域"对话框中，在格式选项中选择"第一个字母大写"，如图 2.24②所示，单击"确定"按钮完成操作。

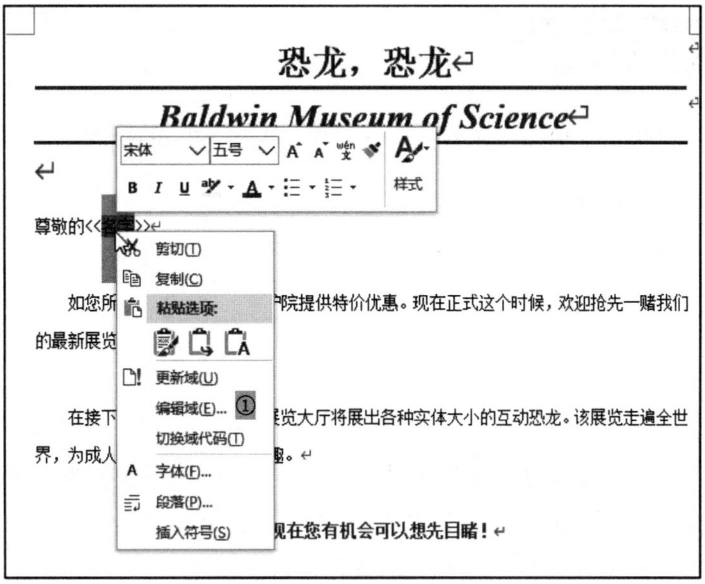

图 2.23 选择"编辑域"

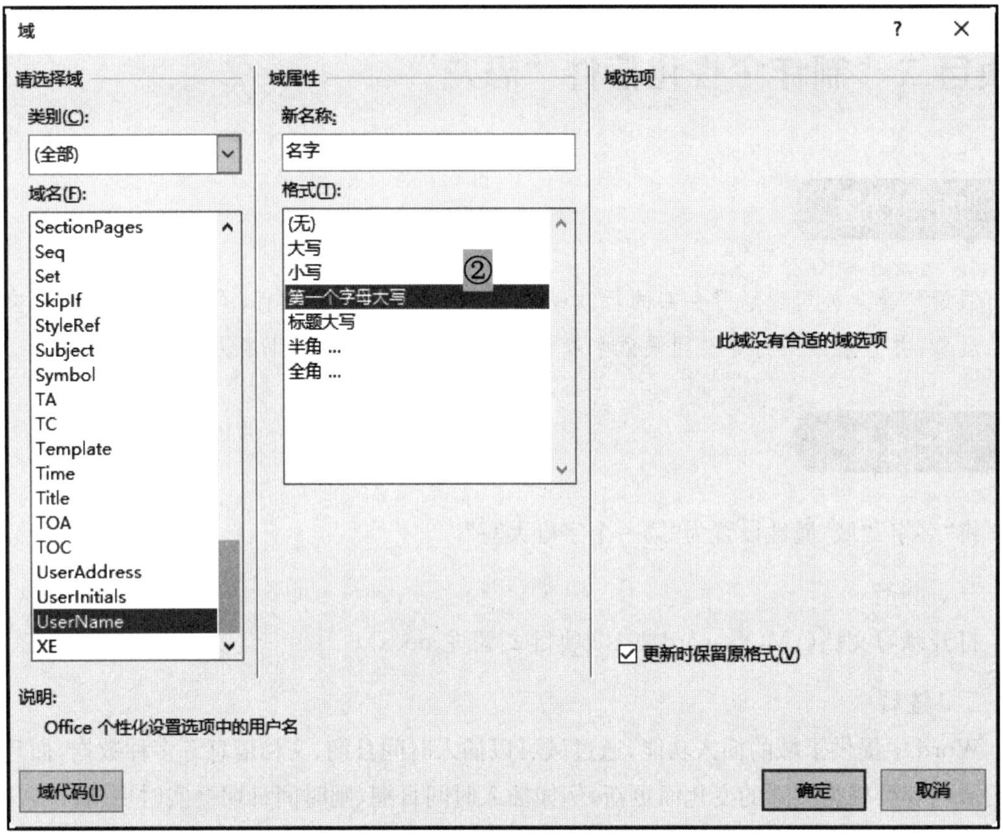

图 2.24　在“域”对话框中选择格式

任务 2

仅将本文档的应用默认字体设置为“12 磅”，字体“Arial”。

一、准备

打开练习文档(\MOS word 2016\项目 2:恐龙.docx)。

二、注释

本任务考查 Word 设置默认字体的操作。

三、步骤

(1) 在打开的文档中，单击“开始”选项卡，在字体组拓展按钮中打开“字体”对话框，在西文字体中选择“Arial”字体，如图 2.25①所示；

(2) 在字号中选择“12”磅，如图 2.25②所示；

(3) 单击“设为默认值”按钮，如图 2.25③所示；

（4）在弹出的设置默认字体确认对话框中选择“仅此文档”单选按钮，如图 2.26④所示，单击“确定”按钮完成操作。

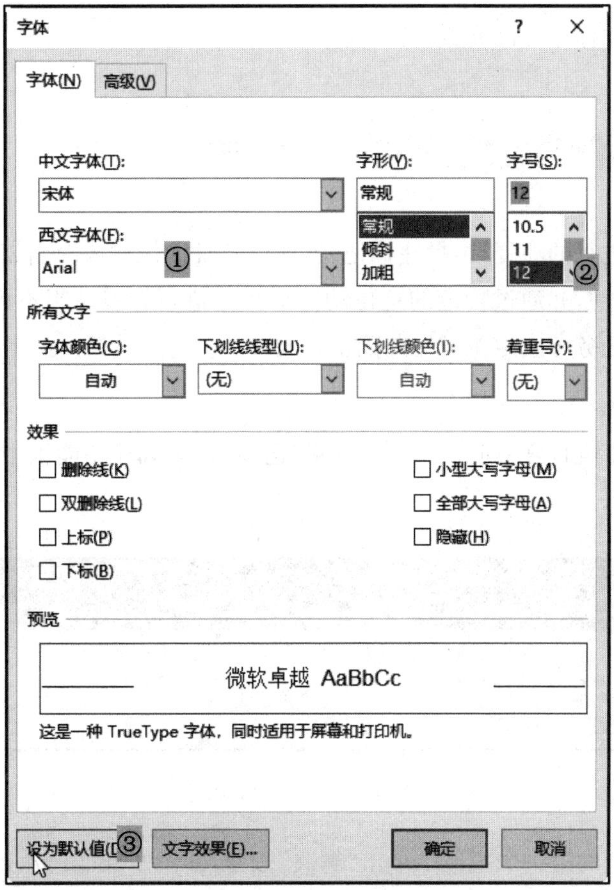

图 2.25 “字体”对话框

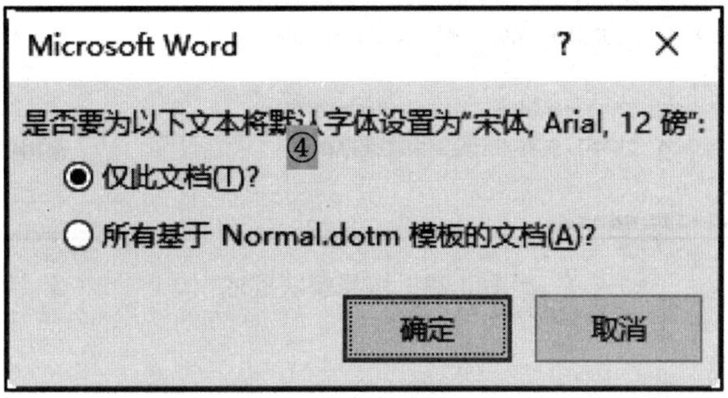

图 2.26 设置默认字体确认对话框

任务 3

将第 1 页的批注标记为已完成(已解决)。

一、准备

打开练习文档(\MOS word 2016\项目 2:恐龙.docx)。

二、注释

批注是对文档进行的注释,由批注标记、连线以及批注框构成。当需要对文档进行附加说明时,就可插入批注,并通过特定的定位功能对批注进行查看。当不再需要某条批注时,也可将其删除。本任务考查定位批注并确认。

三、步骤

(1) 在打开的文档的第一页中,单击"审阅"选项卡,在批注功能区中单击"显示批注"按钮,如图 2.27①所示;

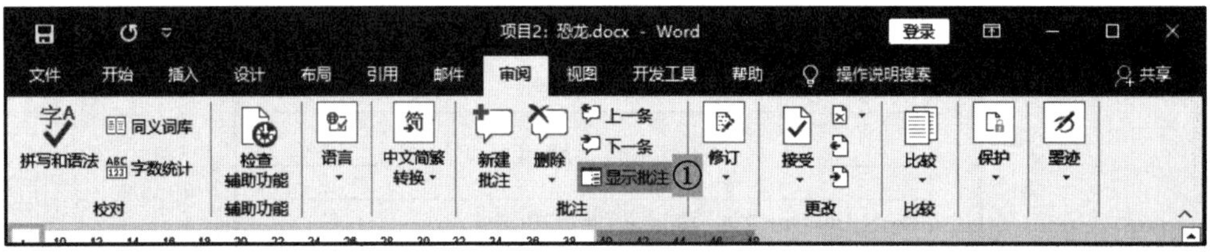

图 2.27 批注功能区

(2) 在该页显示的第一个批注中单击"解决"按钮,如图 2.28②所示,完成操作。

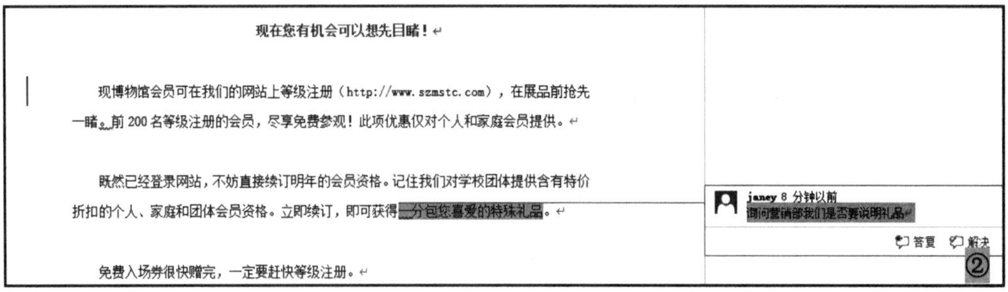

图 2.28 选择解决批注

任务 4

根据当前颜色集,创建名为"DarkLink"的自定义颜色集。将"超链接"颜色更改为"深蓝,超链接,深色 50%"。

一、准备

打开练习文档(\MOS word 2016\项目 2:恐龙.docx)。

二、注释

样式集实际上是文档中标题、正文和引用等不同文本和对象格式的集合,为了方便用户对文档样式的设置,Word 2016 为不同类型的文档提供了多种内置的样式集供用户选择使用。在“开始”功能区的“样式”组的快速样式库中显示的就是某个被选择使用的样式集,用户可以根据需要修改文档中使用的样式集。本任务考查自定义颜色集。

三、步骤

(1) 在打开的文档中,单击“设计”选项卡,单击颜色的下拉按钮,选择“自定义颜色”,如图 2.29①所示。

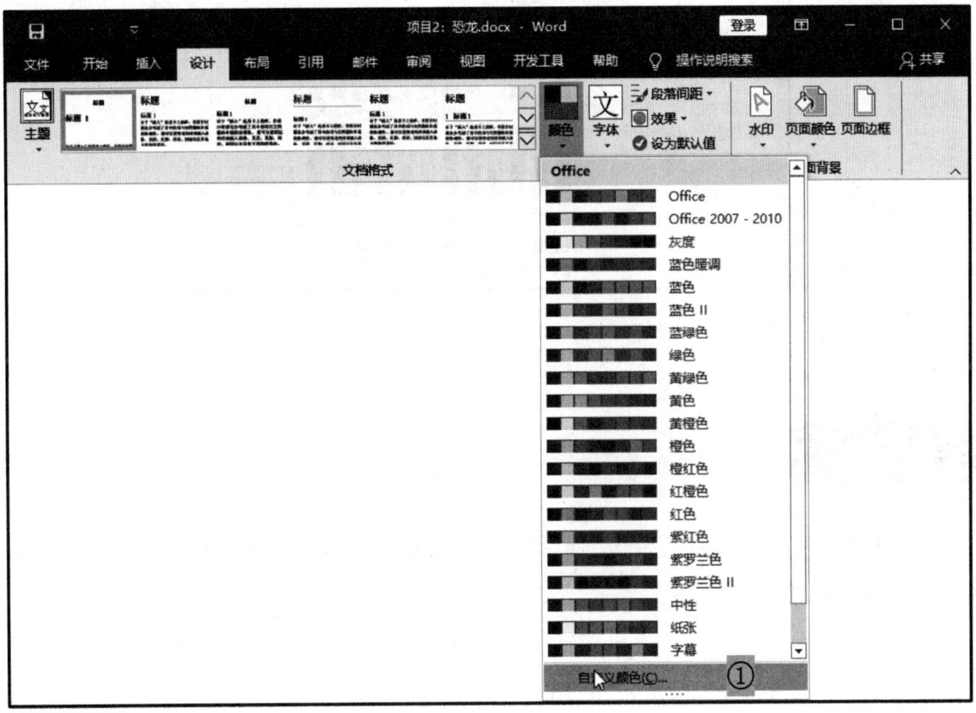

图 2.29 定义颜色集

(2) 在弹出的“新建主题颜色”对话框中的名称框中输入任务要求的名称“DarkLink”,如图 2.30②所示。

(3) 选择超链接颜色旁的下拉按钮,在弹出的“主题颜色”对话框中选择“深蓝,超链接,深色 50%”,如图 2.30③所示,完成操作。

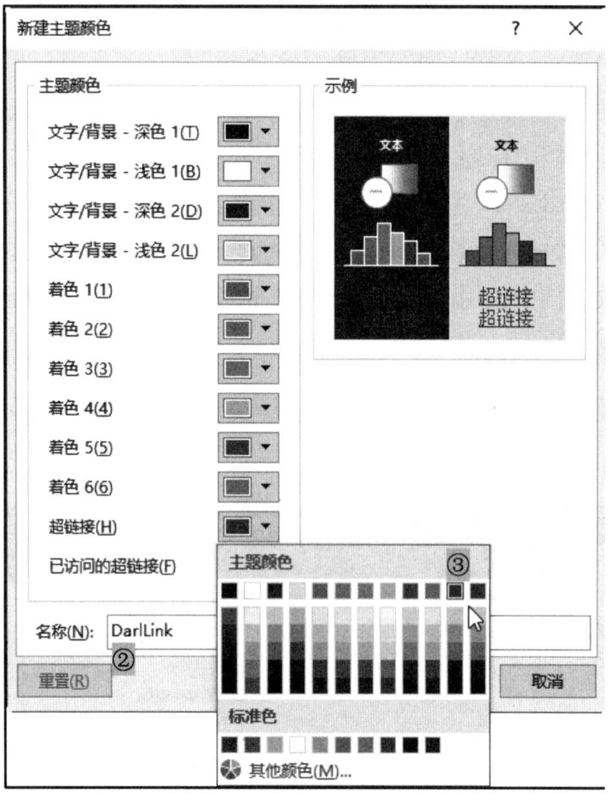

图 2.30　新建主题颜色

任务 5

更改“明显参考”样式，使其基于“强调”样式，但要将字体大小设置为“18 磅”，字体颜色设置为“金色，个性色 4”。

一、准备

打开练习文档(\MOS word 2016\项目 2：恐龙.docx)。

二、注释

本任务考查更改标题样式。

三、步骤

(1) 在打开的文档中，单击“开始”选项卡，在样式功能区的拓展按钮中，单击其中的“明显参考”按钮，如图 2.31①所示。

(2) 在“明显参考”右侧快捷菜单中选择“修改”，如图 2.32②所示。

(3) 在弹出“修改样式”对话框中，在“属性”选项的“样式基准”中选择“强调”，如图 2.33③所示。

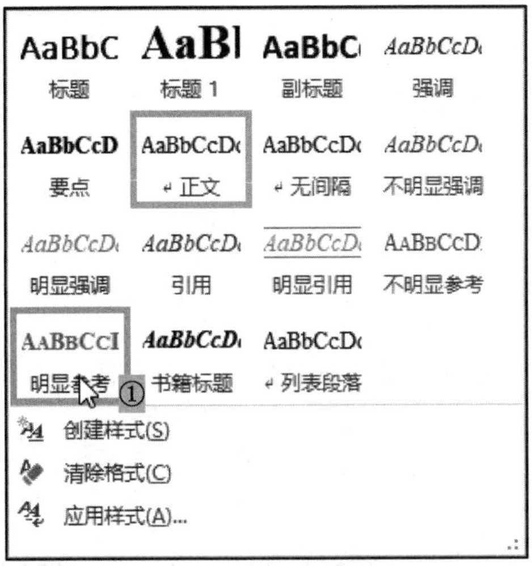

图 2.31 选择已有的标题样式

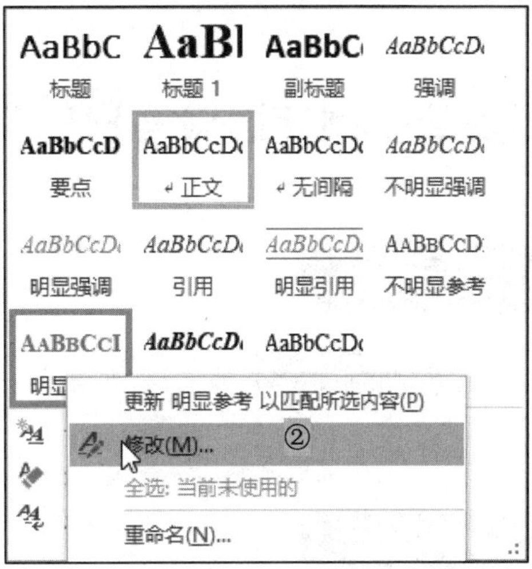

图 2.32 修改已有的标题样式

(4) 在格式的字号中选择"18"号字，如图 2.33④所示。

(5) 在字体颜色中选择"金色，个性色 4"，如图 2.33⑤所示，完成操作。

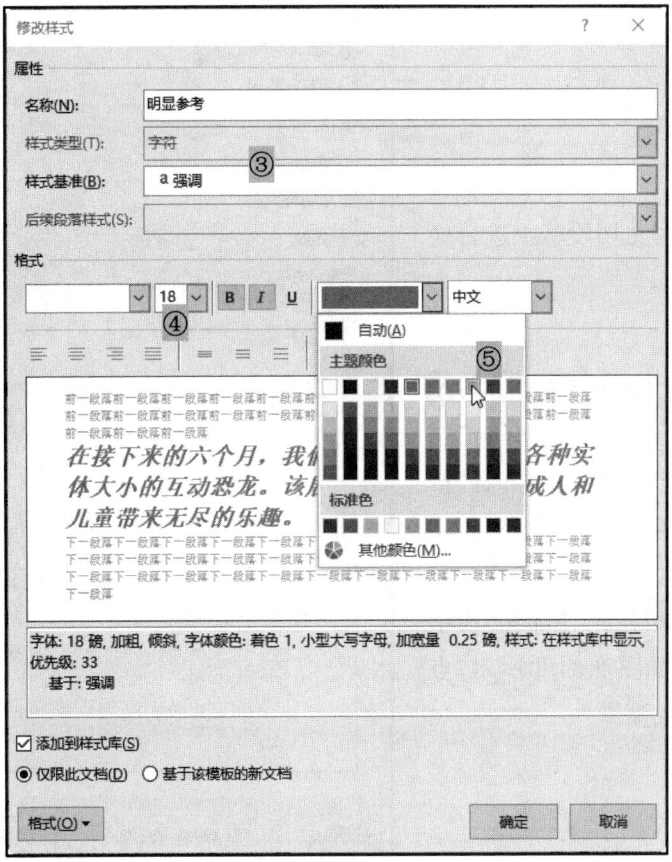

图 2.33 "修改样式"对话框

项目三　制作面向客户的文档“吉他”

项目概述

我们要制作面向客户的文档，和吉他一起封装，并将该文档在线发布。该项目下设五个任务。

任务 1

对于整篇文档，将段落分页设置为“段中不分页”，这样使得同一段落的文档不会分成两页。

一、准备

打开练习文档(\MOS word 2016\项目 3:吉他.docx)。

二、注释

本任务考查对文档段落中进行换行和分页设置。

三、步骤

(1) 在打开的文档中，利用【Ctrl+A】组合键选中全文，然后单击“开始”选项卡，在段落功能区中单击“拓展”按钮，在弹出的“段落”对话框中单击“换行和分页”选项，如图 2.34①所示。

(2) 在“换行和分页”下单击“段中不分页”复选框，如图 2.34②所示，点击“确定”按钮完成操作。

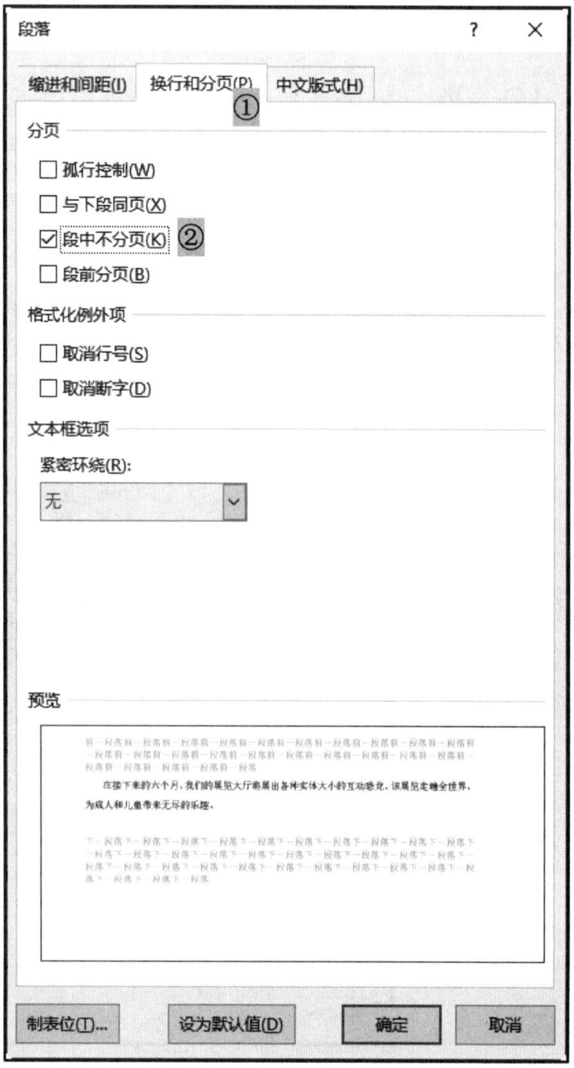

图 2.34　“段落”对话框

任务 2

在文档中"……免费调弦应用;"结尾的最后一段后添加"图片内容控件",将样式设为"金属框架"。这样可以在该处插入一个设定好图片样式的图片。

一、准备

打开练习文档(\MOS word 2016\项目 3:吉他.docx)。

二、注释

文档中经常需要插入图片内容,比如个人简历模板,只要点击一下就可以实现插入图片,其他地方的格式都不会有更改。这利用了 Word 中的图片控件,可以在文档中插入设定好的图片控件的图片。本任务考查开发工具中图片控件的使用。

三、步骤

(1) 在打开的文档中,利用【Ctrl+End】组合键将光标移到文档的最后"……免费调弦应用;",如图 2.35①所示。

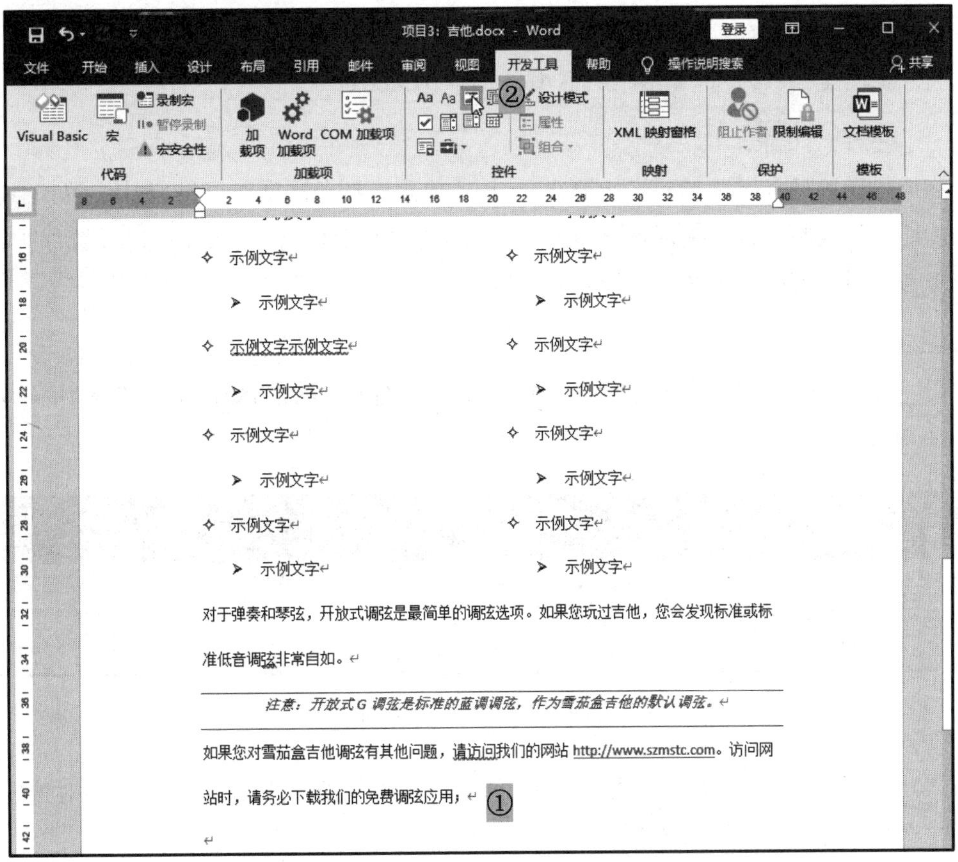

图 2.35 在文档结尾处单击开发工具

（2）单击“开发工具”选项卡，在“控件”功能区中，单击“图片内容控件”按钮，如图 2.35②所示。

（3）此时在光标处会出现图片内容控件，并自动激活了图片工具，单击图片工具的“格式”菜单，如图 2.36③所示。

（4）在图片样式功能区中，选择“金属框架”图片样式，完成操作，如图 2.36④所示。

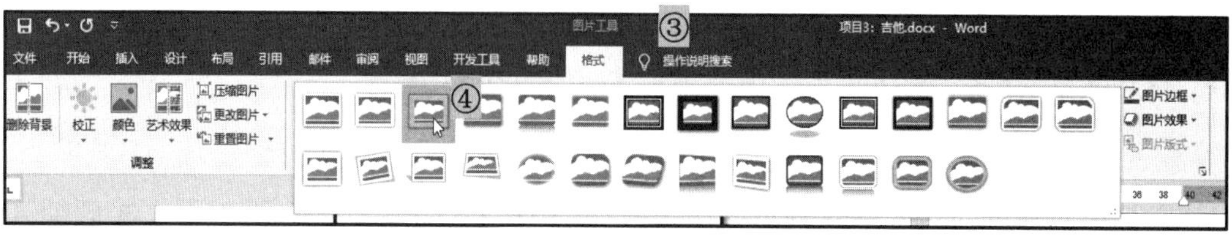

图 2.36　选择图片样式

任务 3

禁止用户更改主题，不得强制保护。

一、准备

打开练习文档(\MOS word 2016\项目 3：吉他.docx)。

二、注释

如果需设置只有所选单元格能被选择，其他单元格不允许操作，可以利用开发工具中的保护功能区的限制编辑来实现，这个功能在审阅选项卡中也有，该操作可以设置保护密码。本任务考查对文档中特定文本进行限制编辑。

三、步骤

（1）在打开的文档中，单击“审阅”选项卡，在“保护”功能区中，选择“限制编辑”，如图2.37①所示。

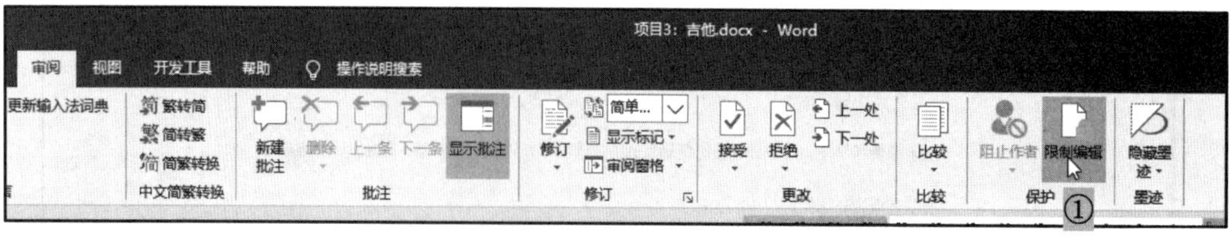

图 2.37　选择限制编辑

（2）在打开的“限制编辑”任务窗口中，单击“1.格式化限制”下面勾选“限制对选定的样式设置格式”的复选框，如图 2.38②所示。

（3）在该复选框下单击“设置”，如图 2.38③所示。

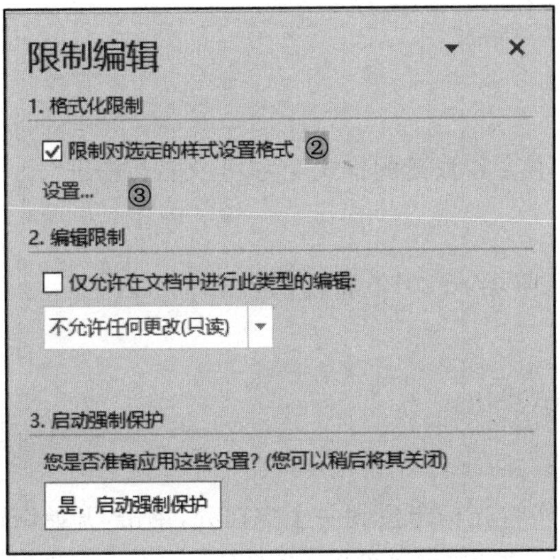

图 2.38　选择格式化限制的“设置”

(4) 在弹出的“格式化限制”对话框中勾选“阻止主题或方案切换”复选框，单击“确定”按钮完成操作，如图 2.39④所示。

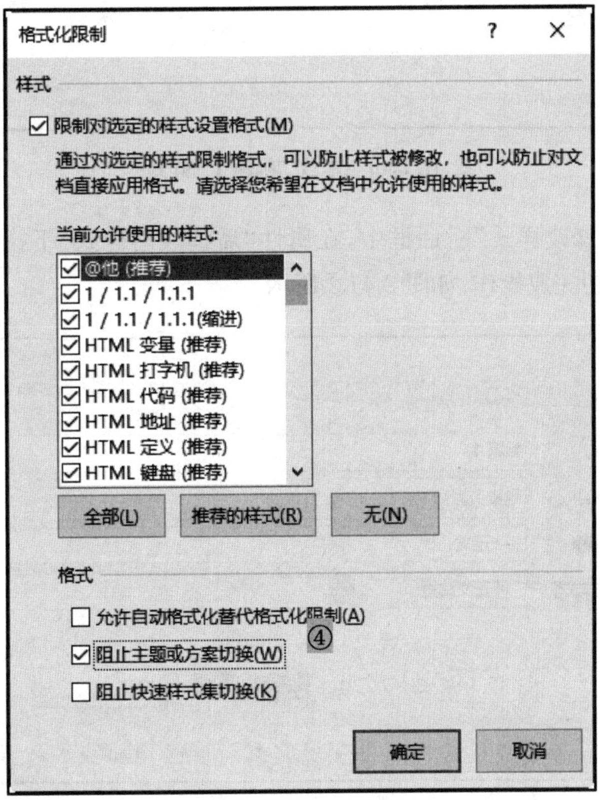

图 2.39　“格式化限制”对话框

任务 4

更改“标题 1”样式，使后续段落的格式变为“正文首行缩进”。

一、准备

打开练习文档(\MOS word 2016\项目 3：吉他.docx)。

二、注释

本任务考查更改样式操作。

三、步骤

(1) 在打开的文档中将光标定位到一个空白处，单击“开始”选项卡，找到样式库中的“标题 1”样式，鼠标单击右键修改，如图 2.40①所示。

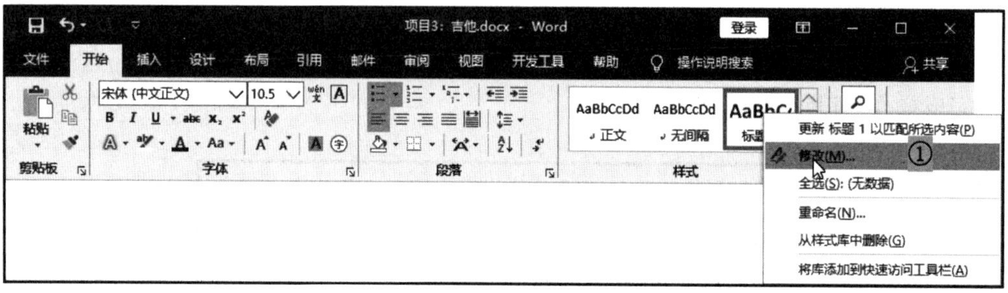

图 2.40 修改“标题 1”样式

(2) 在弹出的“修改样式”对话框中，在属性“后续段落样式”下拉选项中选择“正文缩进”，单击“确定”按钮完成操作，如图 2.41②所示。

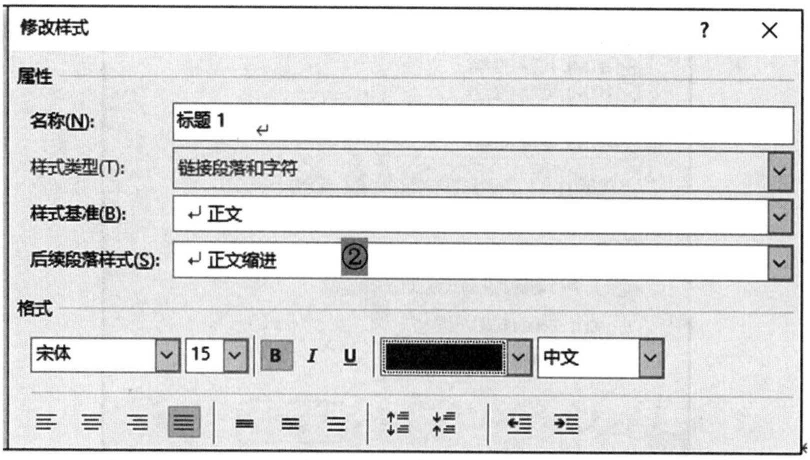

图 2.41 修改样式为“正文缩进”的后续段落样式

任务 5

在文档末尾的“UserInitials”域中，将“域属性”设置为“大写”。

一、准备

打开练习文档(\MOS word 2016\项目 3：吉他.docx)。

二、注释

本任务考查文档中对域属性的设置。

三、步骤

(1) 按【Ctrl＋End】组合键，将光标移到文档末尾处，选定该域后单击鼠标右键在快捷菜单中选择“编辑域”，如图 2.42①所示。

(2) 在弹出的“域”对话框中，选择“大写”格式，单击“确定”按钮后完成操作，如图 2.43②所示。

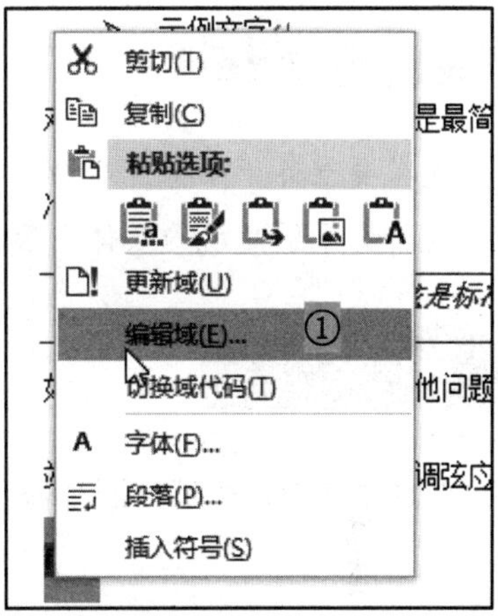

图 2.42　编辑选定的域

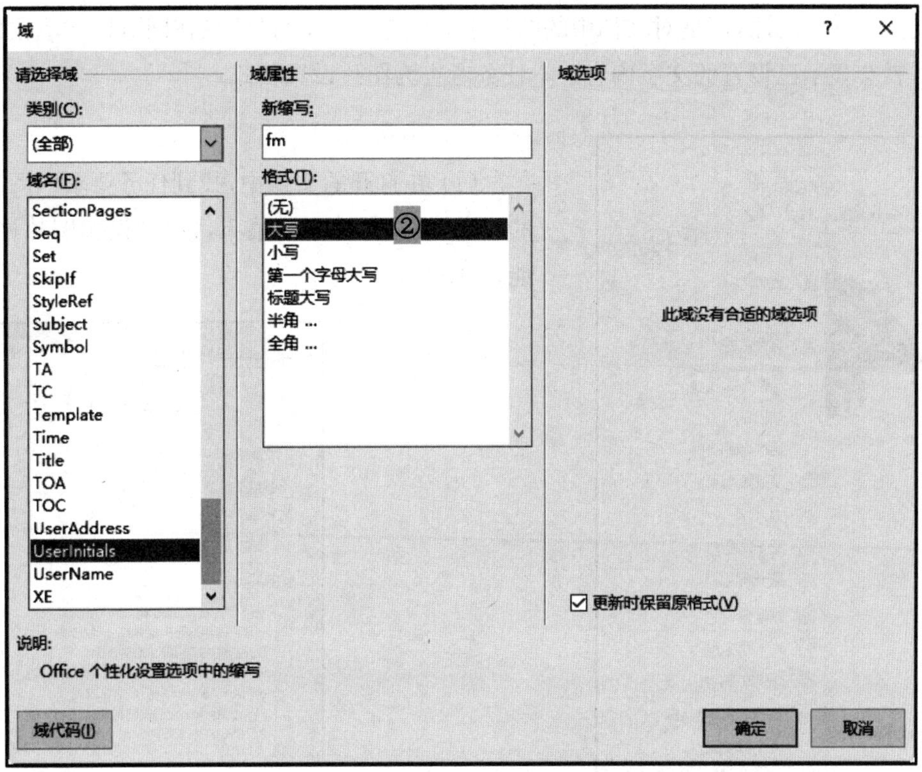

图 2.43　“域”对话框

项目四　制作产品活动方案“酱汁”

项目概述

现在要准备产品特价活动。可用的信息非常少，但我们可以制作出尽量详细的方案，使生产委员会了解活动的具体内容。该项目下设五个任务。

任务 1

为题注为“图表 1”的图片添加可选文字，输入“标题”为“辣酱”。

一、准备

打开练习文档(\MOS word 2016\项目 4：酱汁.docx)。

二、注释

此操作并非题注，而是对文档中的图片添加可选文字，设置后只在网页格式下鼠标移至图片时就会显示已设置的文字内容。本任务考查为图片设置格式。

三、步骤

(1) 在打开的文档中，找到任务要求的图表 1 中的图片，单击右键快捷菜单，选择“设置图片格式”功能，如图 2.44①所示。

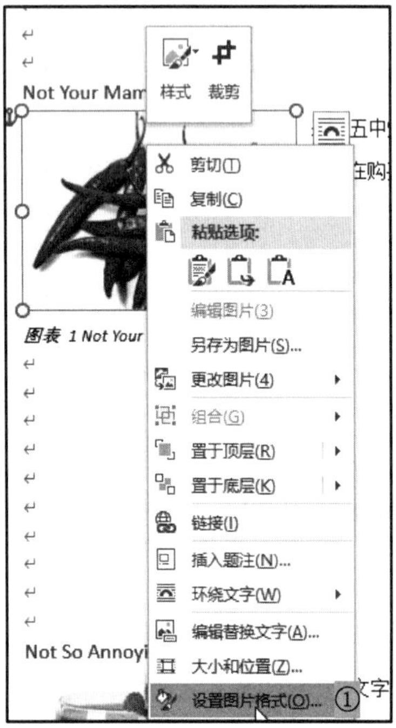

图 2.44　选择设置图片格式功能

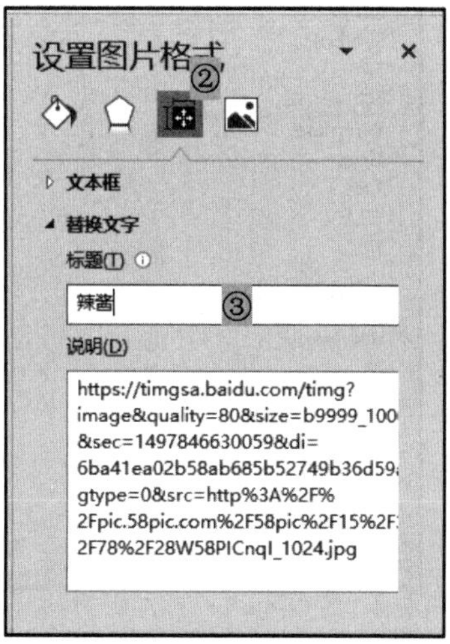

图 2.45　“设置图片格式”任务窗格

（2）在打开的“设置图片格式”任务窗口中，单击“布局属性”选项，如图 2.45②所示。

（3）在“替换文字”下方的标题框中输入“辣酱”，如图 2.45③所示，然后单击“关闭”按钮完成操作。

任务 2

在“图形”标题下方添加默认的图片目录。

一、准备

打开练习文档(\MOS word 2016\项目 4：酱汁.docx)。

二、注释

如果 Word 文档中图片和表格较多，也可以为图表建立目录。在建立图表目录时，可以以图表的题注或者自定义样式的图表标签为依据，并参考页序，按照排序级别排列。本任务考查为文档的图片建立图表目录。

三、步骤

（1）在打开的文档中，单击“视图”选项卡，在显示功能区中勾选“导航窗格”，如图 2.46①所示。

（2）在打开的导航窗格中输入要查找的文字标题“图形”，如图 2.46②所示，这样的作用是快速定位到任务要求的位置。

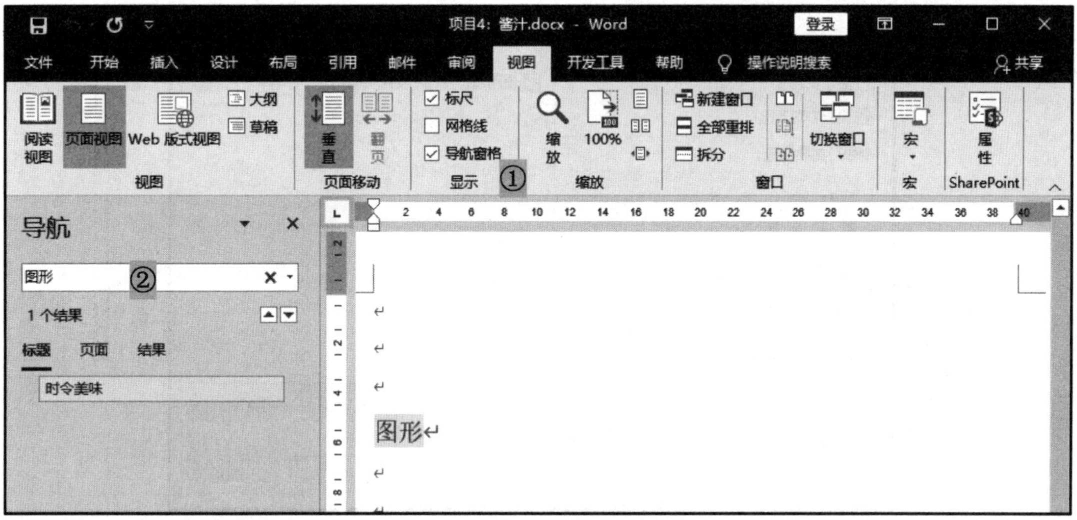

图 2.46　导航窗格

（3）定位在“图形”文字的下方，单击“引用”选项卡，在题注功能区中，单击“插入表目录”选项，如图 2.47③所示。

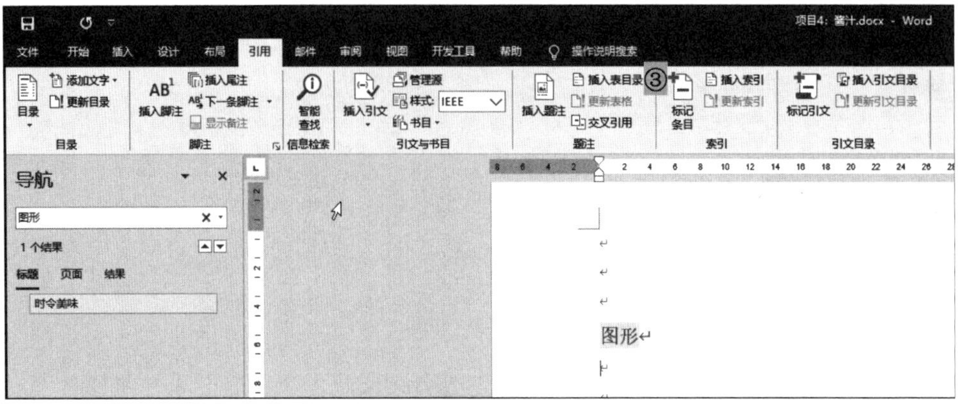

图 2.47　单击引用选项卡下的“插入表目录”

（4）在弹出的“图表目录”对话框中，单击“确定”按钮，如图 2.48④所示，完成操作，结果如图 2.49 所示。

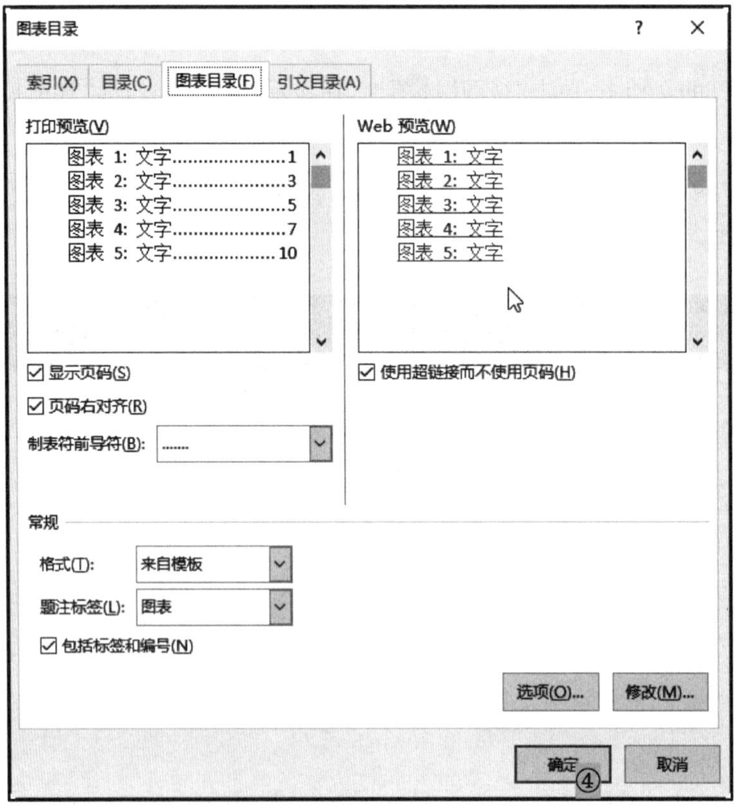

图 2.48　“图表目录”对话框

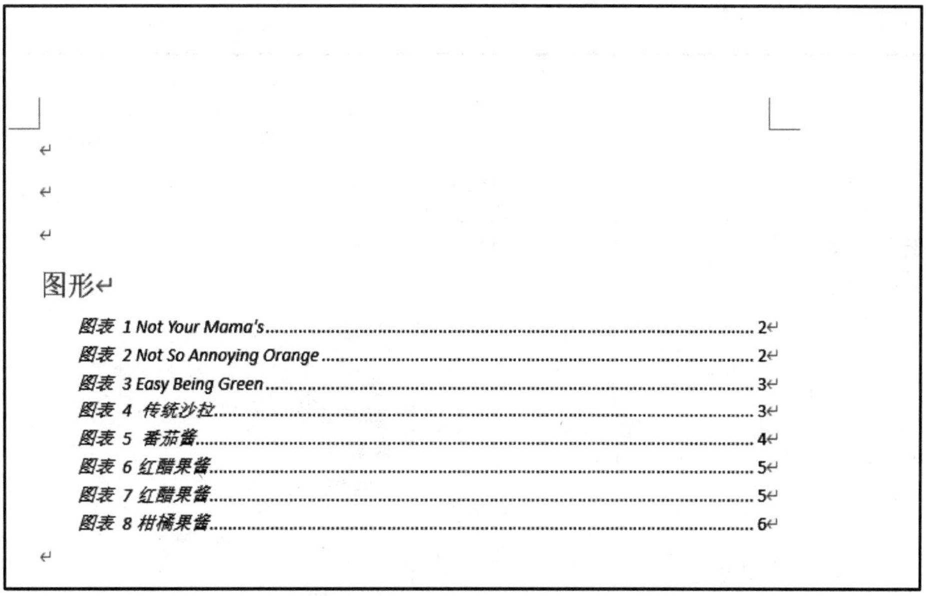

图形

图 2.49　任务 2 结果

任务 3

更新索引,使其包含所有已标记条目。

一、准备

打开练习文档(\MOS word 2016\项目 4:酱汁.docx)。

二、注释

索引是根据一定需要,把书刊中的主要概念或各种题名摘录下来,标明出处、页码,按一定次序分条排列,以供读者查阅的资料。它是图书中重要内容的地址标记和查阅指南,设计科学且编辑合理的索引不但可以方便阅读者,而且也是图书质量的重要标志之一。本任务考查更新索引的操作。

三、步骤

(1) 在打开的文档中,将光标拖动到最后,看到"索引"标题,然后双击选中下面的索引的内容,这些都是域(可变量),如图 2.50①所示。

(2) 单击鼠标右键打开快捷菜单,选择"更新域",如图 2.50②所示,完成操作,观察文档变化。

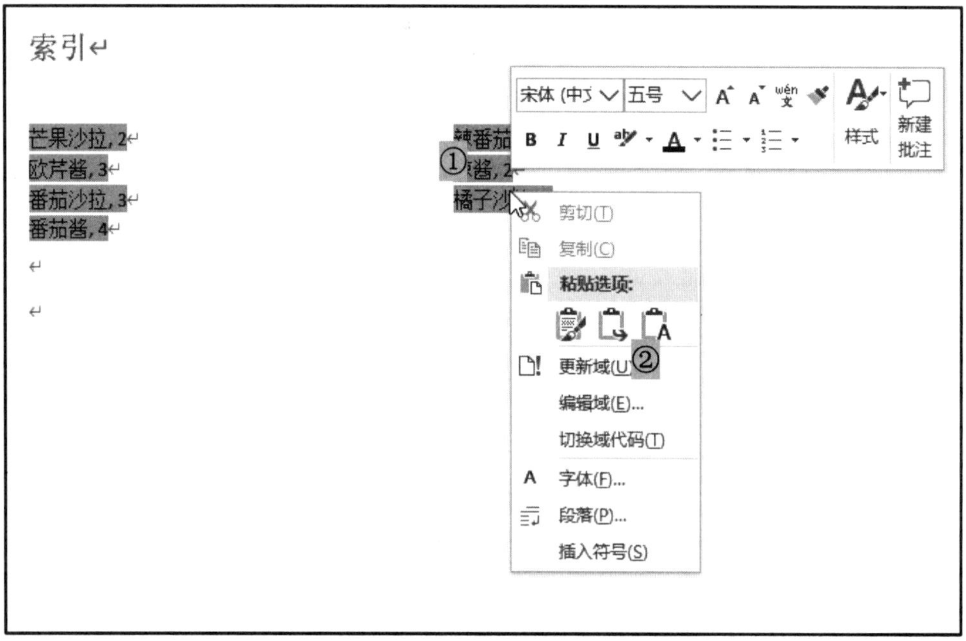

图 2.50　选择要更新的索引进行更新域

任务 4

为第二页副标题“酱汁和沙拉”添加批注文本“还在等价格!”。

一、准备

打开练习文档(\MOS word 2016\项目 4:酱汁.docx)。

二、注释

批注是对文档进行注释,由批注标记、连线以及批注框构成。当需要对文档进行附加说明时,就可插入批注,并通过特定的定位功能对批注进行查看。当不再需要某条批注时,也可将其删除。本任务考查为第二页副标题添加批注文本。

三、步骤

(1) 定位并选定任务要求的第二页中的“酱汁和沙拉”副标题,如图 2.51①所示。

(2) 单击“插入”选项卡,选择“批注”即插入批注,如图 2.51②所示。

(3) 输入批注内容“还在等价格!”,如图 2.51③所示,完成操作。

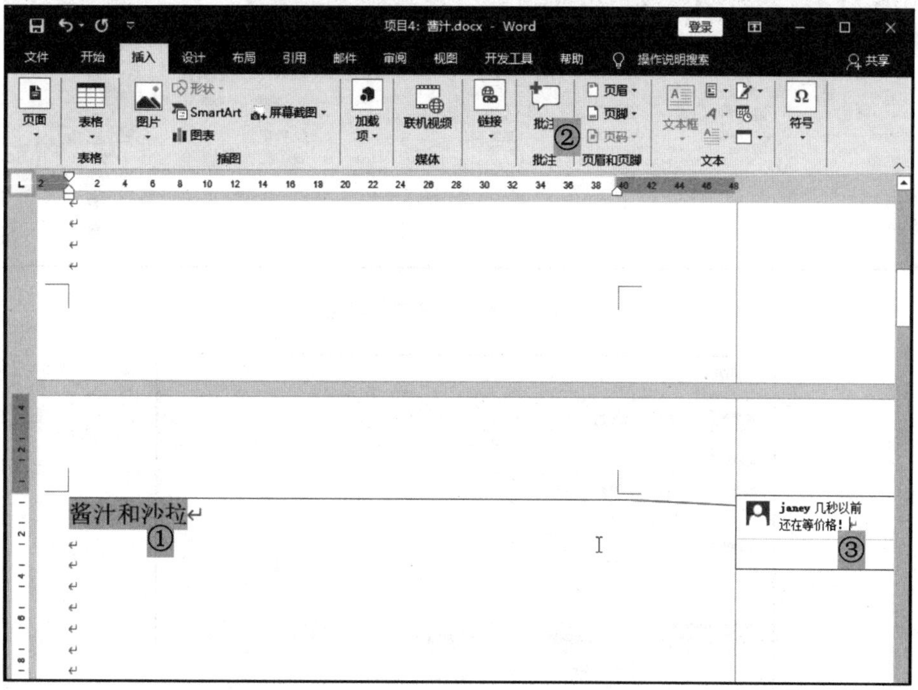

图 2.51　插入批注文本

任务 5

将文档中的所有连字符替换为“短划线”。

一、准备

打开练习文档(\MOS word 2016\项目 4:酱汁.docx)。

二、注释

如果对于查找后的内容要进行替换,可直接使用 Word 的替换功能,使用替换功能不仅可以替换文本,还可以替换一些特殊字符,如空格符、制表符、分栏符和图片等。本任务考查对特殊符号的替换。

三、步骤

(1) 在打开的文档中,把光标定位在文档最开始处,以使替换从文本开始处向下查找替换,单击“开始”菜单,选择最后面的“替换”命令,如图 2.52①所示。

(2) 在弹出的“查找和替换”对话框中,单击左下角的“更多”按钮,如图 2.53②所示。

(3) 单击该对话框的查找内容框,再单击“特殊格式”按钮,选择“可选连字符”,如图2.54③所示。

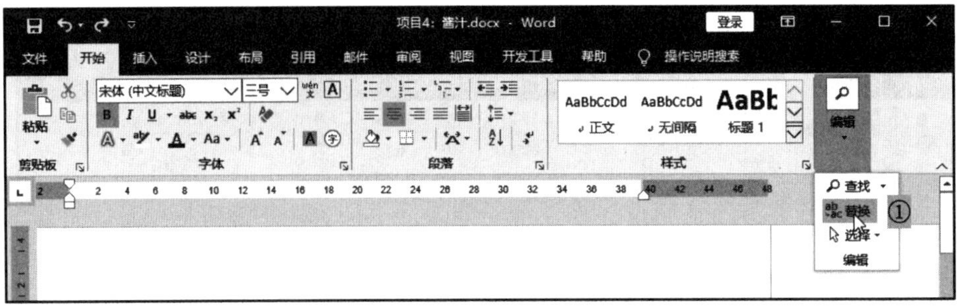

图 2.52　选择“替换”功能

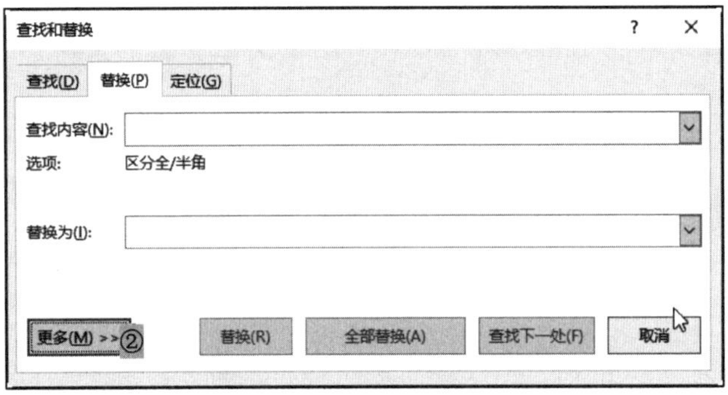

图 2.53　单击“更多”按钮

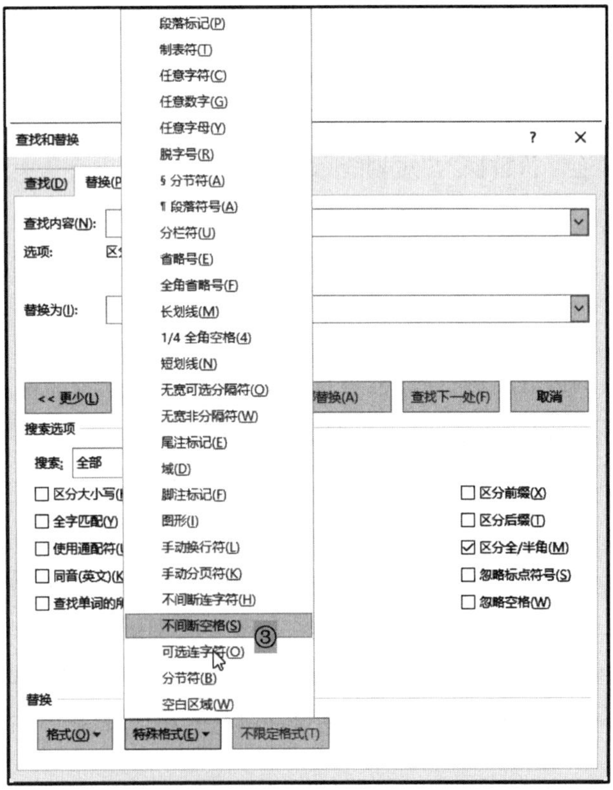

图 2.54　单击“可选连字符”的特殊格式

(4) 单击该对话框的“替换为”框，再单击“特殊格式”按钮，选择“短划线”，如图 2.55④所示。

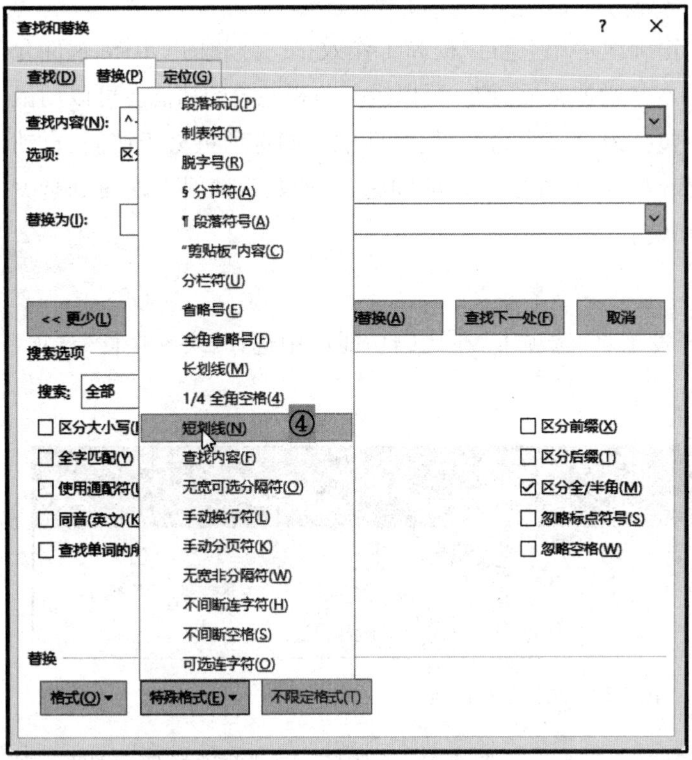

图 2.55　单击“短划线”的特殊格式

图 2.56　替换结果显示

(5) 在弹出的替换结果对话框中，单击“确定”按钮完成操作，如图 2.56⑤所示。

项目五　制作企业比赛宣传单“比赛”

项目概述

您在某技术中心公共关系部工作，您要制作宣传单，宣布由企业赞助商赞助的比赛。该项目下设五个任务。

任务 1

配置宏设置，启用所用宏。

一、准备

打开练习文档(\MOS word 2016\项目 5:比赛.docx)。

二、注释

宏是一个批量处理程序命令,正确地运用它可以提高工作效率。微软的 Office 软件允许用户自己编写被称为 VBA 的脚本来增加其灵活性,可以进一步扩充它的功能。可以用鼠标录制的代码来实现宏,它的作用包括组合多个命令、使对话框中的选项更易于访问、自动执行一系列复杂的任务。因为是代码所以存在安全性的问题,一般默认情况下宏命令是关闭的。本任务考查如何设置和启用宏。

三、步骤

(1) 在打开的文档中,单击“开发工具”选项卡,在代码功能区中选择“宏安全性”选项,如图 2.57①所示。

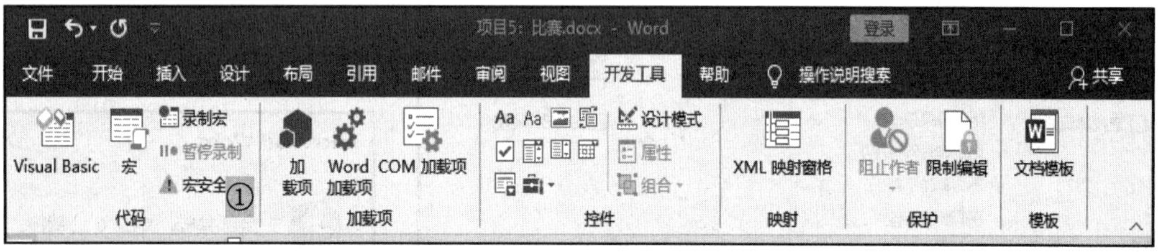

图 2.57　宏安全性选项

(2) 在打开的“信任中心”对话框中,单击宏设置中的“启用所有宏”单选按钮,如图 2.58②所示,单击“确定”按钮后完成操作。

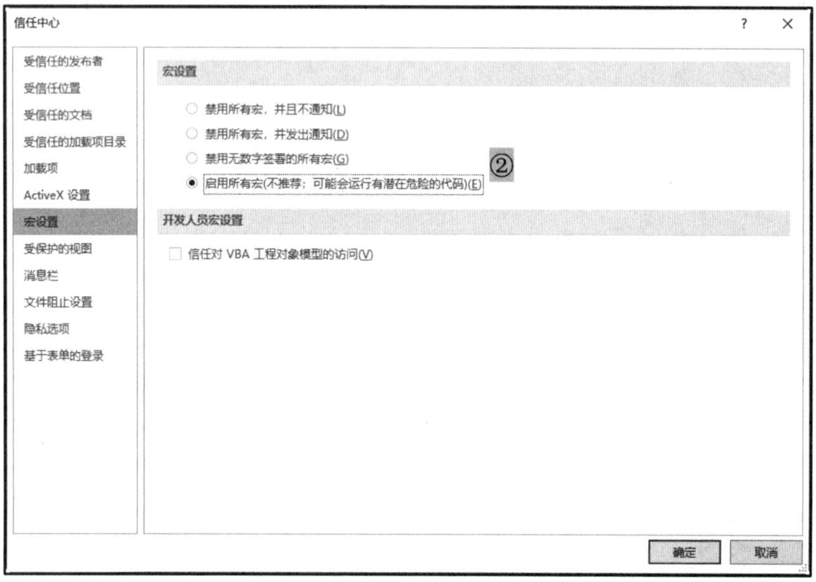

图 2.58　启用所有宏

任务 2

限制对选定的样式设置格式，不要启动强制保护。

一、准备

打开练习文档(\MOS word 2016\项目 5：比赛.docx)。

二、注释

如果只有所选单元格能被选择，其他则不允许操作，可以利用开发工具中的保护功能区中的限制编辑来实现，这个功能在审阅选项卡中也有。该操作可以设置保护密码。本任务考查对文档中选定的样式限制编辑。

三、步骤

(1) 在打开的文档中，单击“审阅”选项卡，在保护选项卡中单击“限制编辑”选项，如图 2.59①所示。

图 2.59　限制编辑

(2) 在弹出的“限制编辑”对话框中，勾选“限制对选定的样式设置格式”，如图 2.60②所示。

(3) 按“关闭”按钮完成操作，如图 2.60③所示。

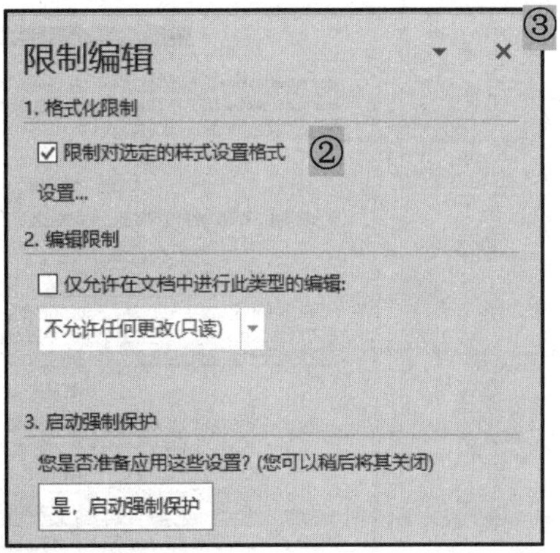

图 2.60　限制编辑对话框中勾选“限制对选定的样式设置格式”

任务 3

当文本“成品”首次出现在文档中时，将其标记为索引项。

一、准备

打开练习文档(\MOS word 2016\项目 5：比赛.docx)。

二、注释

索引是根据一定需要，把书刊中的主要概念或各种题名摘录下来，标明出处、页码，按一定次序分条排列，以供读者查阅的资料。它是图书中重要内容的地址标记和查阅指南，设计科学且编辑合理的索引不但可以使阅读者倍感方便，而且也是图书质量的重要标志之一。Word 提供了图书编辑排版的索引功能。本任务考查如何标记索引项，以便生成索引目录。

三、步骤

(1) 在打开的文档中，单击“视图”选项卡，在“显示”功能区中，单击“导航窗格”，如图 2.61①所示。

(2) 在打开的“导航窗格”的输入框中输入要查找的“成品”，此时文档中的“成品”会以黄色底纹显示，如图 2.61②所示。

(3) 选择第一个“成品”，因为任务只要求标记首次出现的“成品”，如图 2.61③所示。

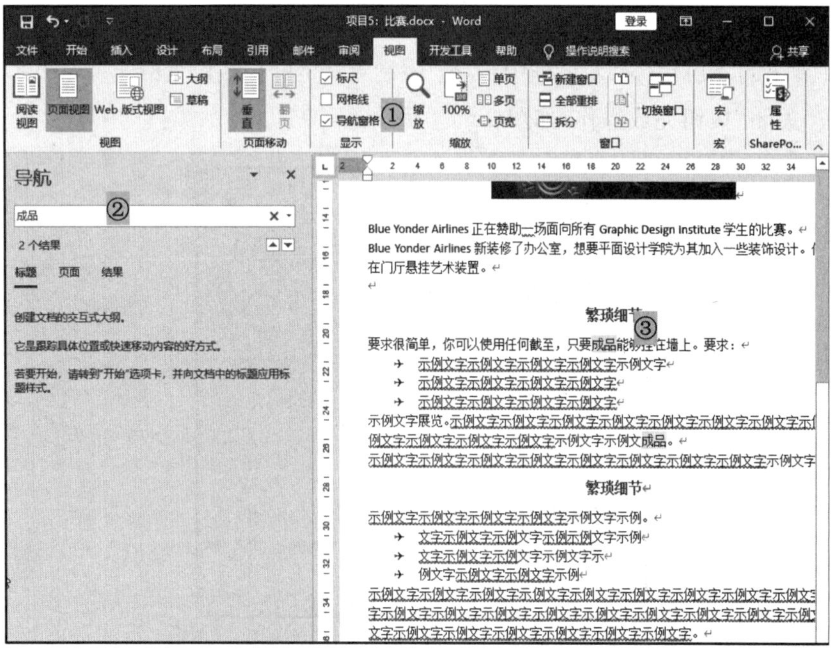

图 2.61　在导航窗格中查找“成品”

(4) 单击“引用”选项卡，在索引功能区中单击“标记条目”，将刚才查找出来的第一个

“成品”标记索引项，如图 2.62④所示。

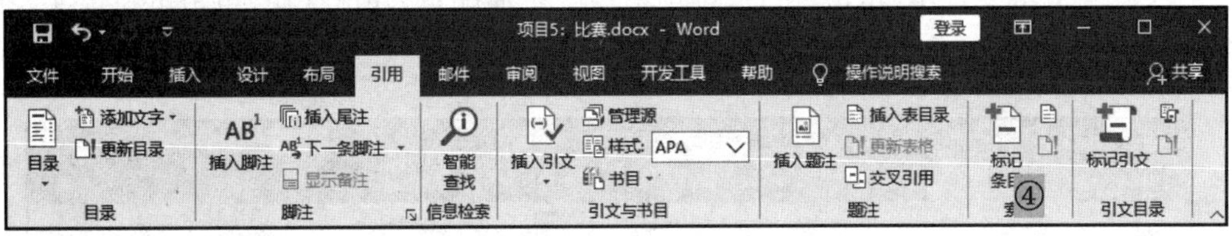

图 2.62 标记索引项

(5) 在弹出的“标记索引项”对话框中，“主索引项”会自动出现“成品”，单击“标记”按钮，此时只标记选定的第一个“成品”为索引项，如图 2.63⑤所示，完成操作，此时可以看到第一个“成品”后有索引的标记。

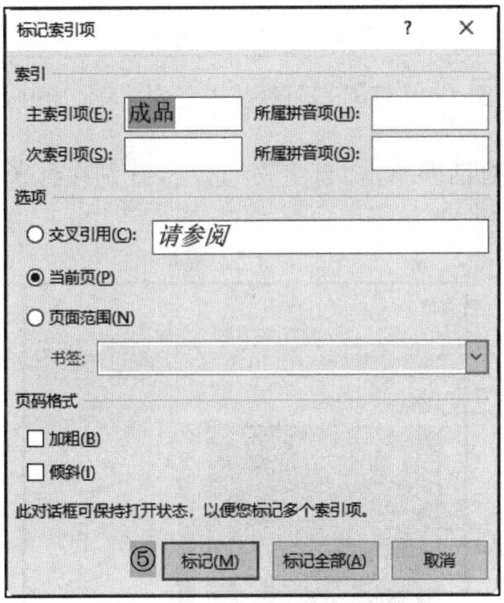

图 2.63 “标记索引项”对话框

任务 4

将页面背景色设置为 RGB“211，211，211”。根据当前文档，创建名为“比赛”的自定义主题。将主题保存至“Document Themes”主题文件夹。

一、准备

打开练习文档(\MOS word 2016\项目 5：比赛.docx)。

二、注释

本任务考查如何设置页面背景颜色。

三、步骤

（1）在打开的文档中，单击“设计”选项卡，在“页面颜色”功能区中，单击下拉箭头，在弹出的“主题颜色”下选择“其他颜色”，如图 2.64①所示。

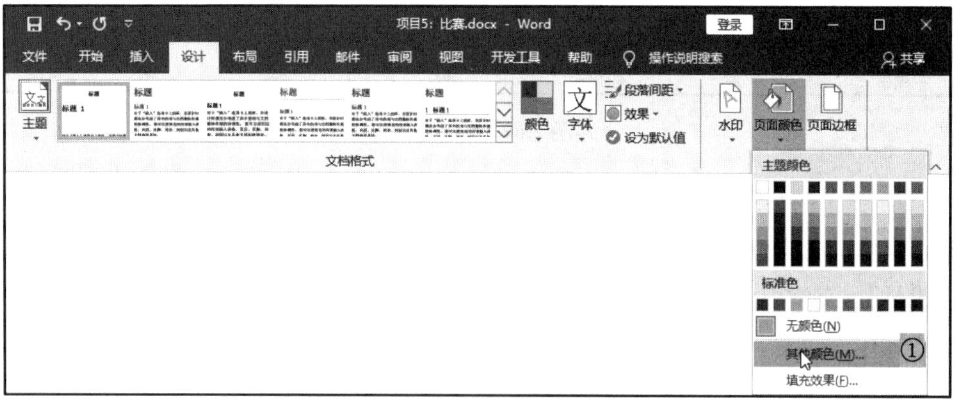

图 2.64　在“主题颜色”中选择“其他颜色”

（2）在弹出的“颜色”对话框单击“自定义”选项，分别在红色、绿色、蓝色中输入“211”，如图 2.65②所示。

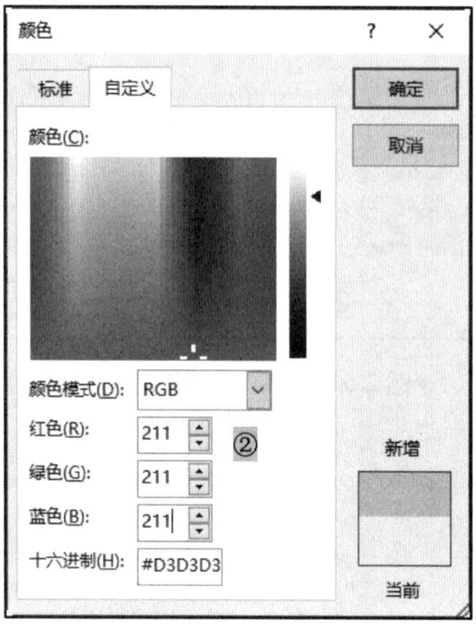

图 2.65　设置颜色 RGB 值

（3）单击“设计”选项卡下的主题功能区中的下拉箭头，选择“保存当前主题”，如图 2.66③所示。

（4）在弹出的“保存当前主题”对话框中，输入文件名“比赛”，其他均为默认项，单击“保存”按钮完成操作，如图 2.67④所示。

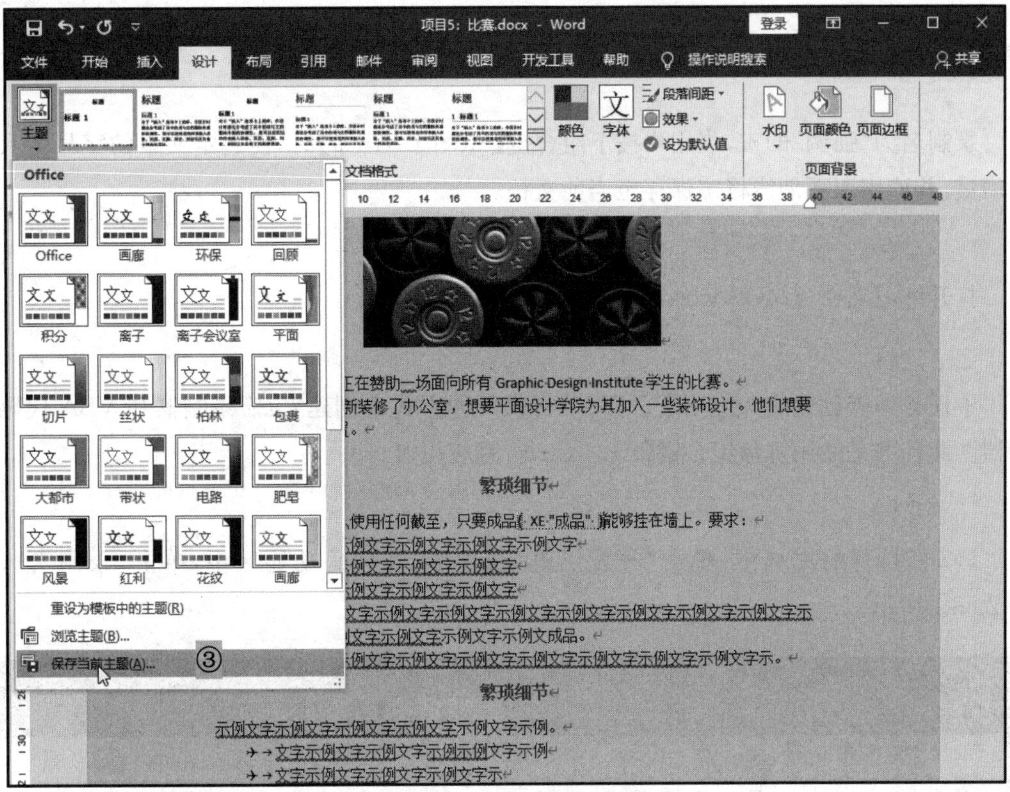

图 2.66　设置颜色 RGB 的值

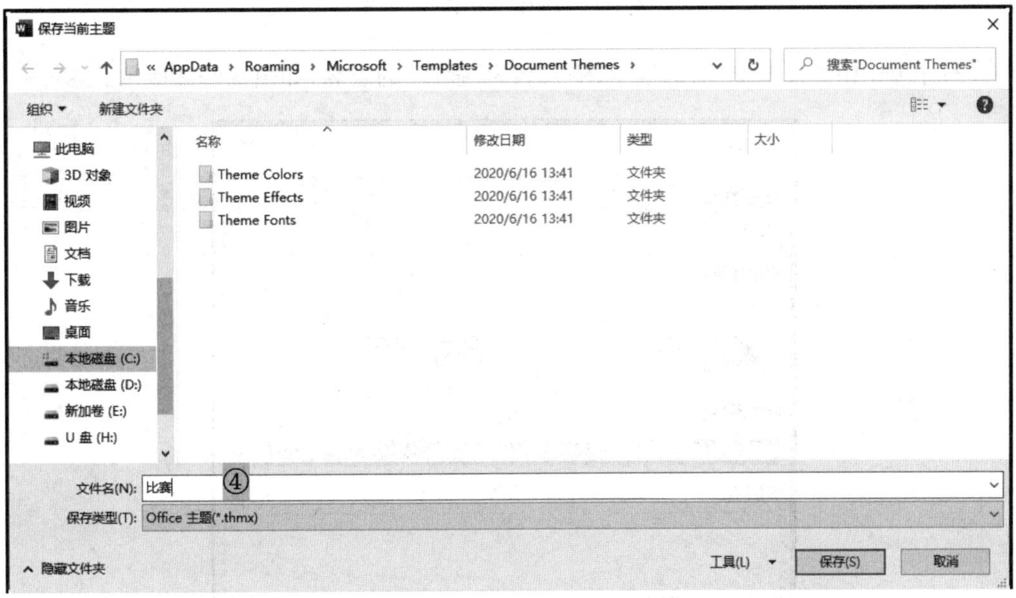

图 2.67　保存当前主题对话框中输入文件名为“比赛”

任务 5

录制名为“强调”的宏，当用户按下组合键【Alt+Ctrl+9】时，使选定文本的字号增大一个增量，并应用双下划线将宏保存至当前文档。

一、准备

打开练习文档(\MOS word 2016\项目 5：比赛.docx)。

二、注释

本任务考查创建宏并应用宏。Word 提供两种方式来创建宏：宏录制器和 VBA 代码编辑器。此任务是使用键盘组合键【Alt+Ctrl+9】应用宏。

三、步骤

(1) 在打开的文档中，单击“开发工具”选项卡，在代码功能区中，单击“录制宏”，如图 2.68①所示。

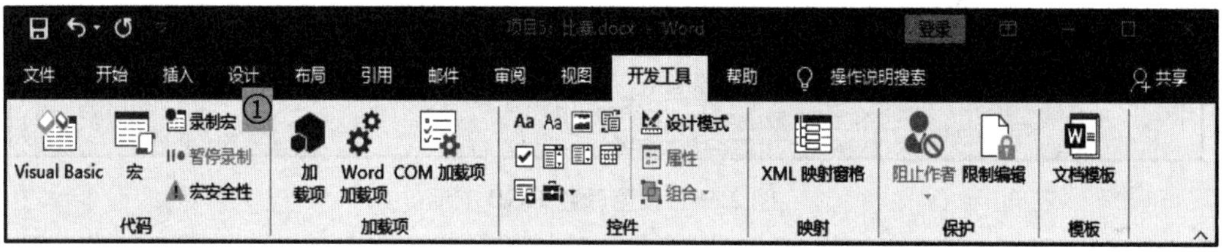

图 2.68　选择“录制宏”命令

(2) 在弹出的“录制宏”对话框中，输入名为“强调”的宏名，如图 2.69②所示。

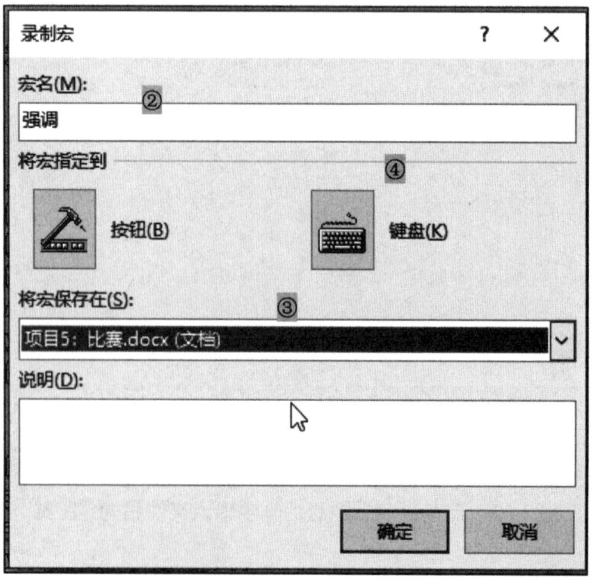

图 2.69　“录制宏”对话框

(3) 在"将宏保存在"下拉选项中选择"项目 5:比赛.docx",如图 2.69③所示。

(4) 在"将宏指定到"中单击"键盘",如图 2.69④所示。

(5) 在弹出的"自定义键盘"对话框中,在"请按新快捷键"中按组合键输入【Alt+Ctrl+9】,如图 2.70⑤所示。

(6) 单击"指定"按钮,如图 2.70⑥所示。

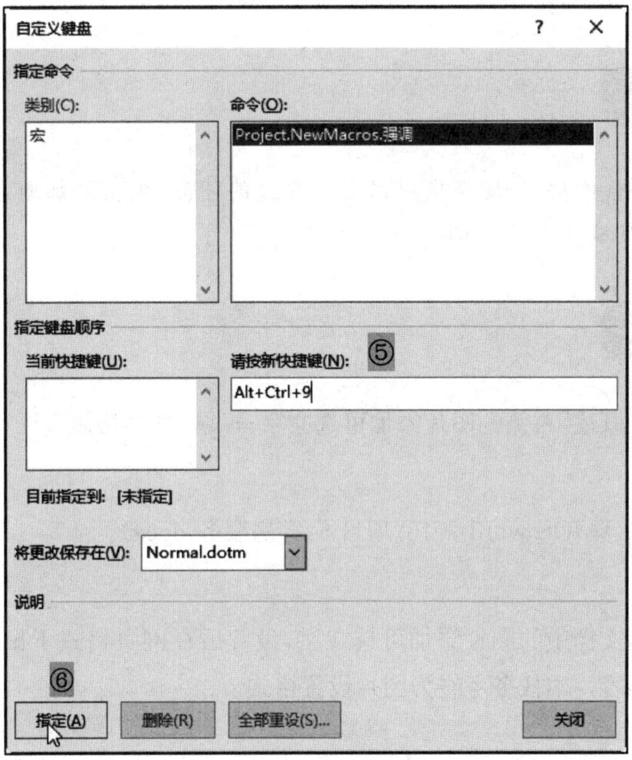

图 2.70　"自定义键盘"对话框

(7) 单击"关闭"按钮开始录制,录制时光标变成一个录音带形式,如图 2.71⑦所示。

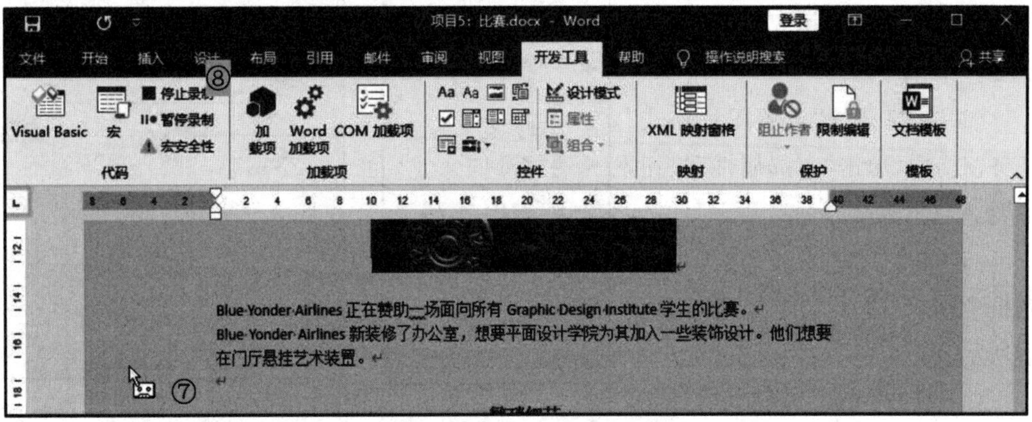

图 2.71　录制宏

（8）在“开始”→“字体”选项中，单击一下“增大字号”，再在下划线中选择“双下划线”，停止录制即可，如图 2.71⑧所示。可以选定文本对刚录制的快捷键进行测试。

项目六　综合项目“客房服务”

项目概述

这是一个综合性的项目，综合应用以上学习过的任务，包括添加图片可选文字、编辑内容控件属性、替换特殊符号，添加批注等。该项目下设五个任务。

任务 1

为“第 1 部分 概述”右侧的图片添加可选文字，标题为“客房服务”。

一、准备

打开练习文档(\MOS word 2016\项目 6：客房服务.docx)。

二、注释

这个任务是对文档中的图片添加可选文字，设置后在网页格式下鼠标移至图片时就显示已设置的文字内容。本任务考查为图片设置格式。

三、步骤

（1）在打开的文档中，选择文档第二页的开始处的“第 1 部分概述”旁的图片，单击鼠标右键的快捷菜单，选择“设置图片格式”命令，如图 2.72①所示。

（2）在打开的“设置图片格式”任务窗格中，单击“布局属性”按钮，如图 2.73②所示。

（3）单击“替换文字”选项，在标题框中输入“客房服务”，如图 2.73③所示。

（4）点击“关闭”按钮完成操作，如图 2.73④所示。

图 2.72　设置图片格式

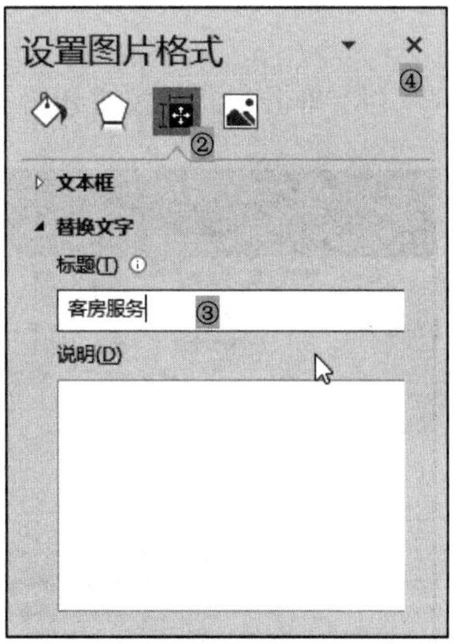

图 2.73　“设置图片格式”任务窗格

任务 2

在封面上编辑“副标题”内容控件属性，允许在输入文本时按回车键。

一、准备

打开练习文档(\MOS word 2016\项目 6：客房服务.docx)。

二、注释

本任务考查对内容控件编辑属性的操作。

图 2.74 副标题控件的属性

三、步骤

(1) 在打开的文档的首页(封面)，单击副标题“客房服务/维修新员工培训”，单击“开发工具”选项卡，如图 2.74①所示。

(2) 选择控件功能区中的“属性”，如图 2.74②所示。

(3) 在弹出的“内容控件属性”对话框中，我们看到标题框内容为“副标题”，然后在最下面的纯文本属性中勾选“允许回车”复选按钮，如图 2.75③所示，点击“确定”按钮后完成操作。

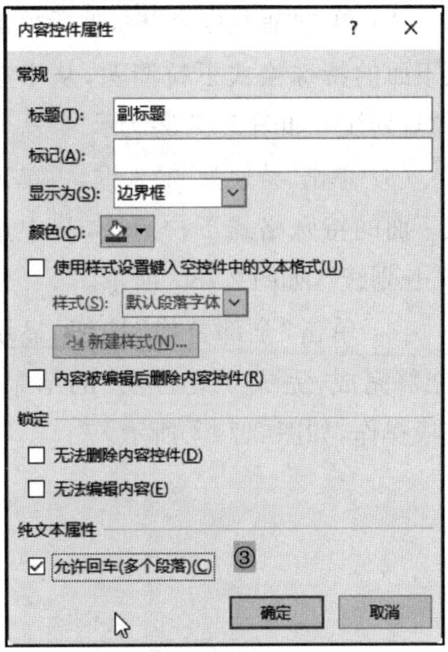

图 2.75 “内容控件属性”对话框

任务 3

将文档中的“短划线”替换为“长划线”。

一、准备

打开练习文档(\MOS word 2016\项目 6:客房服务.docx)。

二、注释

本任务考查特殊符号的替换操作。

三、步骤

(1) 在打开的文档中,单击“开始→替换”,在弹出的“查找和替换”对话框中,单击左下

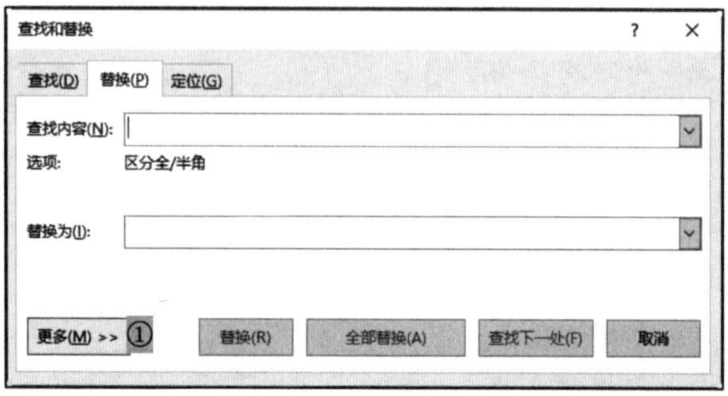

图 2.76 “查找和替换”对话框

角的“更多”按钮,如图 2.76①所示。

(2) 单击“查找内容”框,然后单击最下面的特殊格式下拉箭头,从中选择“短划线”,如图 2.77 ②所示。

(3) 单击“替换为”输入框,再单击最下面的特殊格式下拉箭头,从中选择“长划线”,如图 2.78③所示。

(4) 单击“全部替换”按钮,显示“全部完成,完成 6 处替换”的结果,完成操作,如图 2.79④所示。

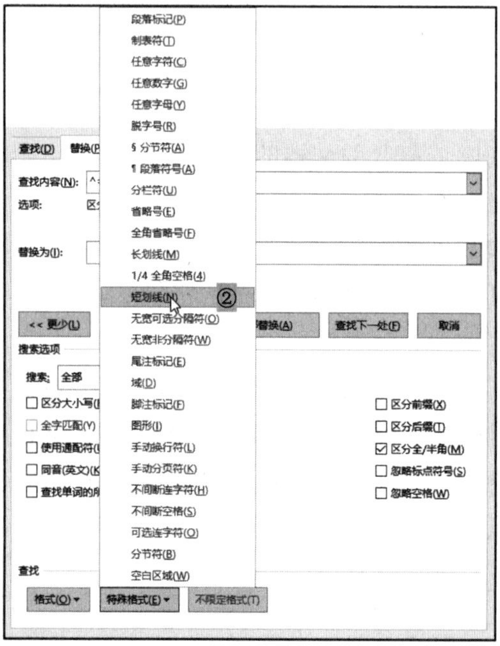

图 2.77 在“查找内容”中选择“短划线”特殊符号

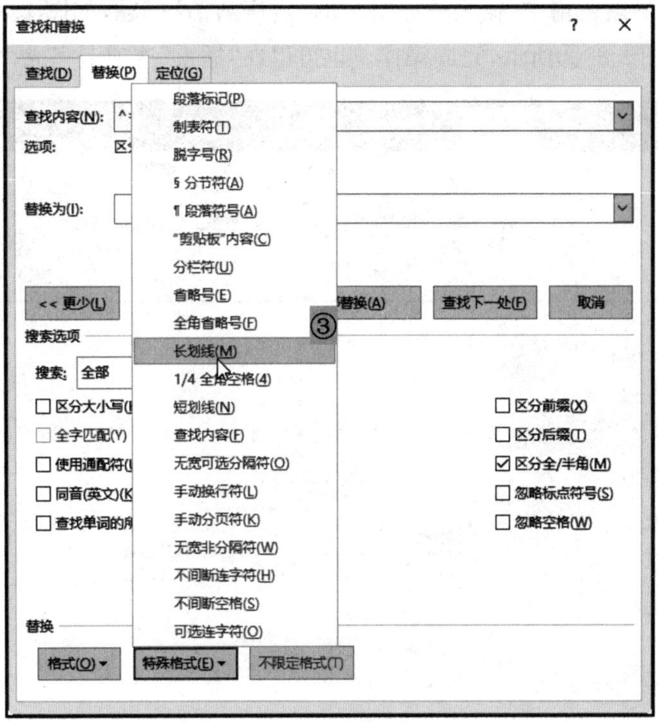

图 2.78 在“替换为”中选择“长划线”特殊符号

图 2.79 完成替换结果

任务 4

在标题“客房清洁”下方，对第 5 项添加批注“这就是我们所谓的 Cookie 吗?”。

一、准备

打开练习文档(\MOS word 2016\项目 6：客房服务.docx)。

二、注释

本任务考查使用审阅中的批注功能，对指定文本添加批注。

三、步骤

(1) 在打开的文档中，单击“视图”选项卡，在显示功能区中，勾选“导航窗格”，如图 2.80 ①所示。

(2) 在打开的导航窗格中,输入任务要求的“客房清洁”标题,如图 2.80②所示,然后输入批注的内容,如图 2.80③所示,完成操作。也可以在“插入”选项卡完成,如图 2.81④所示。

图 2.80　利用导航窗格定位到客房清洁标题

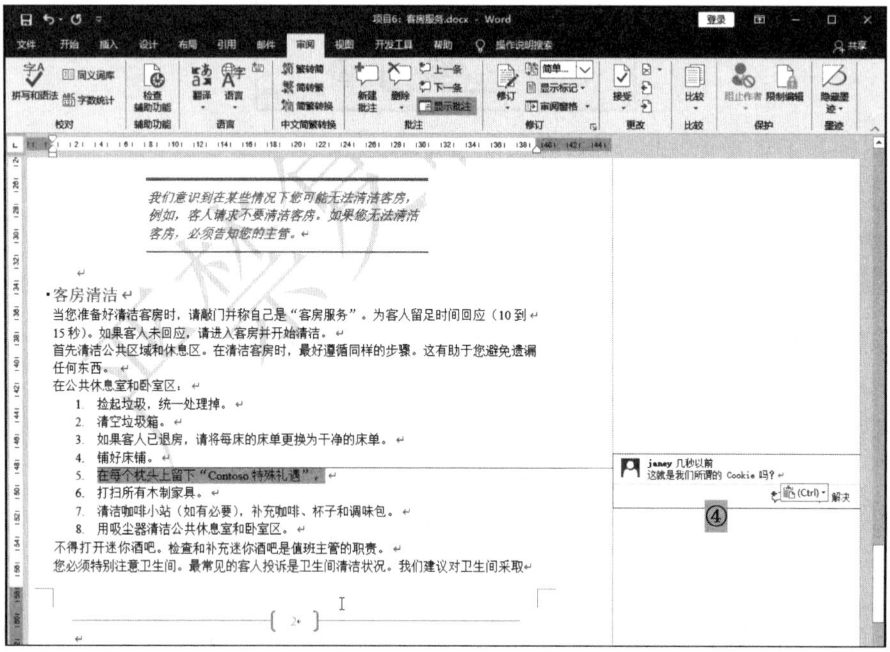

图 2.81　在选定的文本中添加批注

任务 4

当文本“清洗衣物和亚麻制品”首次出现在文档中时，添加索引项。

一、准备

打开练习文档(\MOS word 2016\项目 6：客房服务.docx)。

二、注释

本任务考查如何添加索引项，在项目五任务 3 中有类似的操作。

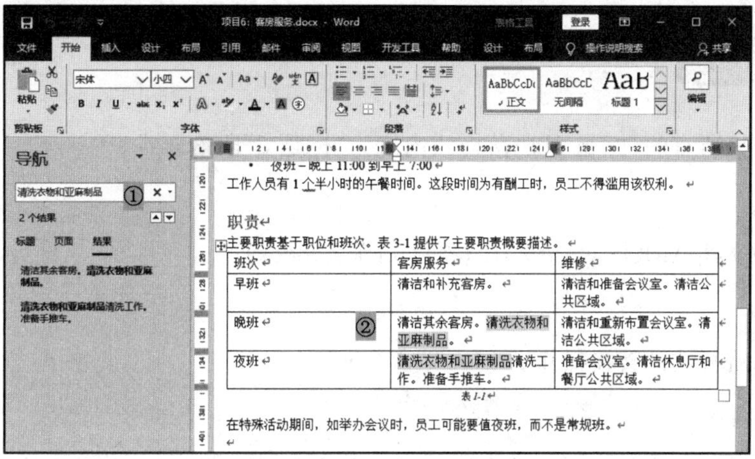

图 2.82 查找内容

三、步骤

(1) 在打开的文档中，单击“开始”选项卡，再单击编辑功能区中的“查找”命令，输入查找文本“清洗衣物和亚麻制品”，如图 2.82①所示。

(2) 此时查找的内容被黄色底纹显示，在其中选择第一个结果，如图 2.82②所示。

(3) 单击“引用”选项卡，在索引功能区中单击“标记条目”选项，在弹出的“标记索引项”对话框中，单击“标记”按钮完成操作，如图 2.83③所示。

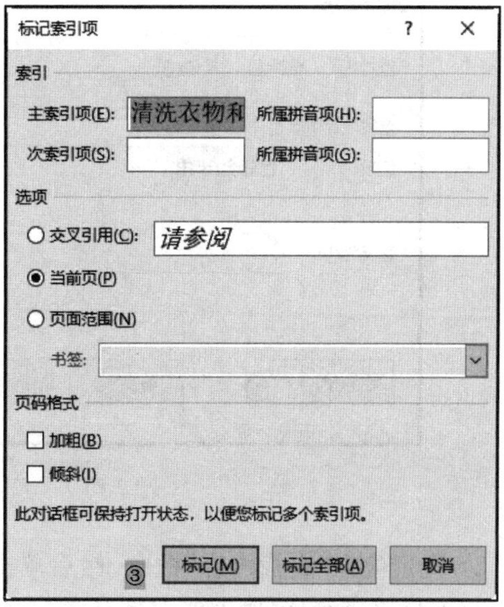

图 2.83 “标记索引项”对话框

项目七　综合项目“服务”

项目概述

这是一个综合性的项目，综合了以上学习过的任务，包括替换样式、接受修订、样式复制等。该项目下设三个任务。

任务 1

定位并替换所有的“标题 1”段落样式内容为“标题 2”段落样式。

一、准备

打开练习文档(\MOS word 2016\项目 7：服务.docx)。

二、注释

本任务考查样式的替换操作。

三、步骤

(1) 在打开的文档中，单击“开始”选项卡，再单击“替换”命令，在弹出的“查找与替换”对话框中单击“更多”按钮，如图 2.84①所示。

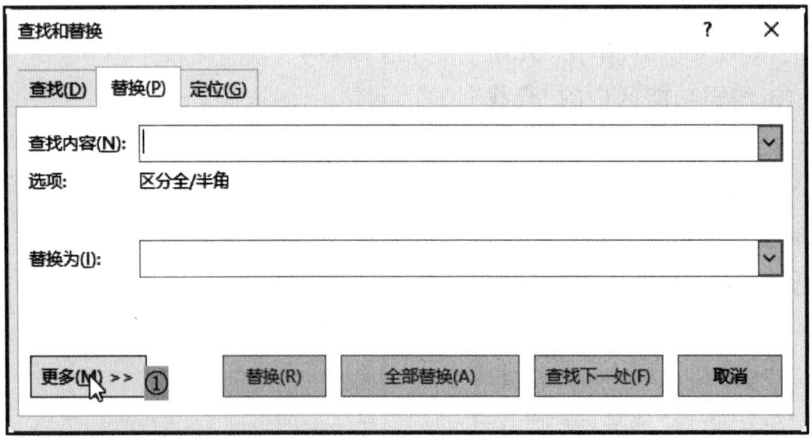

图 2.84　“查找与替换”对话框

(2) 先定位在“查找内容”框中，然后单击底下替换的“格式”下拉箭头，选择“样式”，在弹出的“查找样式”对话框中选择任务要求的“标题 1”，如图 2.85②所示。

（3）定位到“替换”框中，单击底下替换的“格式”下拉箭头，如上述一样选择“样式”，在弹出的“替换样式”对话框中选择任务要求的“标题 2”，如图 2.86③所示。

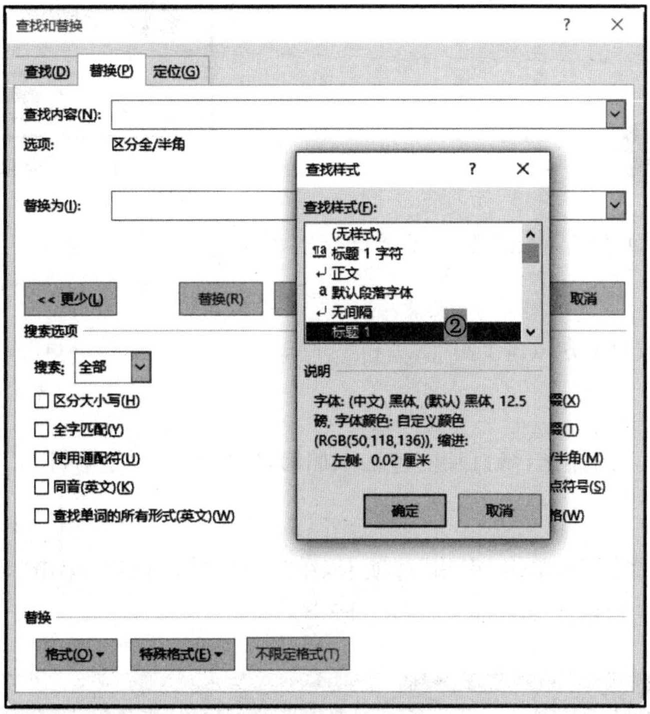

图 2.85　查找“标题 1”样式

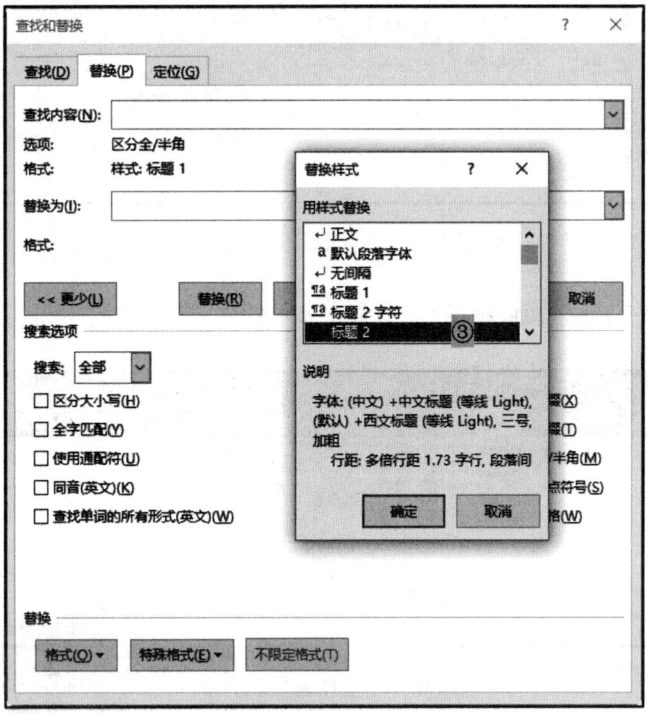

图 2.86　替换“标题 2”样式

（4）单击“全部替换”按钮，弹出结果“全部完成，完成 6 处替换。”，点击“确定”按钮后完成操作，如图 2.87④所示。

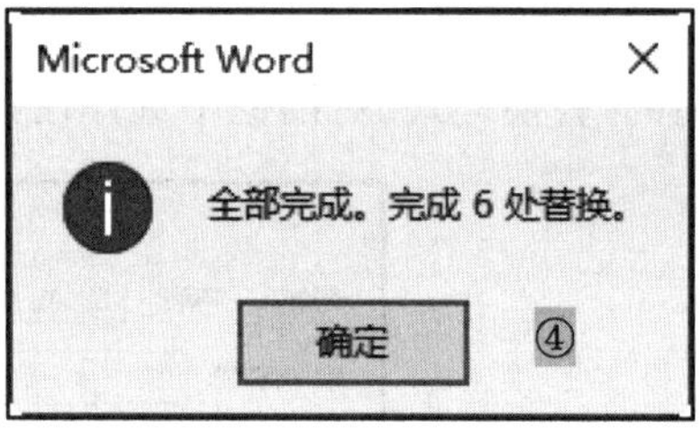

图 2.87　全部替换结果

任务 2

接受对文档的所有插入和删除。不要接受格式变更。

一、准备

打开练习文档(\MOS word 2016\项目 7：服务.docx)。

二、注释

本任务考查修订的操作，修订功能包括添加修订，接受和拒绝修订。

三、步骤

（1）在打开的文档中，单击“审阅”选项卡，在“修订”功能区中，单击“显示标记”选项，在下拉选项中去掉“设置格式”项，如图 2.88①所示。

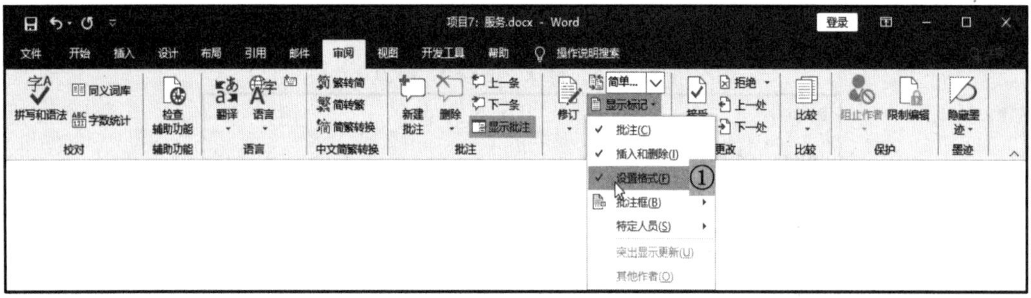

图 2.88　选择不接受格式变更

（2）单击“接受”下拉选项，选择“接受所有显示的修订”，如图 2.89②所示，完成操作。

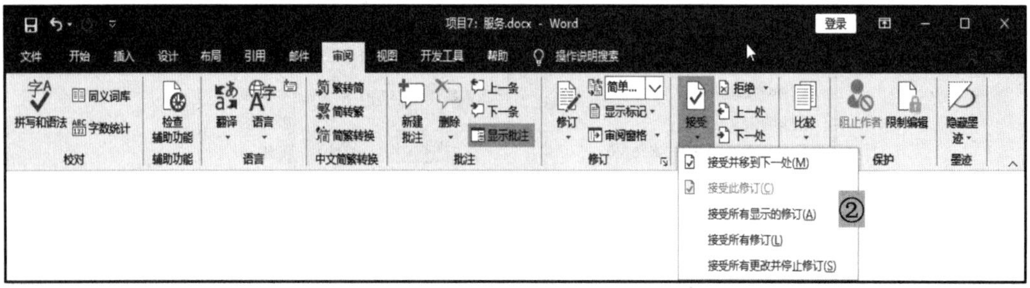

图 2.89　接受所有显示的修订

任务 3

将“正文”样式从“Normal.dotm”复制到“服务.docx”。覆盖现有“正文”样式。

一、准备

打开练习文档(\MOS word 2016\项目 7:服务.docx)。

二、注释

本任务考查文档模板的管理器操作,包括文档之间样式和宏方案项的复制。

三、步骤

(1) 在打开的文档中,单击“开发工具”选项卡,在“模板”功能区中,单击“文档模板”,如图 2.90①所示。

(2) 在弹出的“模板和加载项”对话框中,单击左下角的“管理器”按钮,如图 2.90②所示。

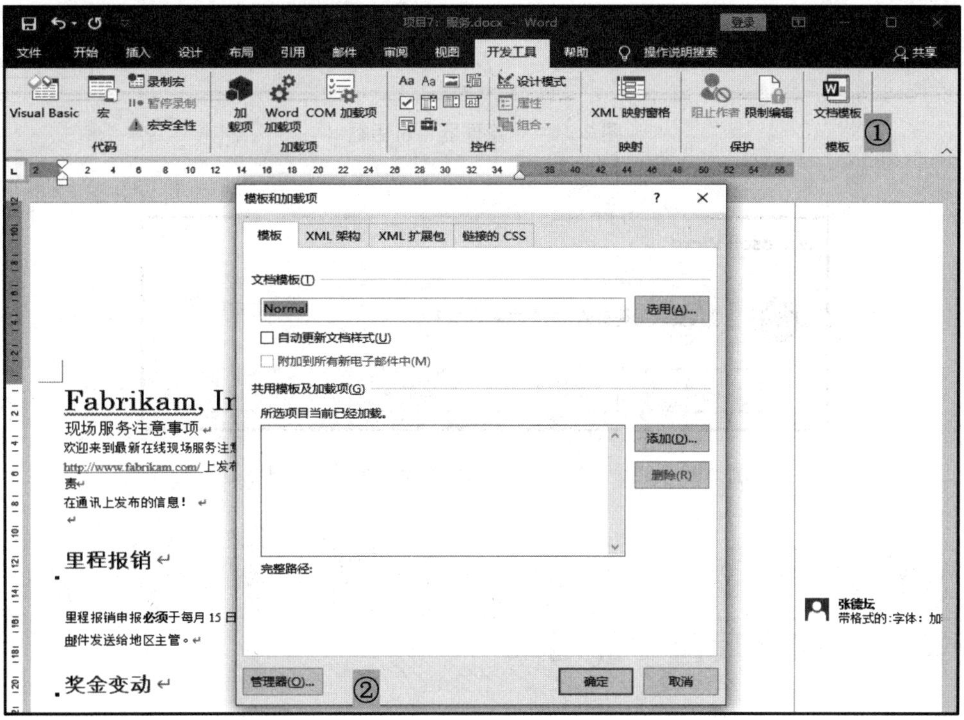

图 2.90　“模板和加载项”对话框

(3) 在弹出的“管理器”对话框中,观察到样式选项下的右边及左边的样式位于框中显示的正是任是要求的“Normal.dotm”和“服务.docx”,选定右边的“正文”,如图 2.91③所示。

(4) 再单击“复制”按钮,如图 2.91④所示。

(5) 此时弹出“是否要改写现有的样式词条正文”对话框，因为在“服务.docx”文档的样式中也有“正文”样式，所以我们单击“全是”，即全部改写正文词条，完成操作，如图 2.92⑤所示。

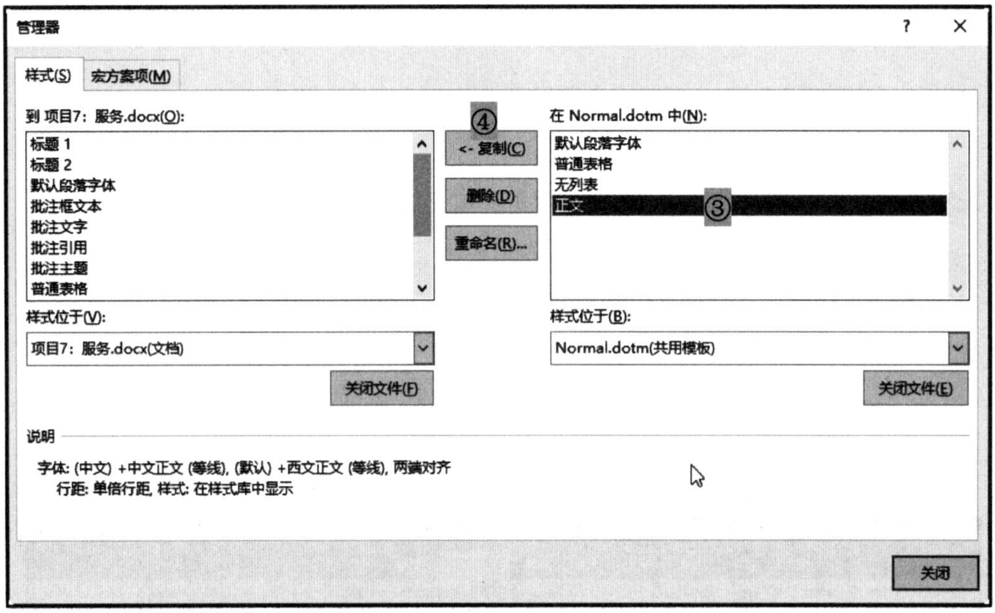

图 2.91　“管理器”对话框

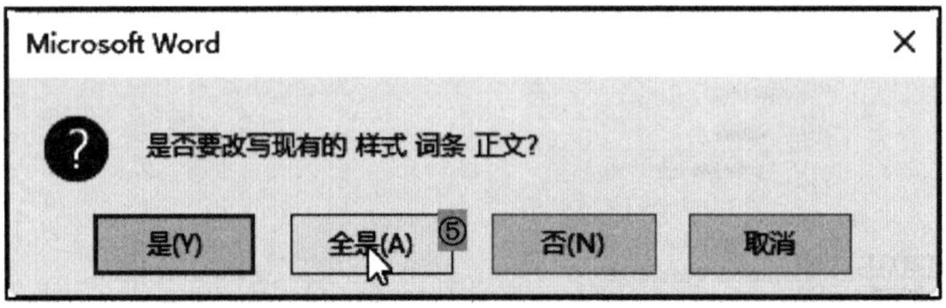

图 2.92　“是否要改写现有的样式词条正文”对话框

项目八　综合项目“证书”

项目概述

这是一个综合性的项目，综合应用以上学习过的任务，标记完成批注，更改样式，宏安全性中设置数字签署的宏等操作。该项目下设三个任务。

任务 1

将任务中的第一条批注标记已完成(已解决)。

一、准备

打开练习文档(\MOS word 2016\项目 8:证书.docx)。

二、注释

本任务考查的是将批注标记完成(或已解决)的操作。

三、步骤

(1) 在打开的文档中,单击“审阅”选项卡,在“批注”功能区中,单击“上一条”,如图 2.93①所示。

(2) 此时在文档中会显示批注,选择一条批注,单击“解决”,如图 2.93②所示,完成操作。有些版本的 Word 需要在右键快捷菜单中选择已完成。

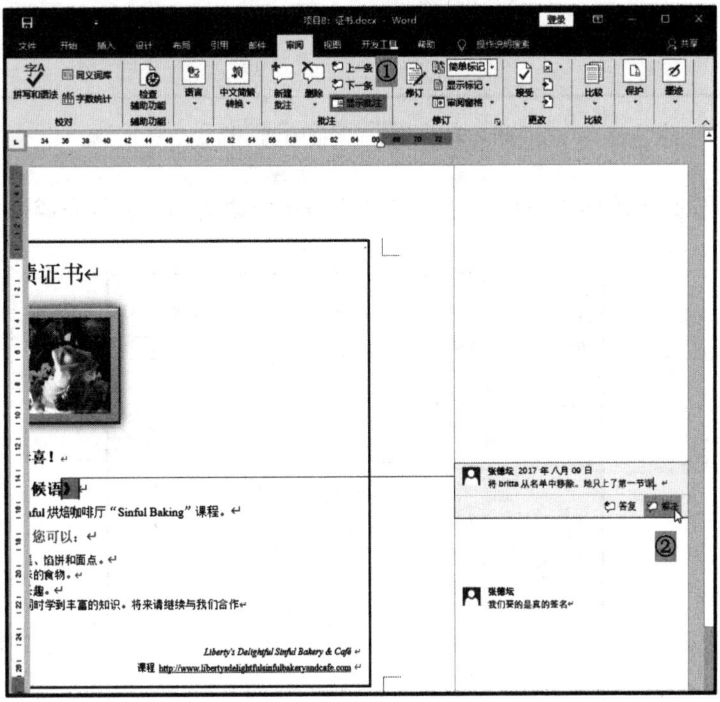

图 2.93　在显示的第一条批注中单击“解决”

任务 2

更改“明显强调”样式,将字体大小增大为“18 磅”。

一、准备

打开练习文档(\MOS word 2016\项目 8:证书.docx)。

二、注释

本任务考查的是修改样式的操作。

三、步骤

(1) 在打开的文档中,单击“开始”选项卡,在“样式”功能区中找到“明显强调”样式,单击右键打开快捷菜单,选择“修改”,如图 2.94①所示。

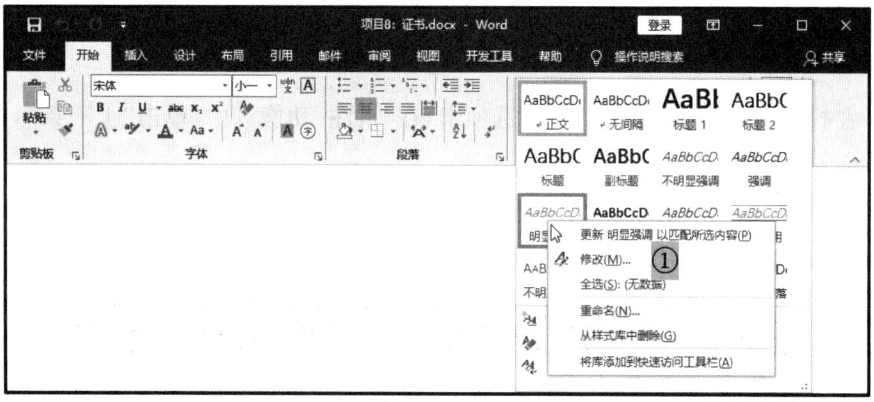

图 2.94 修改“明显强调”样式

(2) 在弹出的“修改样式”对话框中,将字体格式修改为“18 磅”,完成操作,如图 2.95②所示。

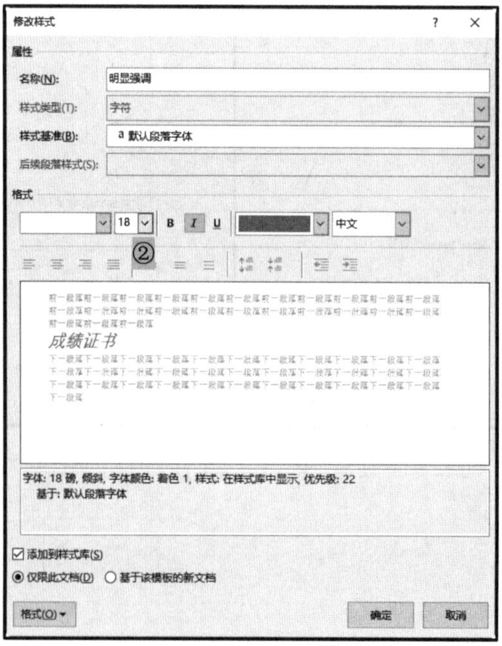

图 2.95 “修改样式”对话框

注 意

一旦在样式中修改格式，文档中相应的样式就立即应用。

任务 3

新建收件人列表，名“Kim”，姓“Akers”。将列表保存至“我的数据源”文件夹，其名为“TestList”。仅在文档中启用数字签名的宏。

一、准备

打开练习文档(\MOS word 2016\项目 8：证书.docx)。

二、注释

本任务考查的是如何将数字签名添加至我的数据源中的操作。

三、步骤

(1) 在打开的文档中，单击“邮件”选项卡，在“开始邮件合并”功能区中，单击“选择收件人”旁边的下拉箭头，并选择“键入新列表”，如图 2.96①所示。

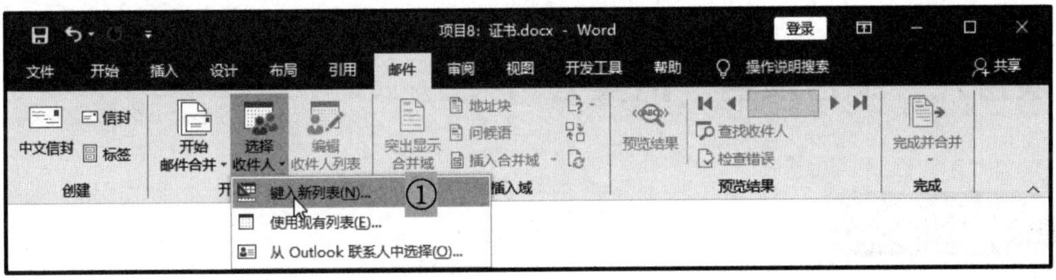

图 2.96 邮件选项中的键入新列表

(2) 在弹出的“新建地址列表”对话框中，输入任务要求的名字“Kim”，姓氏“Akers”，然后单击“确定”按钮，如图 2.97②所示。

(3) 在弹出的“保存通讯录”对话框中，一般默认路径是“文档\我的数据源”，默认保存类型为“mdb”，输入任务要求的文件名“TestList”，单击“保存”按钮完成操作，如图 2.98③所示。

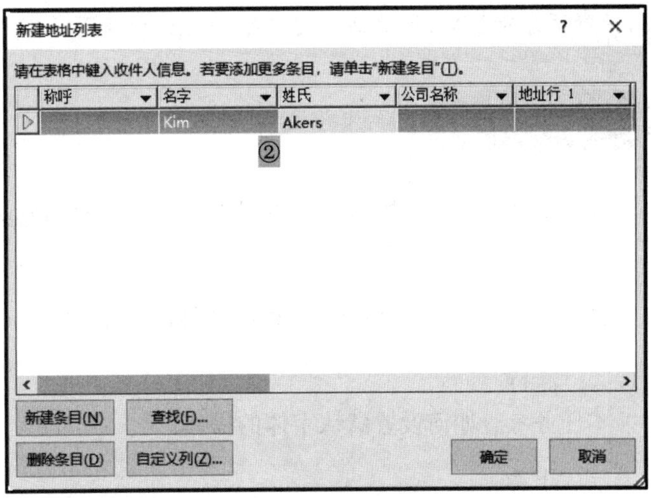

图 2.97 “新建地址列表”对话框

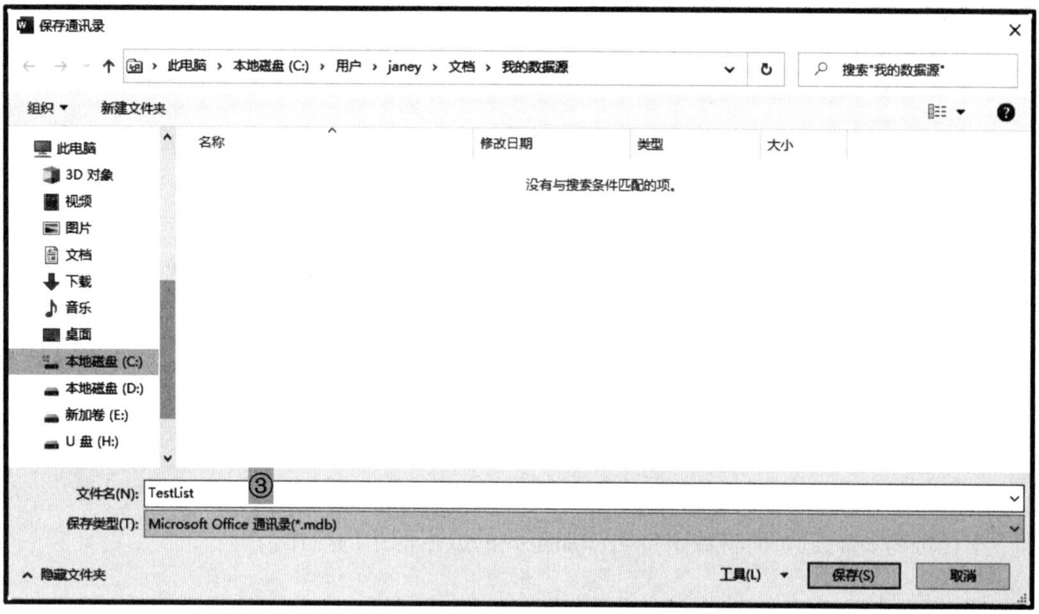

图 2.98　“保存通讯录”对话框

项目九　综合项目“拍卖会”

项目概述

这是一个综合性的项目，综合应用以上学习过的任务：设置默认字体，更改“标题 1”样式，设置页面背景题，更改插图目录格式。该项目下设四个任务。

任务 1

仅将本文档的应用默认字体设置为“加粗，14 磅，Book Antiqua”。

一、准备

打开练习文档(\MOS word 2016\项目 9：拍卖会.docx)。

二、注释

本任务考查如何设置默认字体的操作。

三、步骤

(1) 在打开的文档中，光标任意定位一个位置，然后单击“开始”选项卡，在“字体”功能区中单击其拓展按钮，在弹出的“字体”对话框中，字形设置为“加粗”，如图 2.99①所示。

（2）字号设置为“14 磅”，如图 2.99②所示。

（3）西文字体设置为“Book Antiqua”，如图 2.99③所示。

（4）单击“设为默认值”按钮，如图 2.99④所示。

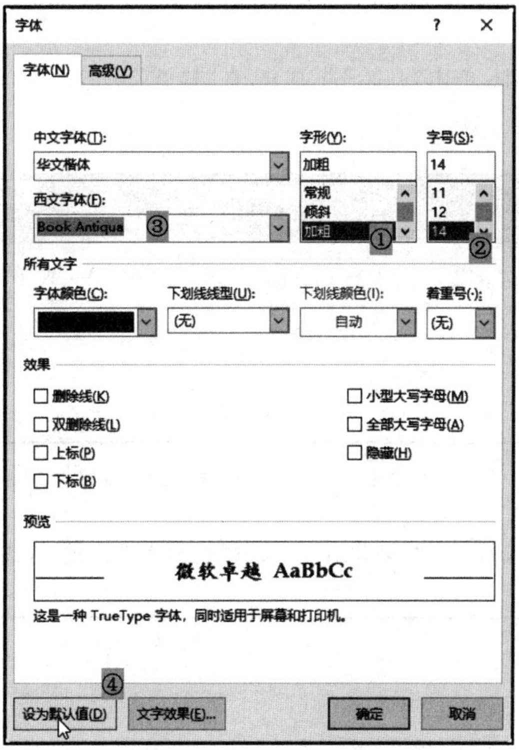

图 2.99　“字体”对话框

（5）在弹出的对话框中，勾选“仅此文档”，最后点击“确定”按钮完成操作，如图 2.100⑤所示。

图 2.100　确认是否仅此文档应用的对话框

任务 2

更改“标题 1”样式，将字体颜色更改为“金色，个性色 4，深色 50%”，文本居中对齐。

一、准备

打开练习文档(\MOS word 2016\项目 9:拍卖会.docx)。

二、注释

本任务考查修改样式的操作。

三、步骤

(1) 在打开的文档中,单击“开始”选项卡,在“样式”功能区中,单击“标题 1”样式右键,选择“修改”命令,如图 2.101①所示。

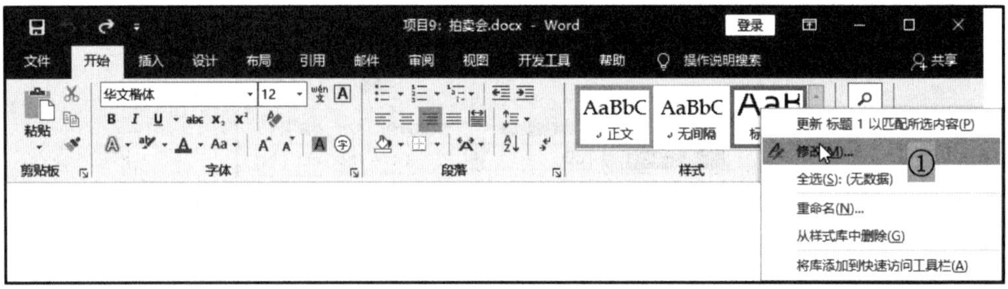

图 2.101　选择修改“标题 1”样式

(2) 在弹出的“修改样式”对话框中,主题颜色选择“金色,个性色 4,深色 50%”,如图 2.102② 所示。

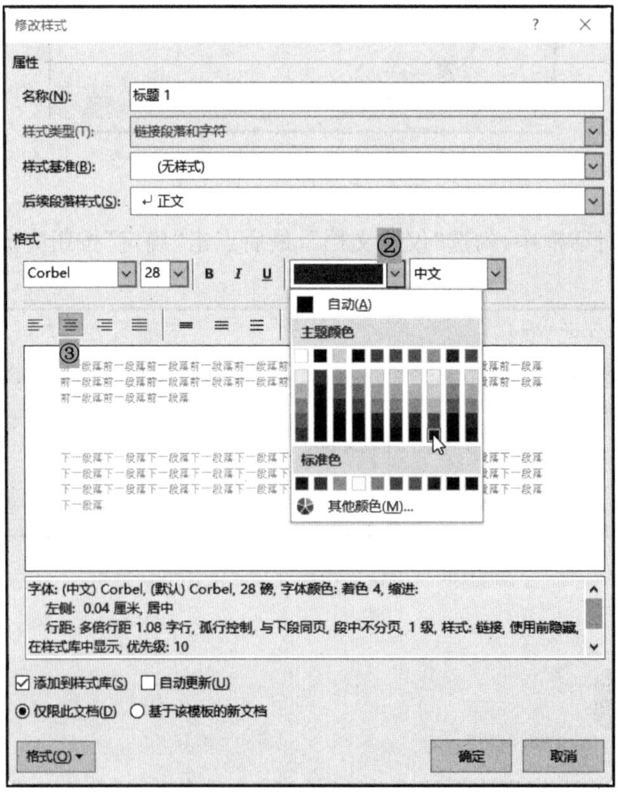

图 2.102　“修改样式”对话框

(3) 文本对齐方式选择“居中”，如图 2.102③所示，观察文档标题 1 样式的变化。

任务 3

将页面背景颜色设置为“红色：214，绿色：255，蓝色：219”。根据当前文档，创建名为“RootsTheme”的自定义主题。将主题保存至“文档”文件夹。

一、准备

打开练习文档(\MOS word 2016\项目 9：拍卖会.docx)。

二、注释

本任务考查如何更改页面背景颜色的操作。

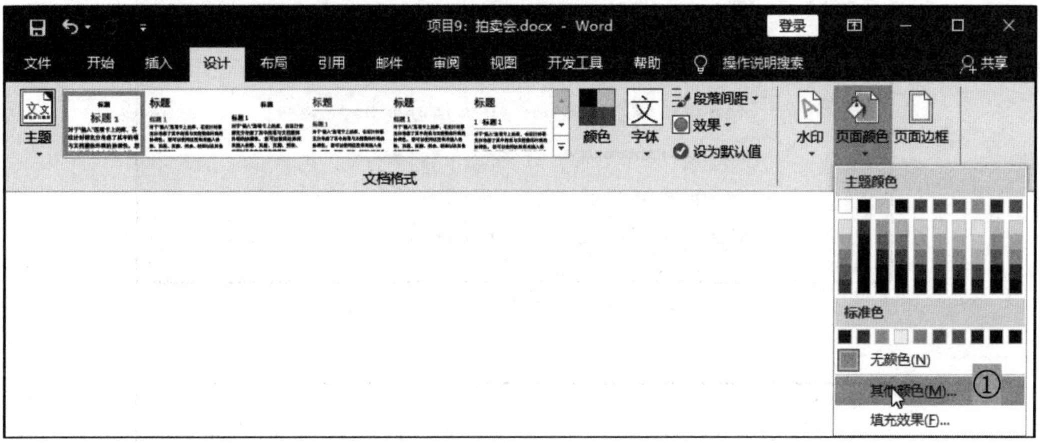

图 2.103 选择其他颜色

三、步骤

(1) 在打开的文档中，单击“设计”选项卡，在“页面背景”功能区中单击“页面颜色”下拉箭头，选择“其他颜色”，如图 2.103①所示。

(2) 在弹出的“颜色”对话框中，单击“自定义”选项，按照任务中的要求“红色：214，绿色：255，蓝色：219”对应填写，点击“确定”按钮，如图 2.104②所示。

(3) 在“设计”选项卡中，单击“主题”功能区的下拉箭头，选择“保存当前主题”命令，如图 2.105③所示。

(4) 在弹出的“保存当前主题”对话框中选择“文档”文件夹，输入任务要求的文件名“RootsTheme”，单击“保存”按钮完成操作，如图 2.106④所示。

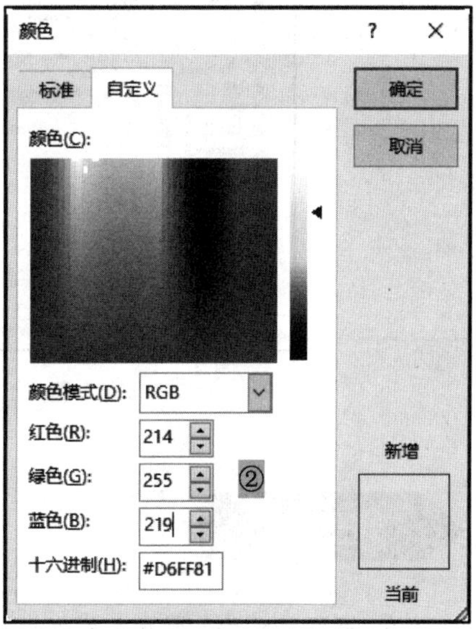

图 2.104 颜色对话框

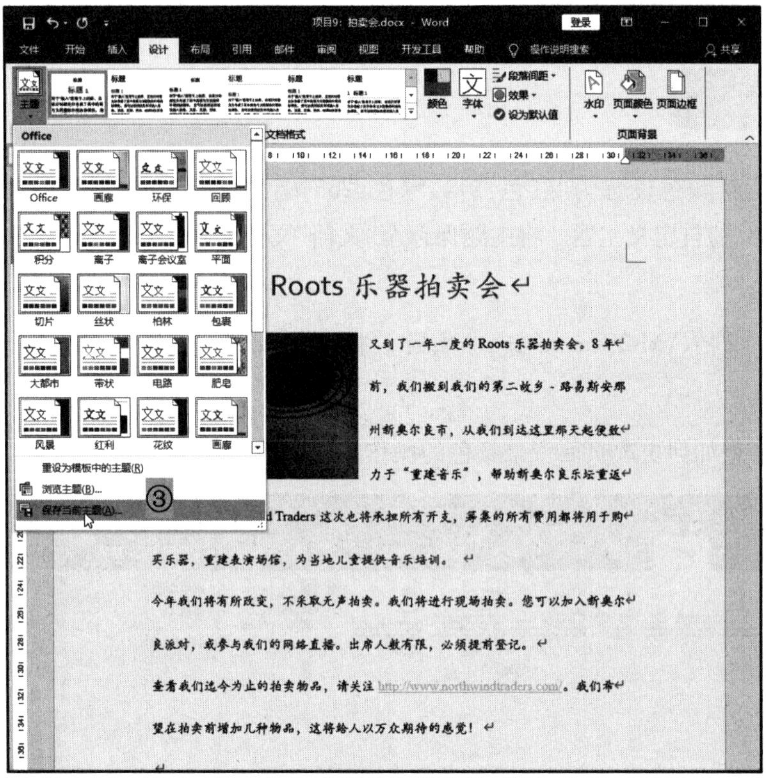

图 2.105 选择保存当前主题颜色

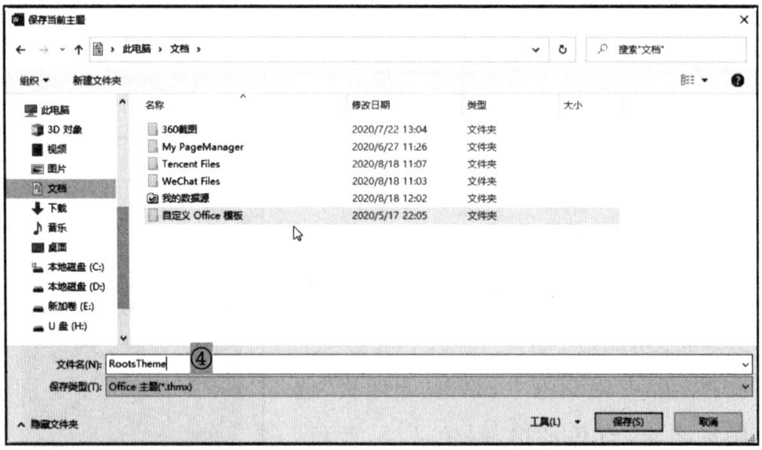

图 2.106 “保存当前主题”对话框

任务 4

在“插图目录”标题下方添加插图目录。使用“古典”格式。

一、准备

打开练习文档(\MOS word 2016\项目 9:拍卖会.docx)。

二、注释

本任务考查如何添加插图(题注)目录的操作。

三、步骤

(1) 在打开的文档中，单击“视图”选项卡，在“显示”功能区中勾选“导航窗格”，如图 2.107① 所示。

(2) 在展开的“导航窗格”中选择“插图目录”，如图 2.107②所示。

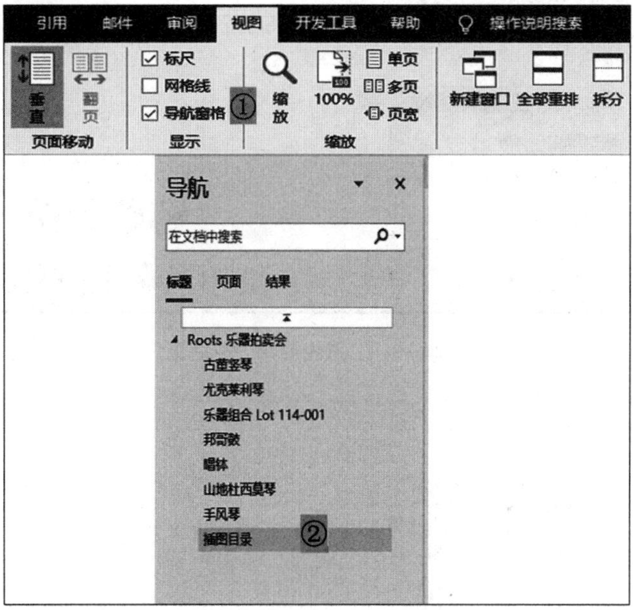

图 2.107　在“导航窗格”中选择“插图目录”

(3) 此时光标会移到文档中“插图目录”文本下，单击“引用”选项卡，在“题注”功能区中单击“插入表目录”选项，如图 2.108③所示。

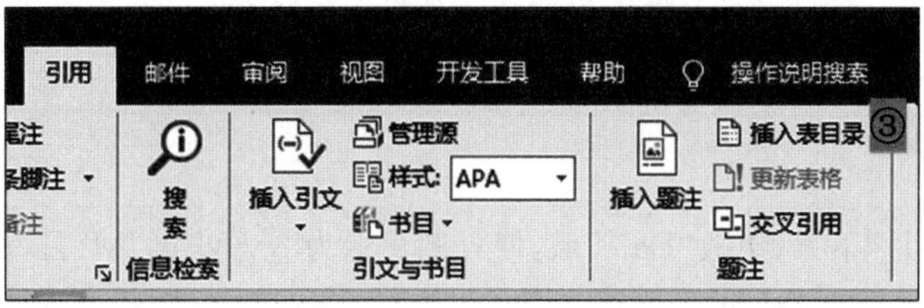

图 2.108　选择“插入表目录”

(4) 在弹出的“图表目录”对话框中，格式选择“古典”，点击“确定”按钮后观察变化，如图 2.109④所示。

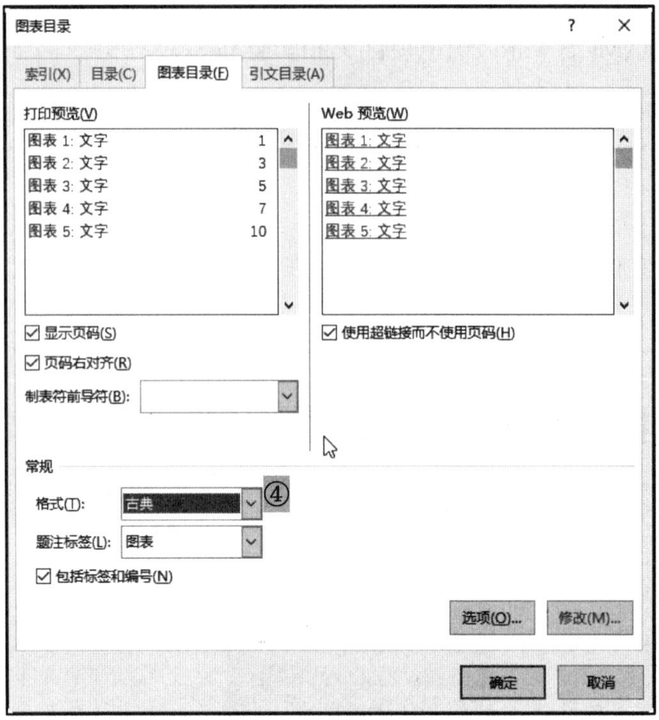

图 2.109 “图表目录”对话框

项目十 综合项目“通讯”

项目概述

这是一个综合性的项目，综合应用以上学习过的任务：更改时间域，设置断字选项为自动断字特殊，更改索引格式，录制宏。该项目下设四个任务。

任务 1

在第一页“本月”下方，更改“Date”域，使日期显示为“yyyy' 年 'M' 月 'd' 日 '”。

一、准备

打开练习文档(\MOS word 2016\项目 10：通讯.docx)。

二、注释

本任务考查如何修改日期域的操作，注意域操作都在开发工具中进行。

三、步骤

(1) 在打开的文档中，将光标移至第一页“本月”下方，该处有一日期域，单击该域右键弹出快捷菜单，选择“编辑域”，如图 2.110①所示。

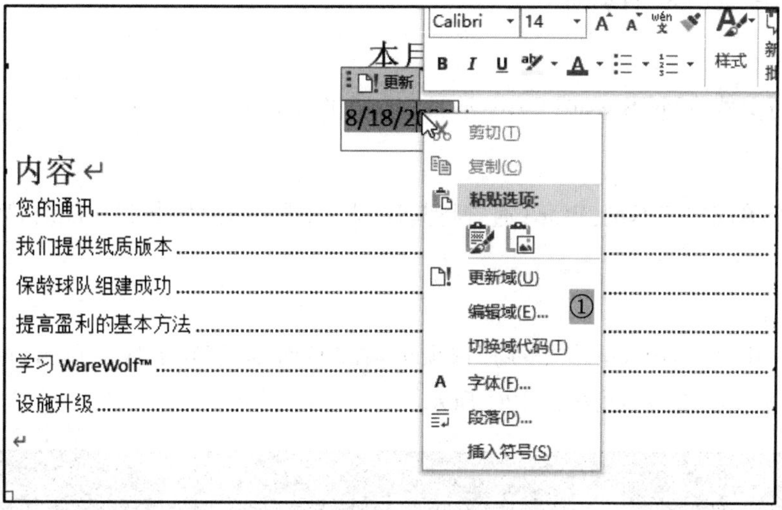

图 2.110　选择“编辑域”

(2) 在弹出的“域”对话框中，将“yyyy' 年 'M' 月 'd' 日 '”复制到日期格式框中，如图 2.111②所示，然后点击“确定”按钮完成操作。

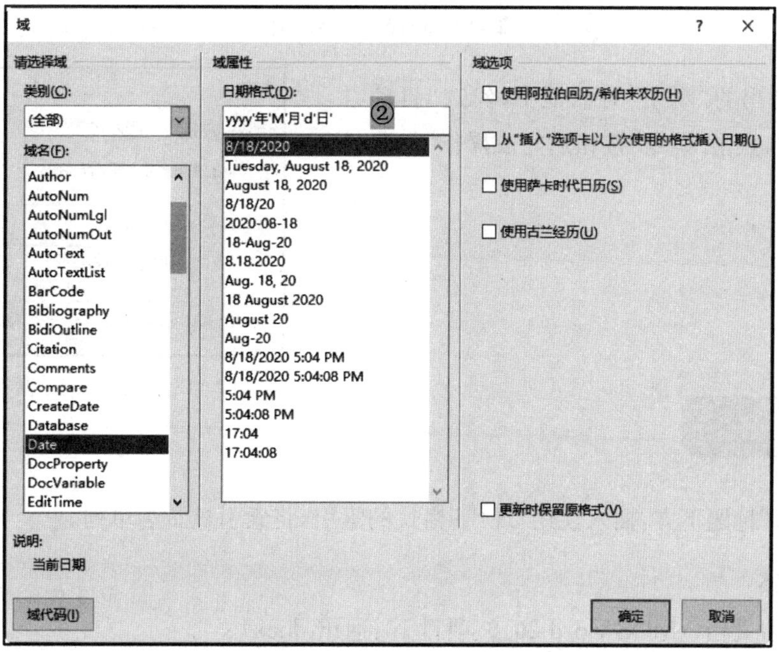

图 2.111　“域”对话框

任务 2

设置“断字”选项为“自动断字”。

一、准备

打开练习文档(\MOS word 2016\项目 10:通讯.docx)。

二、注释

如果一个单词空间不足,Word 通常将其移到一下行,当启用断字功能时,Word 会将其断开。

三、步骤

(1) 在打开的文档中,单击“布局”选项卡,在“页面设置”功能区中单击“断字”下拉箭头,选择“断字选项”命令,如图 2.112①所示。

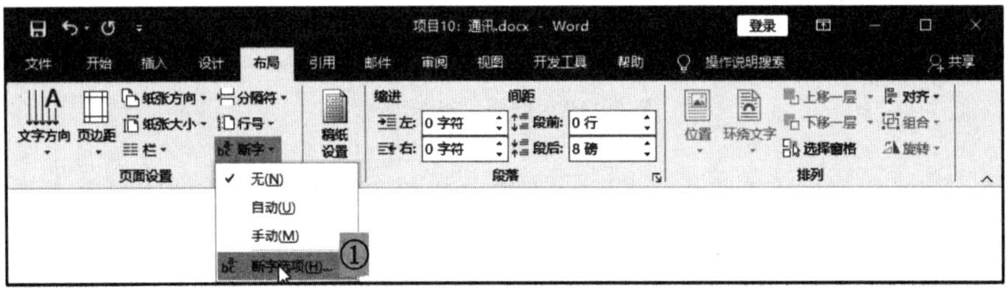

图 2.112　选择“断字选项”

(2) 在弹出的“断字”对话框中,勾选“自动断字”复选框,点击“确定”按钮后完成操作,如图 2.113②所示。

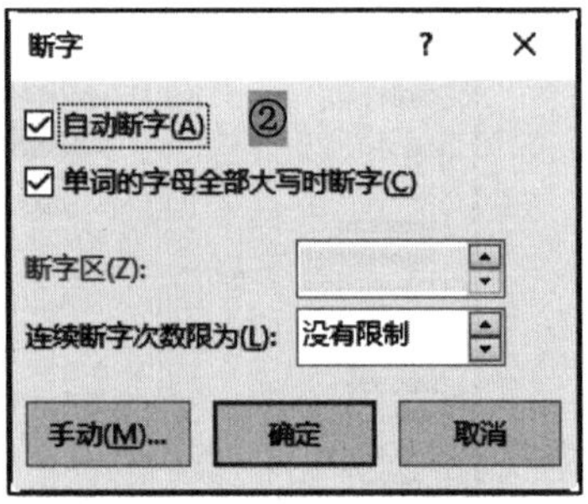

图 2.113　勾选“自动断字”

任务 3

在“索引”标题下方,插入使用“现代”格式的索引,将索引显示为单列。

一、准备

打开练习文档(\MOS word 2016\项目 10:通讯.docx)。

二、注释

本任务考查如何修改索引格式的操作。

三、步骤

（1）在打开的文档中，单击“视图”选项卡，在“显示”功能区中勾选“导航窗格”，在展开的“导航窗格”中单击“索引”，使光标移至文本中的索引位置，如图 2.114①所示。

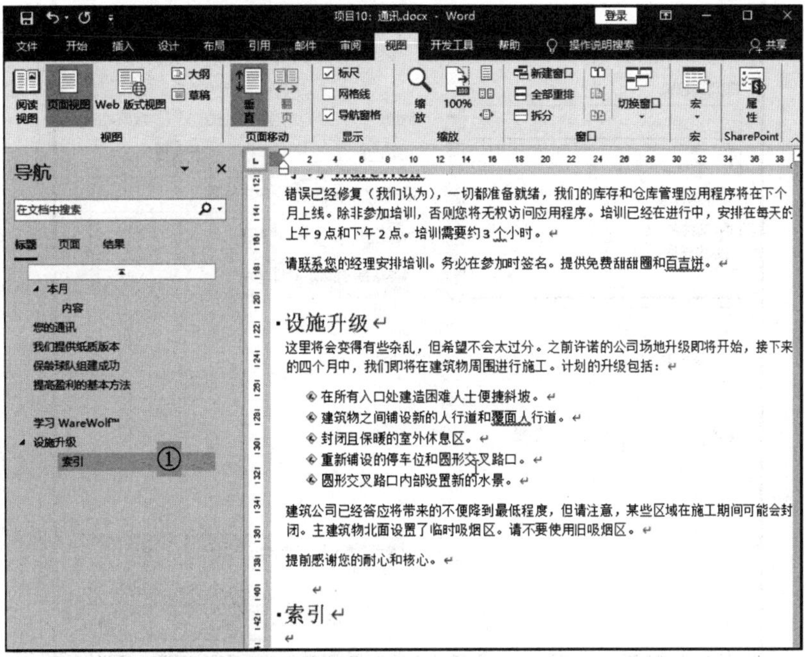

图 2.114　在导航窗格中选择“索引”

（2）单击“引用”选项卡，在“索引”功能区中单击“插入索引”命令，如图 2.115②所示。

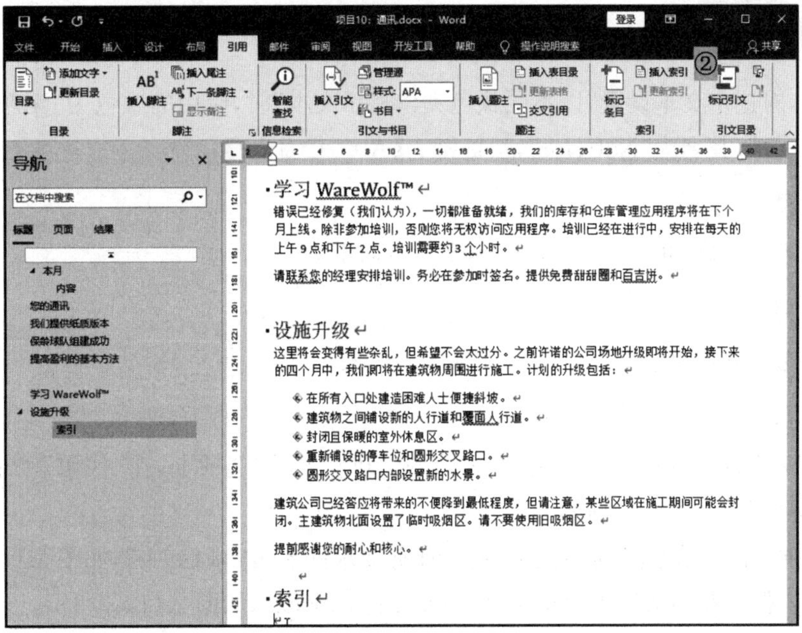

图 2.115　选择“插入索引”

（3）在弹出的“索引”对话框中，在格式框中选择“现代”，如图 2.116③所示。

（4）在栏数中选择“1”，表示单列，点击“确定”按钮完成操作，如图 2.116④所示。

图 2.116　“索引”对话框

任务 4

录制宏，对选定文本设置“以不同颜色突出显示文本”时，应用的颜色为“无颜色”。将宏保存至当前文档，其名为“NoColor”，快捷键为【Alt+Ctrl+9】。

一、准备

打开练习文档(\MOS word 2016\项目 10：通讯.docx)。

二、注释

本任务考查如何录制宏。

三、步骤

（1）在打开的文档中，任意选定文本，单击“开发工具”选项卡，在“代码”功能区中单击“录制宏”命令，如图 2.117①所示。

（2）在弹出的“录制宏”对话框中，输入任务要求的宏名“NoColor”，如图 2.118②所示。

（3）将宏保存在中选择当前文件“项目 10：通讯.docx”，如图 2.118③所示。

（4）单击“键盘”按钮，如图 2.118④所示。

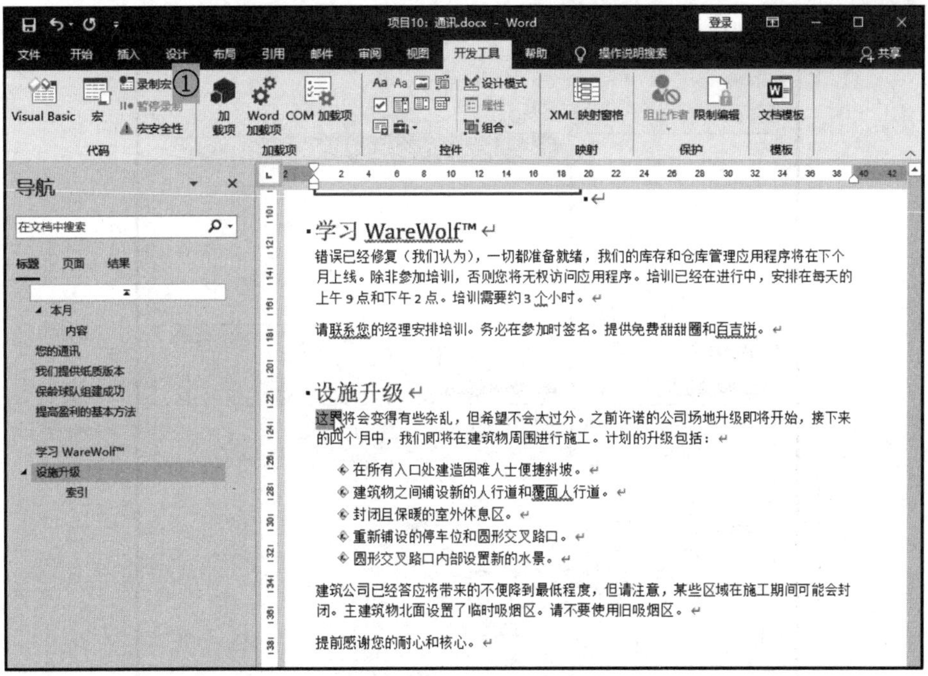

图 2.117　单击“录制宏”

图 2.118　“录制宏”对话框

(5) 在弹出的“自定义键盘”对话框中将更改保存在“项目 10：通讯.docx”，请“按新快捷键”中按组合键【Alt+Ctrl+9】，单击“指定”按钮，如图 2.119⑤所示。

(6) 开始正式录制，单击“开始”选项卡中的“字体”功能区，在突出显示中选择“无颜色”，如图 2.120⑥所示。

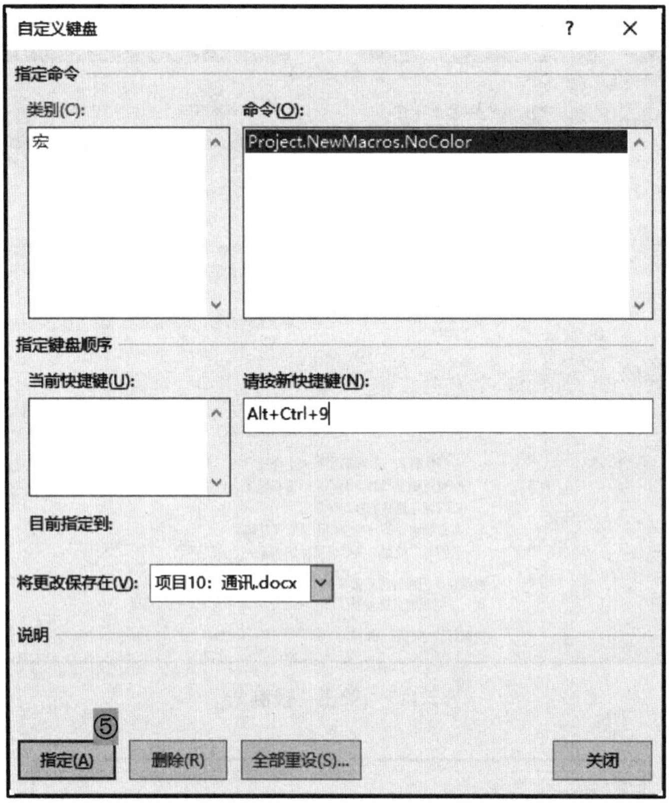

图 2.119　“自定义键盘”话框

图 2.120　选择“无颜色”突出显示

（7）在开发工具中“停止录制”，完成操作，如图 2.121⑦所示。

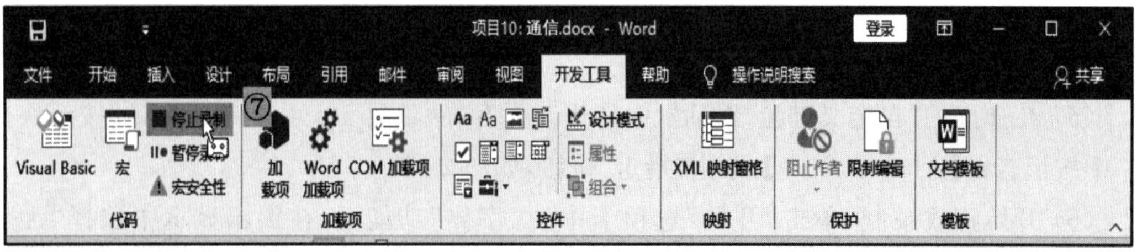

图 2.121　停止录制

模块三 MOS Excel 2016 Expert

项目一　分析产品销售

项目概述

假设您在深圳微软技术中心的业务部门工作，您正在准备用于分析产品销售的 Excel 工作簿。该项目下有五个任务。

任务 1

修改工作簿计算选项，以便包含公式的单元格计算结果发生改变的时候，只有通过手动重算或者保存工作簿才显示该变化。

一、准备

打开练习文档(\MOS excel 2016\项目 1:深圳微软技术中心.xlsx)。

二、注释

在 Excel 文档中，会需要将某一工作簿设置打开后计算选项强制为手动。本任务考查如何设置工作簿计算选项，该操作在“文件”选项卡→“选项”命令中设置实现。

三、步骤

(1) 在打开的文档中选择“文件”选项卡，如图 3.1①所示。

(2) 在“文件”选项卡左下方选择“选项”命令，如图 3.2②所示。

(3) 在弹出的“Excel 选项”对话框左边选择“公式”命令，如图 3.3③所示。

图 3.1 “文件”选项卡

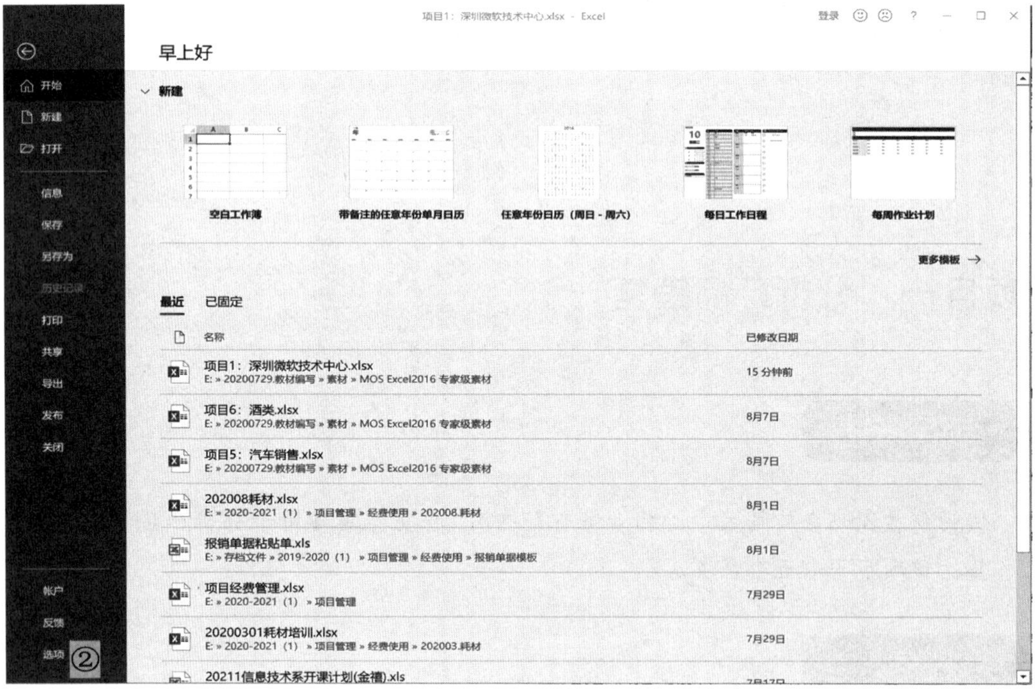

图 3.2 “选项”命令

（4）在“Excel 选项”对话框右边“计算选项”中，勾选“手动重算”→“保存工作簿前重新计算”，如图 3.3④所示。

（5）在“Excel 选项”对话框的右下角，按“确定”按钮，如图 3.3⑤所示。

（6）保存文件。

注 意

当修改工作簿计算选项时，需要防止数据改变时手动计算公式的值，保存工作簿时不应被计算，则上述步骤中(4) 改为：在“Excel 选项”对话框右边“计算选项”中，勾选“手动重算”，取消勾选“保存工作簿前重新计算”。

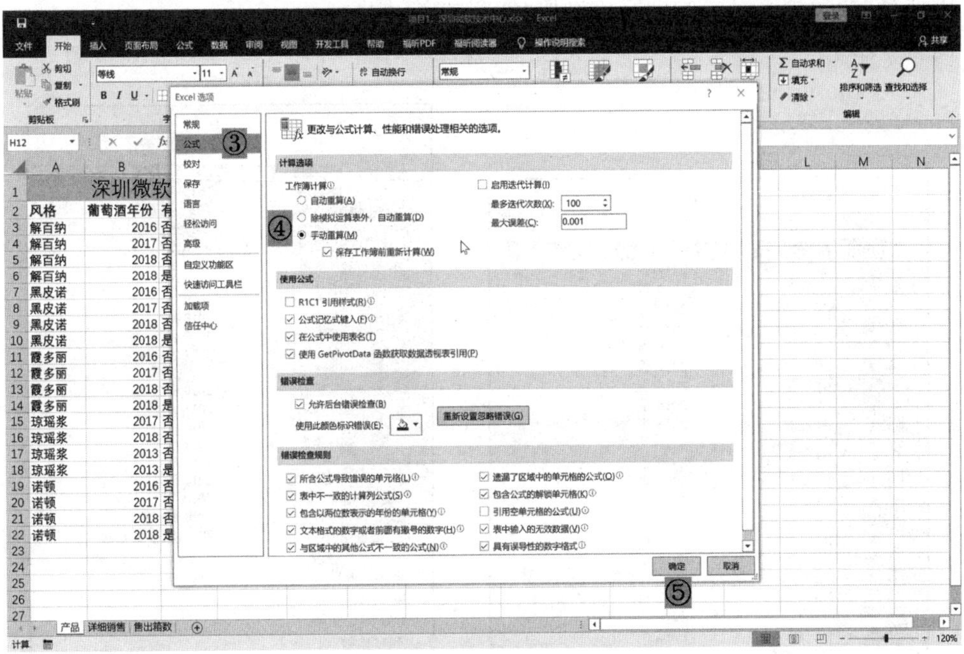

图 3.3 “Excel 选项”对话框

任务 2

数据的自动填充：在“详细销售”工作表上的单元格 A3：A21 中填入“一月”。不更改单元格的格式。

一、准备

打开练习文档(\MOS excel 2016\项目 1：深圳微软技术中心.xlsx)。

二、注释

在 Excel 文档中，会需要在连续单元格中填充相同的内容，可以使用“自动填充”方法来实现。本任务考查如何进行自动填充，该操作在工作表中通过鼠标操作实现。

三、步骤

(1) 在打开的文档中选择“详细销售”工作表，选中 A2 单元格，将鼠标指针移动到单元格右下角，鼠标指针变为黑色十字，即为填充柄，如图 3.4①所示。

(2) 双击填充柄，即黑色十字指针，在 A 列右下角单击“自动填充选项”按钮，如图 3.5②所示。

图 3.4 鼠标指针为黑色十字

(3) 在弹出的“自动填充选项”下拉

菜单中选择“快速填充”选项，即完成操作，如图 3.6③所示。

（4）保存文件。

图 3.5 “自动填充选项”按钮

图 3.6 “快速填充”选项

任务 3

修改单元格数据格式：在“产品”工作表上，将单元格 E3:E22 中数据的格式修改为“欧元”，但不指定特定语言或地区，“欧元”符号应在金额之前。

一、准备

打开练习文档(\MOS excel 2016\项目 1:深圳微软技术中心.xlsx)。

二、注释

在 Excel 文档中，常常需要设置单元格的数据格式，如设置数据为数值、货币、日期、时间等格式，以显示不同格式要求。本任务考查如何进行数据格式的设置，该操作在工作表中通过设置单元格格式中的数字格式实现。

三、步骤

（1）在打开的文档中选择“产品”工作表，选中 E3:E22 单元格，如图 3.7①所示。

（2）单击“开始”选项卡，在“数字”功能区中点击右下角的拓展按钮，打开“设置单元格格式”对话框，如图 3.8②所示。

（3）在“设置单元格格式”对话框中，选择“数字”选项卡。在其左边的分类中选择“货币”，然后在右边“货币符号(国家/地区)”所对应的下拉菜单中选择：“€欧元(€123)”，如图

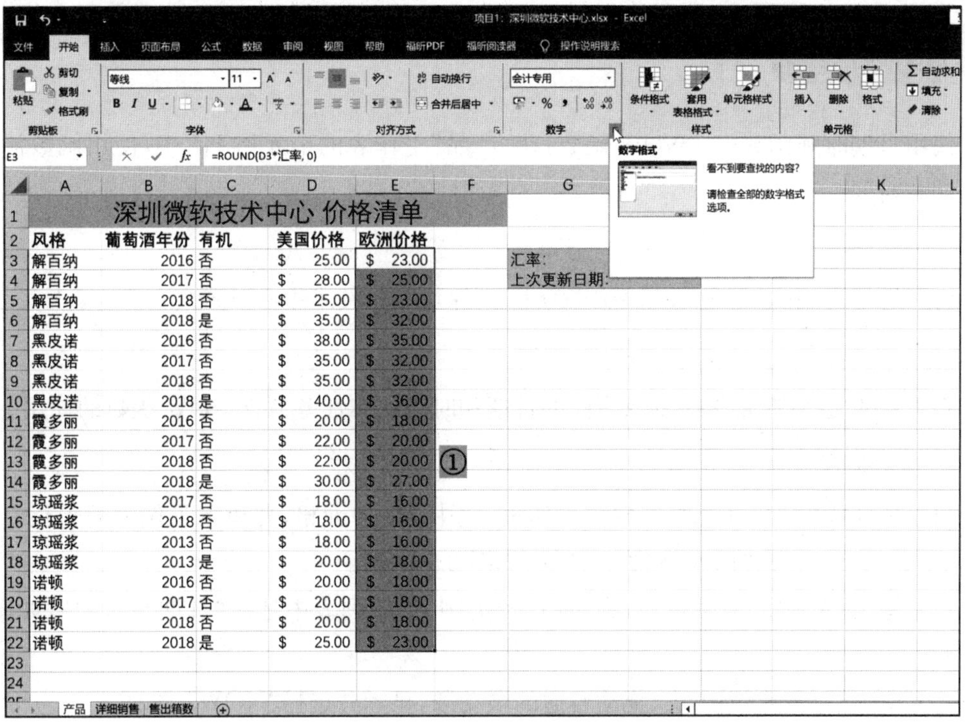

图 3.7 选中单元格区域

3.8③所示，最后单击“确定”按钮，即完成操作，如图 3.8④所示。

（4）保存文件。

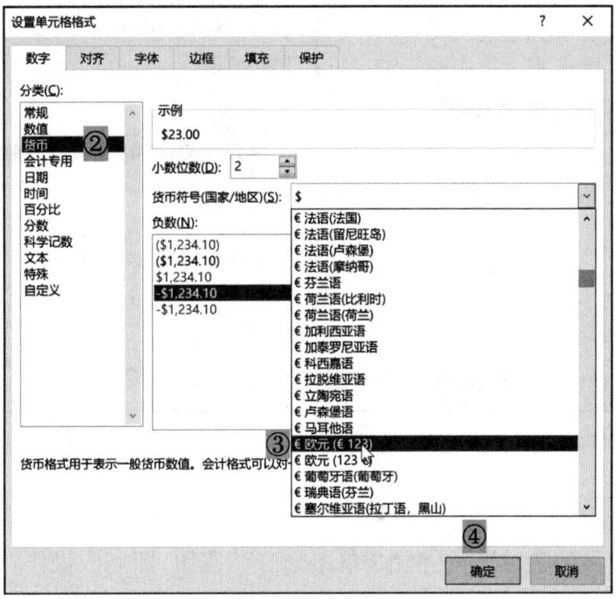

图 3.8 设置“欧元”格式

任务 4

使用日期时间函数——NOW 函数：在“产品”工作表的单元格 H4 中，使用函数添加当前日期和时间。

一、准备

打开练习文档(\MOS excel 2016\项目 1：深圳微软技术中心.xlsx)。

二、注释

在 Excel 文档中，常常需要取当前的日期和时间。本任务考查 NOW 函数的使用。

三、步骤

(1) 在打开的文档中选择“产品”工作表，选中 H4 单元格，并单击工作表编辑栏左边的“插入函数”命令，弹出“插入函数”对话框，如图 3.9①所示。

(2) 在“插入函数”对话框中，在“或选择类别”下拉列表中选择“日期与时间”，如图 3.9②所示。

(3) 在“选择函数”列表中，拖动右边的滚动条，显示并选择“NOW”，如图 3.10③所示。

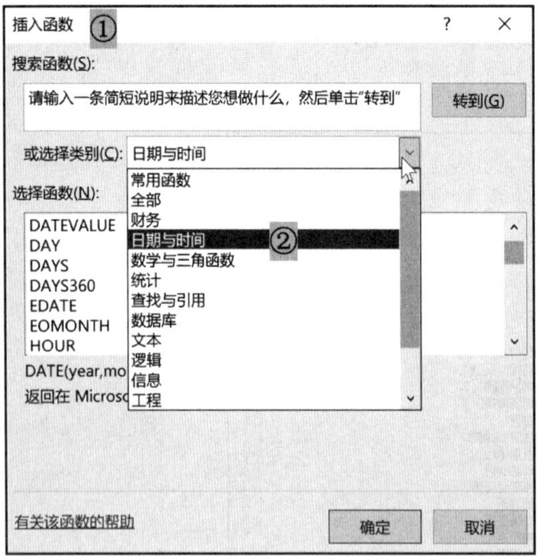

图 3.9 “插入函数”对话框

图 3.10 选择函数

(4) 在弹出的“函数参数”对话框中，单击“确定”按钮，即完成操作，如图 3.11④所示。

(5) 保存文件。

图 3.11 “函数参数”对话框

注 意

第(4)步中,NOW 函数是不需要参数的函数,因此可以直接点击“确定”按钮,若是其他需要参数的函数,则需要先设置函数的参数后,才可点击“确定”按钮。

上述步骤(1) ~(4) ,也可以通过直接在 H4 单元格中输入“=NOW()”来完成。

任务 5

添加图表:在“售出箱数”工作表上添加图表,“售出箱数”显示为面积图,“有机百分百”显示在次坐标轴上,图表类型为折线图。

一、准备

打开练习文档(\MOS excel 2016\项目 1:深圳微软技术中心.xlsx)。

二、注释

在 Excel 文档中,常常需要用图表来形象化地表示数据之间的关系以及变化趋势等。Excel 中提供了丰富的图表类型供用户选择。本任务考查图表的使用。

三、步骤

(1) 在打开的文档中选择“售出箱数”工作表,选中数据区域任意一个单元格,在“插入”选项卡的“图表”功能区中,单击“插入组合图”命令,并选择“创建自定义组合图”命令,如图 3.12①中所示。

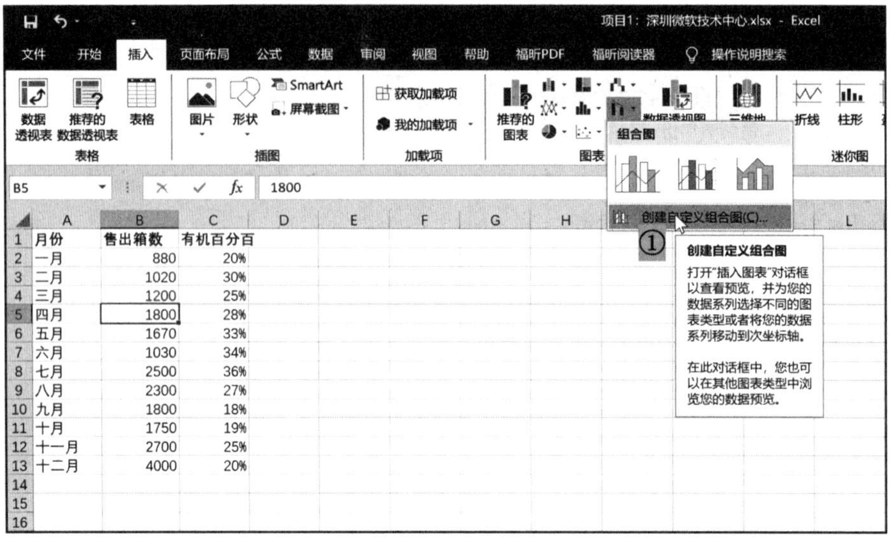

图 3.12　创建自定义组合图

（2）在弹出的“插入图表”对话框，“所有图表”选项卡的下方，设置“售出箱数”的图表类型为“面积图”，设置“有机百分百”的图表类型为“折线图”，并勾选“有机百分百”行右边的次坐标轴选项，如图 3.13②所示。

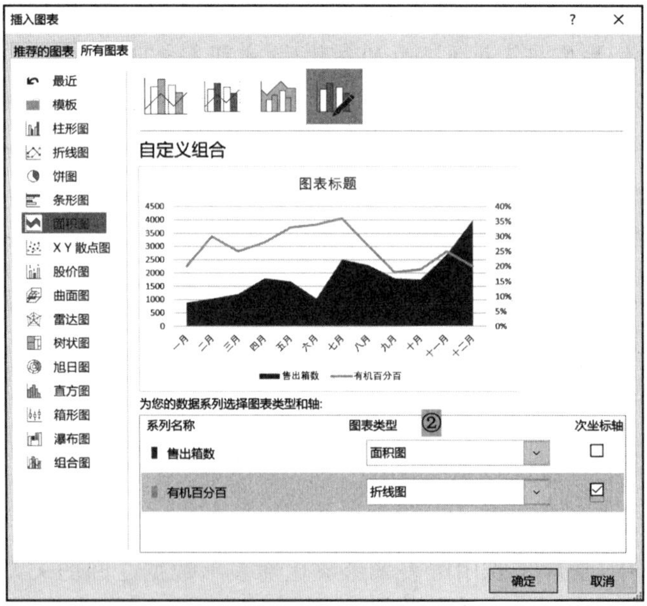

图 3.13　设置组合图表类型

（3）单击“确定”按钮，即完成操作。

（4）保存并关闭文件。

项目二 分析捐赠者贡献和参与模式

项目概述

假设您在培训部负责捐赠者关系的工作，需要使用 Excel 工作簿来分析捐赠者贡献和参与模式。该项目下有五个任务。

任务 1

使用数据透视图：在“B”工作表上，使用“A”工作表上的数据创建数据透视图来显示年平均捐赠。在水平轴上，显示“捐赠者自”以及每个年份中各个“捐赠等级”的情况。

一、准备

打开练习文档(\MOS excel 2016\项目 2：培训部.xlsx)。

二、注释

在 Excel 中，需要使用数据透视表和数据透视图来统计、分析并直观显示各类数据之间的关系等。本任务考查如何创建数据透视图，该操作由“插入”选项卡→“数据透视图”命令实现。

三、步骤

(1) 在打开的文档中选择“A”工作表，选择数据区域中任一单元格，在“插入”选项卡的“图表”功能区中，单击“数据透视图”命令，如图 3.14①所示。

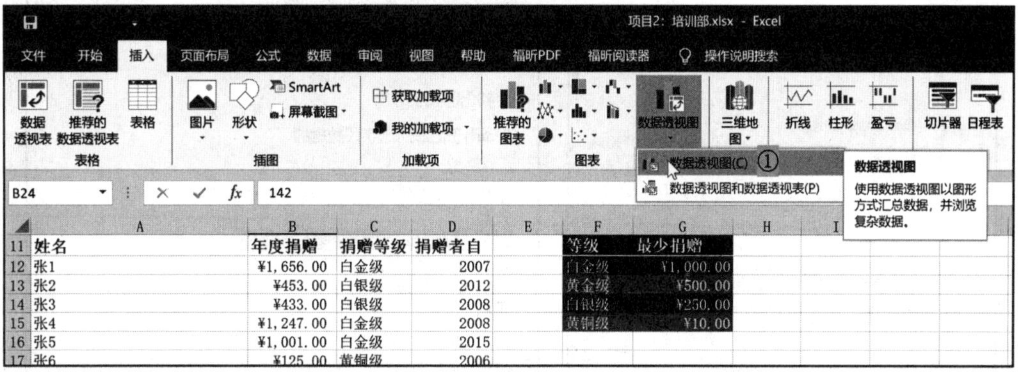

图 3.14 “数据透视图”命令

(2) 在弹出的“创建数据透视图”对话框中，设置“表/区域”为 A11:D67，选择放置数据透视图的位置为现有工作表“B”，任意选择其中一个单元格即可，如图 3.15②所示。

（3）在工作表“B”的右边，将“捐赠者自”“捐赠等级”拖至“轴(类别)”，将“求和项：年度捐赠”拖至“值”，如图 3.16③所示。

（4）单击“求和项:年度捐赠”，打开“值字段设置”对话框，将“值汇总方式”设置为“平均值”，单击“确定”按钮，即完成操作，如图 3.17④所示。

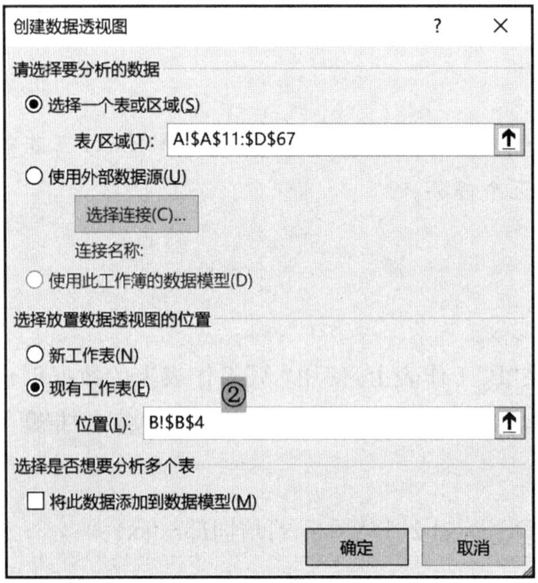

图 3.15　“创建数据透视图”对话框

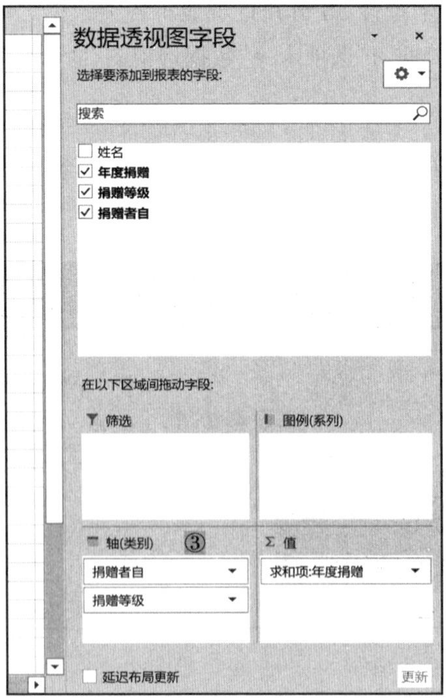

图 3.16　设置数据透视图字段

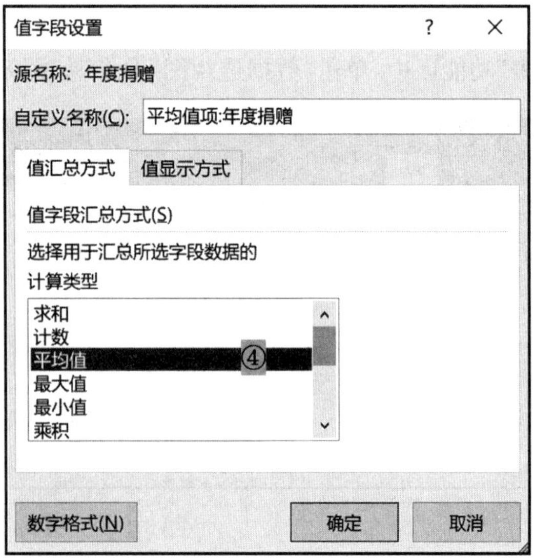

图 3.17　“值字段设置”对话框

（5）保存文件。

任务 2

使用数据透视表：在新的工作表上，使用“C”工作表上的数据创建数据透视表，显示每个等级的捐款额。

一、准备

打开练习文档(\MOS excel 2016\项目 2：培训部.xlsx)。

二、注释

在 Excel 中，需要使用数据透视表和数据透视图来统计、分析并直观显示各类数据之间的关系等。本任务考查如何创建数据透视表，该操作由“插入”选项卡→“数据透视表”命令实现。

三、步骤

(1) 在打开的文档中选择“C”工作表，选择数据区域中任一单元格，在“插入”选项卡的“表格”功能区中，单击“数据透视表”命令，如图 3.18①所示。

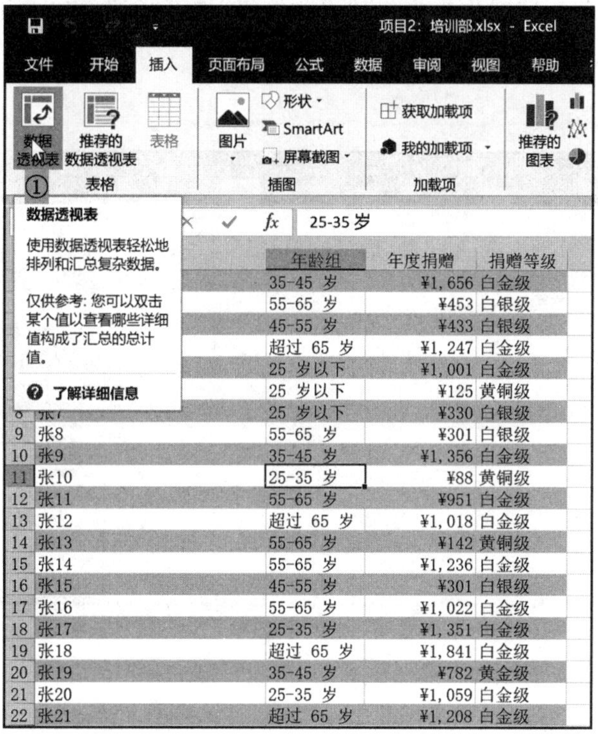

图 3.18　“数据透视表”命令

(2) 在所弹出的“创建数据透视表”对话框中，设置“表/区域”为 A1：D57，选择放置数据透视图的位置为新工作表，并单击“确定”按钮，如图 3.19②所示。

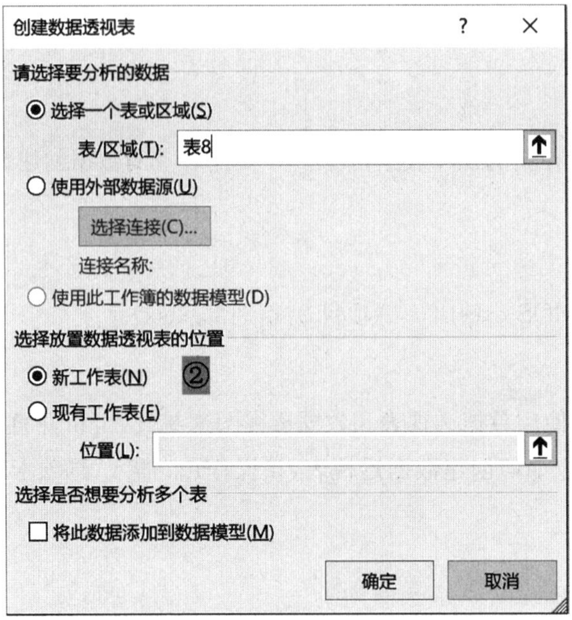

图 3.19 “创建数据透视表”对话框

（3）在新建的“Sheet1”工作表中，将“捐赠等级”拖至“行”，将“求和项：年度捐赠”拖至“值”，完成所有操作，如图 3.20③所示。

（4）保存文件。

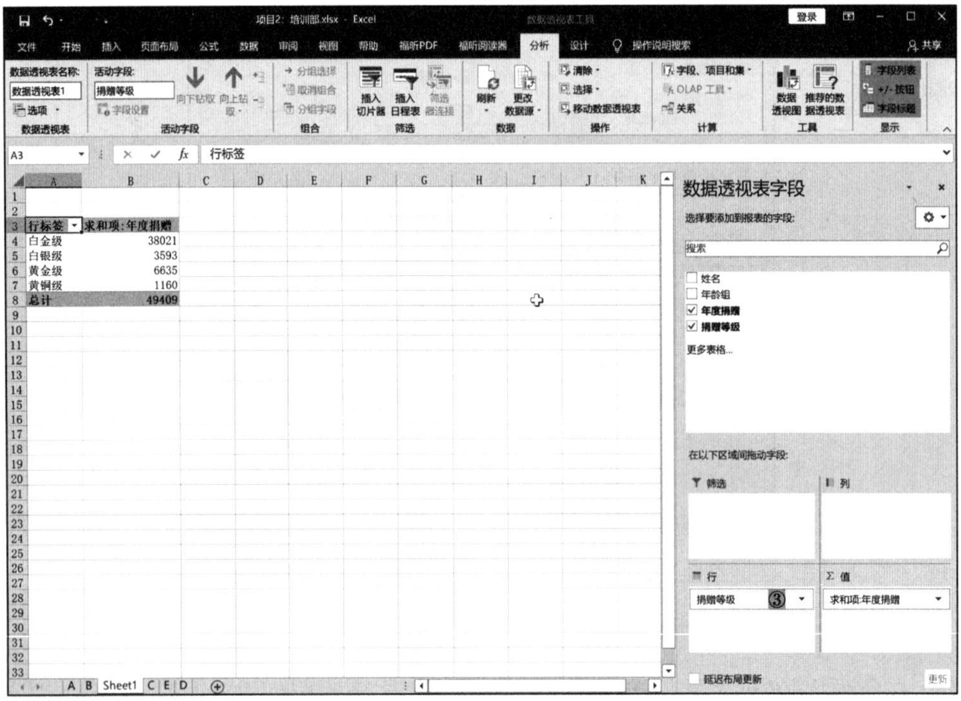

图 3.20 设置数据透视表字段

任务 3

修改工作表表名：在“D”工作表上，修改表名称为“联系信息”。

一、准备

打开练习文档(\MOS excel 2016\项目 2：培训部.xlsx)。

二、注释

在 Excel 中，需要修改表名称，以体现出其作用或者用途。本任务考查如何修改表名称，该操作由表格工具“设计”选项卡→“表名称”命令实现。

三、步骤

(1) 在打开的文档中选择“D”工作表，选择数据区域中任一单元格，在表格工具“设计”选项卡的“属性”功能区中，单击“表名称”下方的文本框，输入“联系信息”，如图 3.21①所示，并单击键盘的回车键，即完成操作。

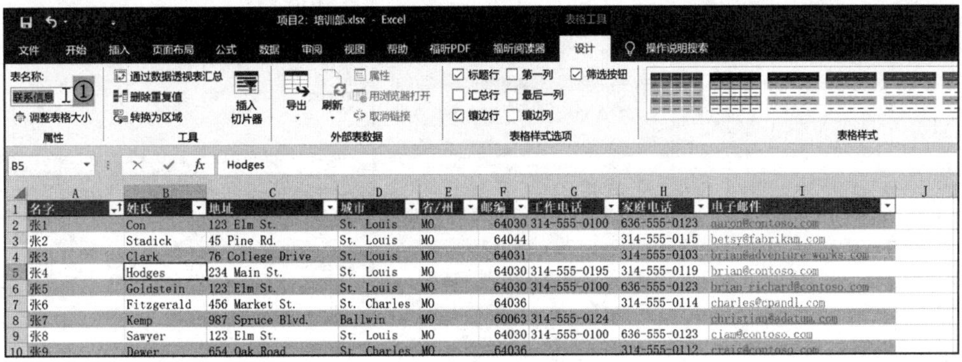

图 3.21 修改表名称

(2) 保存文件。

任务 4

使用逻辑函数——AND 函数：在“E”工作表上，在列 E 中添加公式，使用 AND 函数在捐赠者参加所有三个活动时显示“TRUE”，否则显示“FALSE”。

一、准备

打开练习文档(\MOS excel 2016\项目 2：培训部.xlsx)。

二、注释

在 Excel 中，逻辑函数是一类函数的统称，作用主要是用于判断某个条件的真假，返回逻辑值 TRUE 或 FALSE，在逻辑判断中，0=FALSE，所有非 0 数值=TRUE。AND 函数的作用是用于确定测试中的所有条件是否均为 TRUE；所有参数的计算结果为 TRUE 时，AND 函数返回 TRUE；只要有一个参数的计算结果为 FALSE，AND 函数返回 FALSE。本任务考查如何使用 AND 函数，该操作通过插入函数的方法实现。

三、步骤

（1）在打开的文档中选择“E”工作表，选择 E3 单元格，并单击工作表编辑栏左边的“插入函数”命令，弹出“插入函数”对话框，在“或选择类别”下拉列表中选择“逻辑”，在“选择函数”列表中，选择“AND”，如图 3.22①所示。

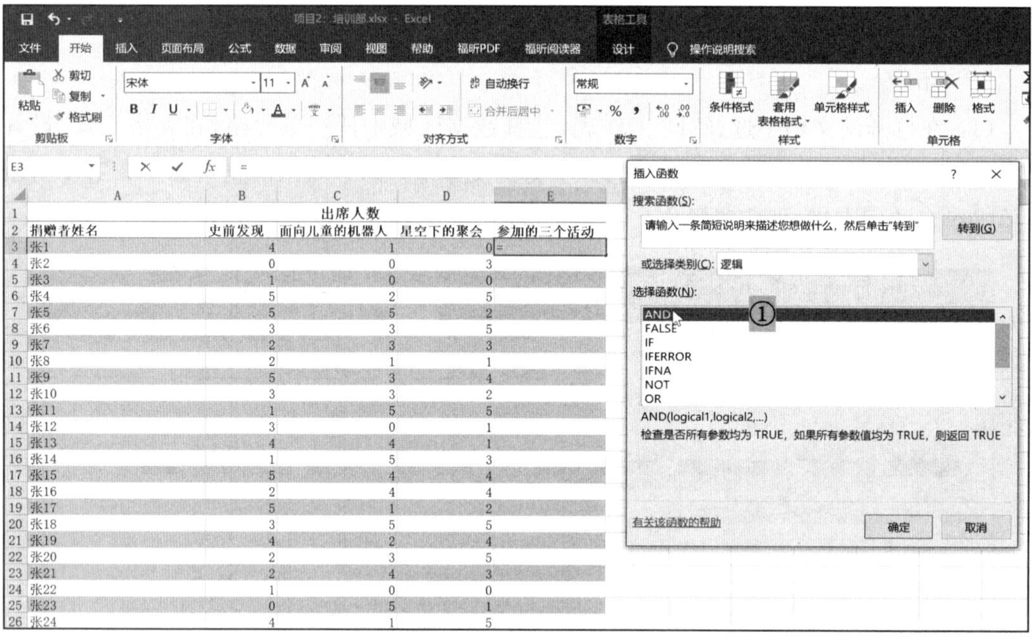

图 3.22　插入 AND 函数

（2）在所弹出的“函数参数”对话框中，在“Logical1”后的文本框中，单击 B3 单元格后显示“[@史前发现]”，在其后输入“>0”，单击 C3 单元格后显示“[@面向儿童的机器人]”，在其后输入“>0”，单击 D3 单元格后显示“[@星空下的聚会]”，在其后输入“>0”，如图 3.23②所示，最后单击“确定”按钮，即完成操作。

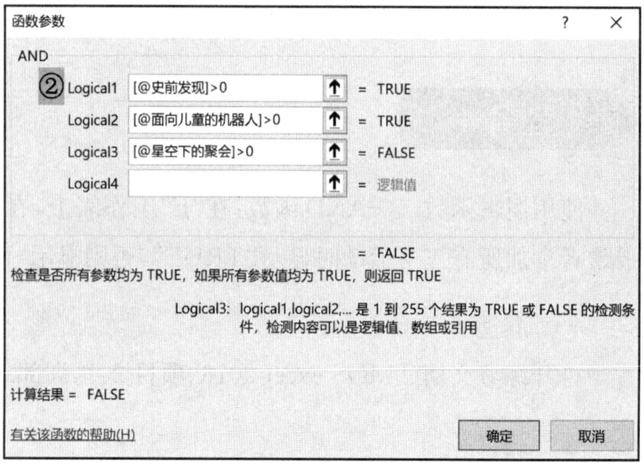

图 3.23　设置 AND 函数的参数

（3）保存文件。

任务 5

更改主题颜色：将主题颜色更改为“蓝色暖调”，然后将主题保存到默认位置，名称为“深圳微软技术中心”。

一、准备

打开练习文档(\MOS excel 2016\项目 2：培训部.xlsx)。

二、注释

在 Excel 中，主题颜色提供给用户系统定义或者自定义的颜色、字体和效果组合，也可以保存合并的结果作为新的主题，以便在其他的文档中使用。本任务考查如何更改主题颜色，该操作在“页面布局”选项卡→“主题”功能区实现。

三、步骤

(1) 在打开的文档中选择“页面布局”选项卡，在“主题”功能区中单击“颜色”按钮，在其下拉列表中选择“蓝色暖调”，即完成主题颜色的设置，如图 3.24①所示。

(2) 单击“主题”下拉按钮，在其下拉列表最后选择“保存当前主题”，如图 3.25②所示。

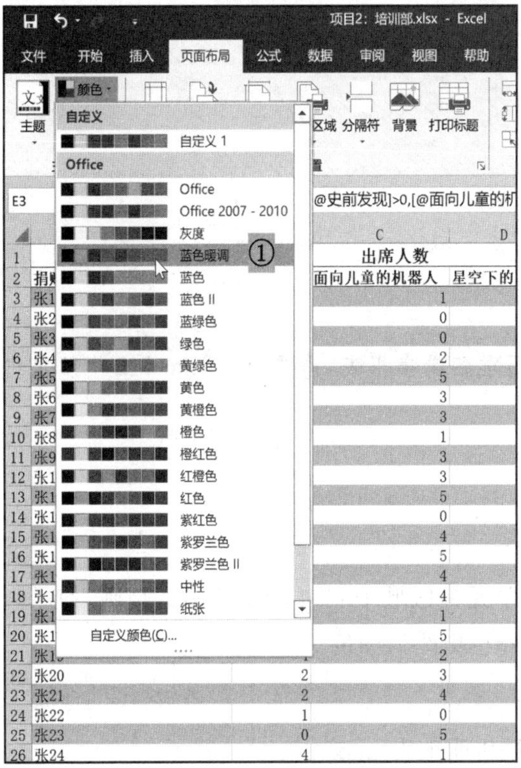

图 3.24　设置主题颜色

图 3.25　保存当前主题

(3) 在所弹出的“保存当前主题”对话框中，“文件名”后的文本框中，输入“深圳微软技术中心.thmx”,并单击“保存”按钮,完成操作,如图 3.26③所示。

(4) 保存并关闭文件。

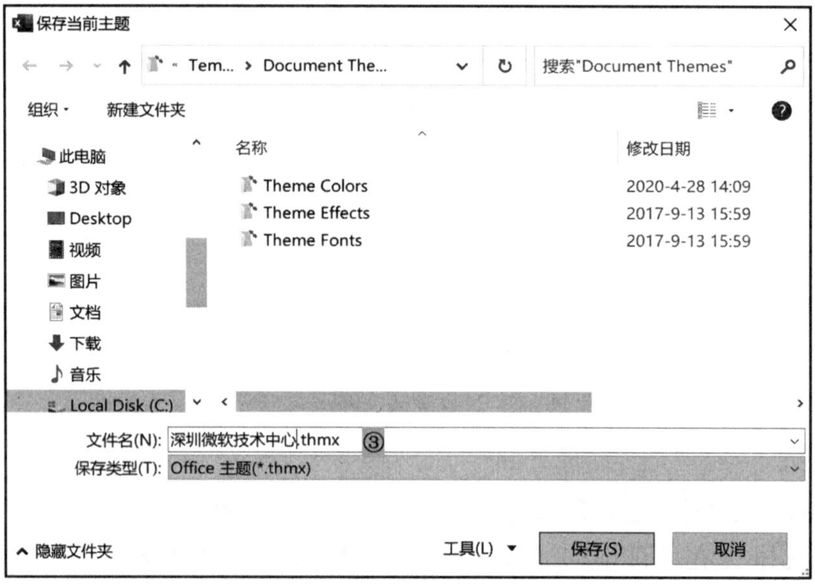

图 3.26 保存当前主题

项目三 制作采购销售报表

项目概述

假设您正为 Luceme Publishing 的采购经历准备销售报表,需要使用 Excel 工作簿来进行数据分析。该项目下有五个任务。

任务 1

设置条件格式:在“销售额”工作表上,修改单元格区域 I3:I24 的条件格式规则,使用内置规则将该列中所有高于平均值的数值的字体颜色更改为绿色。

一、准备

打开练习文档(\MOS excel 2016\项目 3:销售明细表.xlsx)。

二、注释

在 Excel 中,条件格式功能可以将满足特定条件的单元格内容突出显示,或者填充特定的背景颜色，或者将内容的字体格式进行特定显示。本任务考查如何设置条件格式，该操作由“开始”选项卡→“样式”功能区→“条件格式”命令实现。

图 3.27　条件格式：高于平均值

三、步骤

（1）在打开的文档中选择“销售额”工作表，选择单元格区域 I3:I24，选择“开始”选项卡，在“样式”功能区中单击“条件格式”按钮，在下拉列表中依次选择：“最前/最后规则”→“高于平均值”，如图 3.27①所示。

（2）在弹出的“高于平均值”对话框中，单击下拉菜单按钮，选择“自定义样式…”，如图3.28②所示。

（3）在弹出的“设置单元格格式”对话框中，在颜色选项的下拉颜色菜单中选择“标准色绿色”，并单击“确定”按钮，如图 3.29③所示。

（4）在“高于平均值”对话框中，单击“确定”按钮，即完成操作。

（5）保存文件。

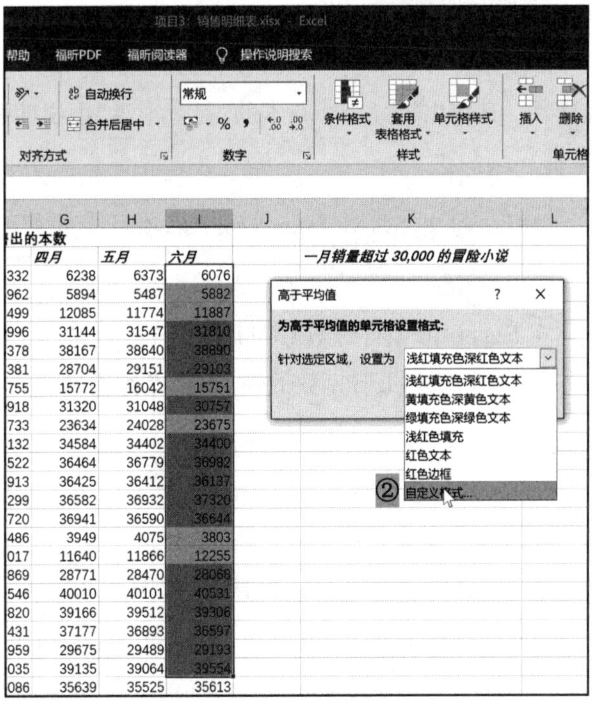

图 3.28　“高于平均值”对话框

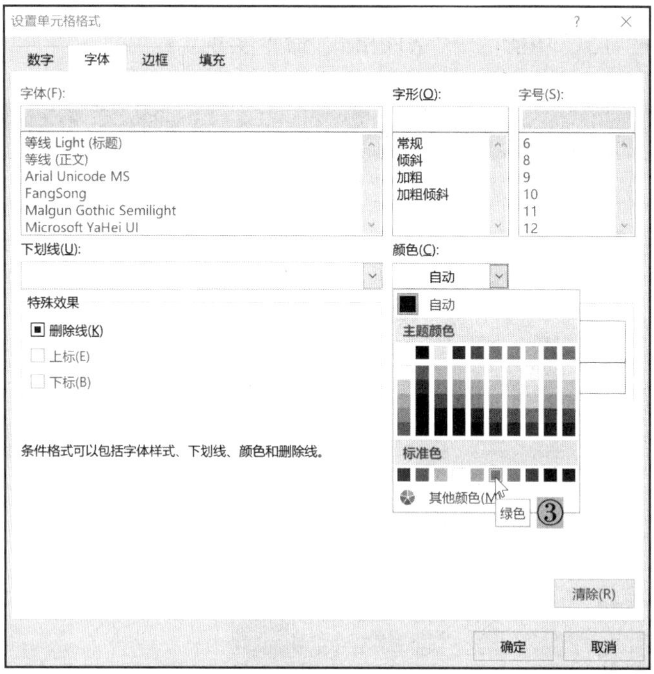

图 3.29　设置字体颜色

任务 2

使用条件计数函数——COUNTIFS 函数：在“销售额”工作表上的单元格 K3 中，使用公式计算一月售出超过 30000 本的“冒险小说”小说种数。

一、准备

打开练习文档(\MOS excel 2016\项目 3：销售明细表.xlsx)。

二、注释

在 Excel 中，条件计数 COUNTIFS 函数是用于统计符合给定条件的单元格的数目。本任务考查 COUNTIFS 函数的使用，该操作通过插入函数的方法实现。

三、步骤

(1) 在打开的文档中选择“销售额”工作表，选择 K3 单元格，并单击工作表编辑栏左边的“插入函数”命令，弹出“插入函数”对话框，在“或选择类别”下拉列表中选择“统计”，在“选择函数”列表中，选择“COUNTIFS”，如图 3.30①所示。

(2) 在所弹出的“函数参数”对话框中，在四个参数文本框中依次输入：D3：D34、">30000"、C3：C34、"冒险小说"，如图 3.31②所示，注意在输入参数时的标点符号均为半角符号(即在英文输入方式下输入)，最后单击“确定”按钮，完成操作。

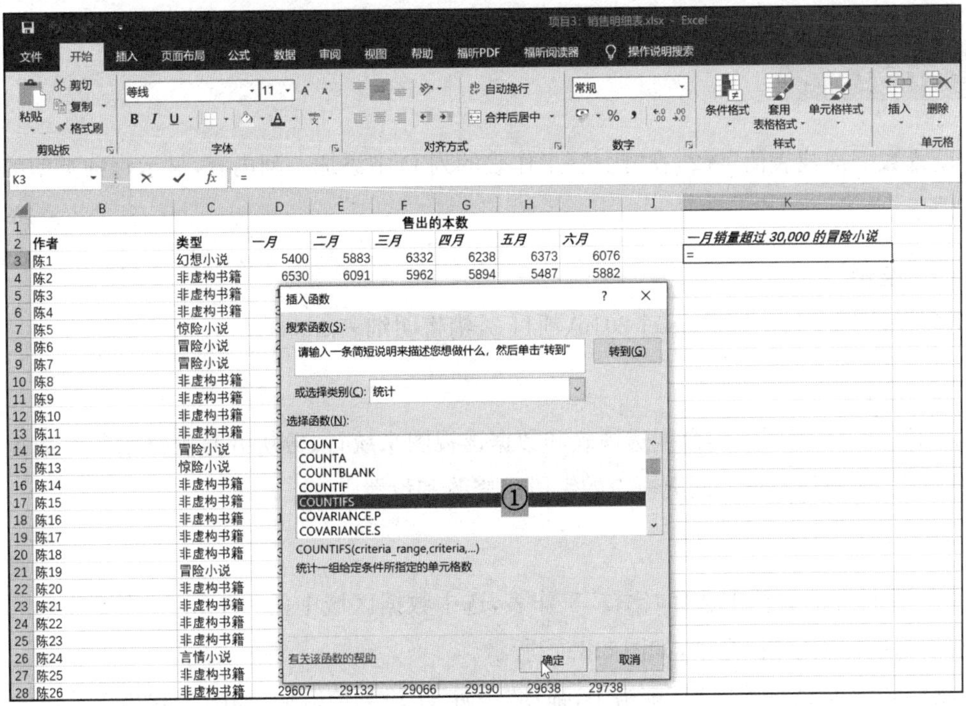

图 3.30　插入 COUNTIFS 函数

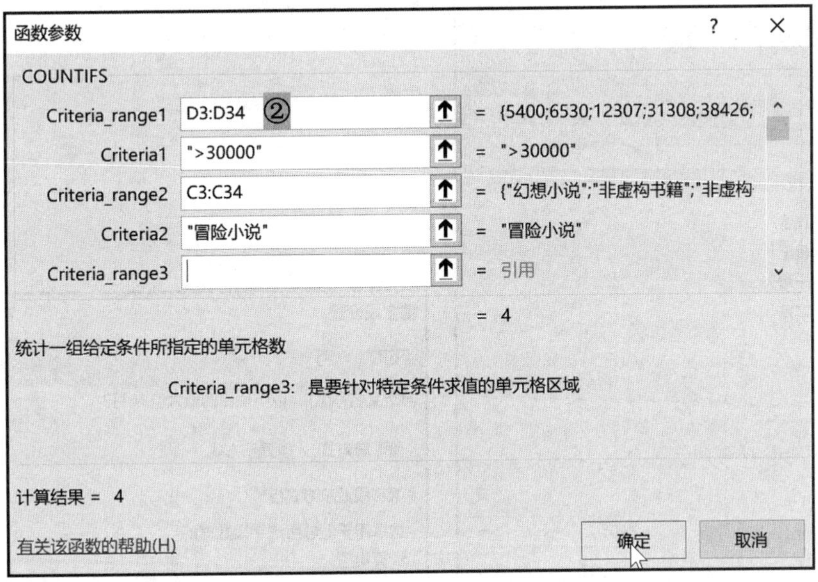

图 3.31　设置 COUNTIFS 函数的参数

(3) 保存文件。

注 意

上述步骤(1)、(2)，也可以通过直接在 K3 单元格中输入"=COUNTIFS(D3:D34,">30000",C3:C34,"冒险小说")"来完成。

任务 3

设置数据透视表值字段：在“比较”工作表的列 D 中添加一列内容，显示每种类型的一月最高销量。

一、准备

打开练习文档(\MOS excel 2016\项目 3：销售明细表.xlsx)。

二、注释

在 Excel 中，需要使用数据透视表和数据透视图来统计、分析并直观显示各类数据之间的关系等。本任务考查数据透视表的字段的修改和设置。

三、步骤

(1) 在打开的文档中选择“比较”工作表，选中数据区域中任一单元格，则工作表右边将出现“数据透视表字段”窗格，如图 3.32①所示。

(2) 在“数据透视表字段”窗格中，拖动“一月”字段到值区域，如图 3.32②所示。

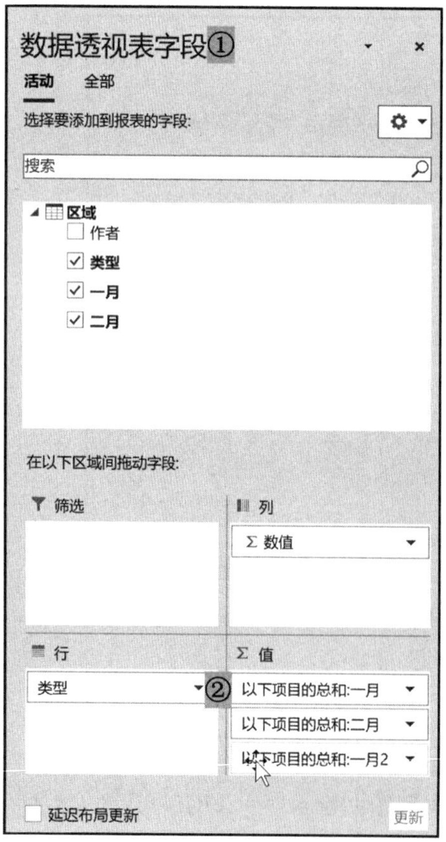

图 3.32 “数据透视表字段”窗格

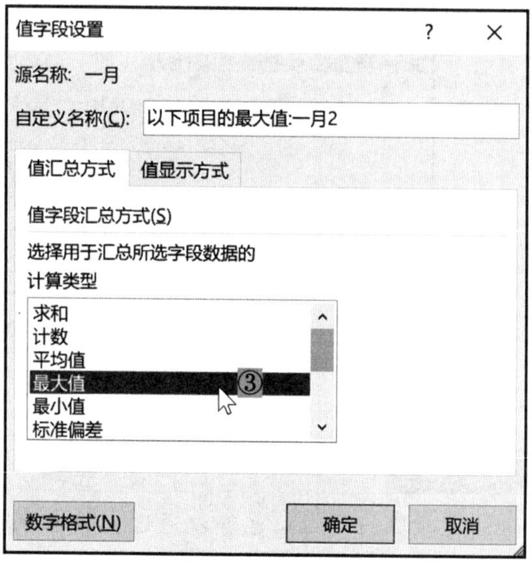

图 3.33 设置值字段

（3）单击窗格值字段最后一项："以下项目的总和：一月 2"的下拉按钮，选择其中的"值字段设置"，在所弹出的"值字段设置"对话框中，将"值汇总方式"设置为"最大值"，单击"确定"按钮，关闭该对话框，如图 3.33③所示。则"数据透视表字段"窗格中的值字段中最后一项变为"以下项目的最大值：一月 2"，即完成操作。

（4）保存文件。

任务 4

设置数据透视表行区域：在"比较"工作表上，添加"作者"行到每种"类型"下方。

一、准备

打开练习文档(\MOS excel 2016\项目 3：销售明细表.xlsx)。

二、注释

在 Excel 中，需要使用数据透视表和数据透视图来统计、分析并直观显示各类数据之间的关系等。本任务考查数据透视表的字段的修改和设置。

三、步骤

（1）在打开的文档中选择"比较"工作表，选中数据区域中任一单元格，则工作表右边将出现"数据透视表字段"窗格，拖动"作者"字段到行区域"类型"字段下方，如图 3.34①所示，即完成操作。

（2）保存文件。

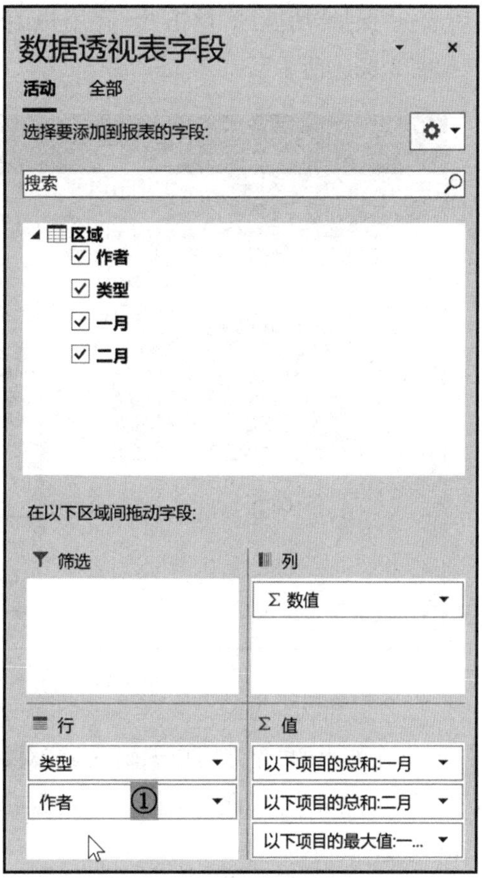

图 3.34 "数据透视表字段"窗格

任务 5

设置密码保护：在"每季度销售额"工作表上，为单元格区域 B3：E8 设置密码保护。命名该区域为"销售数据"。使用"123"作为区域保护密码。保护工作表，密码为"123"。

一、准备

打开练习文档(\MOS excel 2016\项目 3：销售明细表.xlsx)。

二、注释

在 Excel 中，可以通过设置密码保护以保护工作簿不被用户编辑或者修改。本任务考查如何设置密码保护，主要通过“审阅”选项卡→“保护”功能区→“允许编辑区域”命令完成。

三、步骤

(1) 在打开的文档中选择“每季度销售额”工作表，选择单元格区域 B3:E8，选择“审阅”选项卡→“保护”功能区，单击“允许用户编辑区域”命令，将弹出“允许用户编辑区域”对话框，如图 3.35①所示。

图 3.35 “允许用户编辑区域”对话框

(2) 在弹出的“允许用户编辑区域”对话框中，单击右上方的“新建”按钮，将弹出“新区域”对话框，在其中“标题”后输入“销售数据”，“区域密码”后输入“123”，如图 3.36②所示，并单击“确定”按钮。

(3) 在弹出的“确认密码”对话框中重新输入密码“123”，如图 3.37③所示，并单击“确定”按钮。

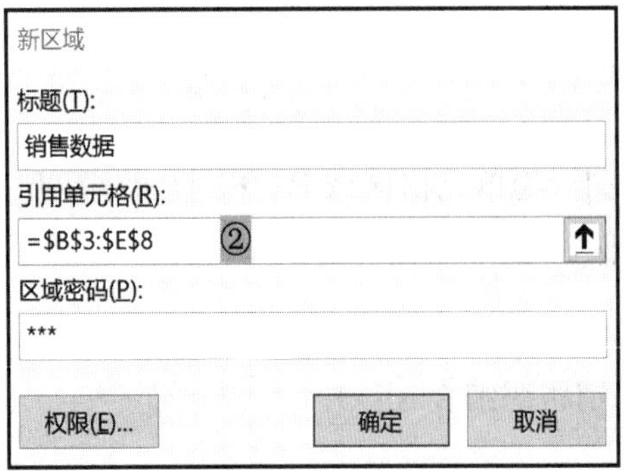

图 3.36 “新区域”对话框

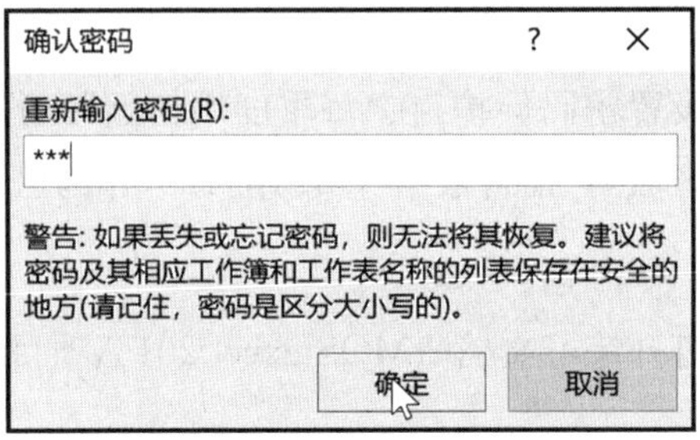

图 3.37 “确认密码”对话框

(4) 此时,“允许用户编辑区域”对话框中将增加一行“销售数据 $B$3:$E$8”,如图 3.38 所示,单击“确定”按钮,即完成操作。

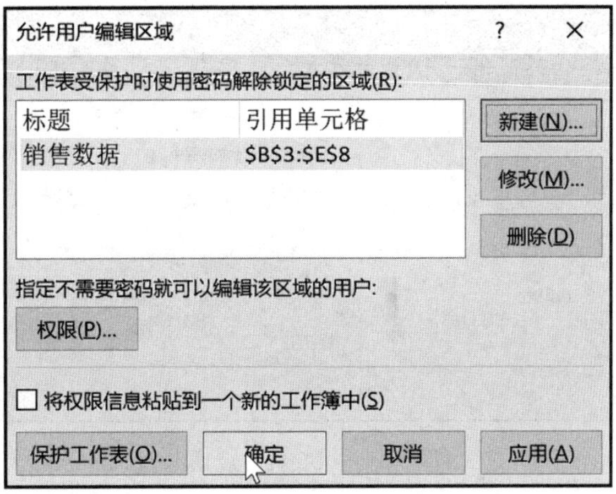

图 3.38　设置后的“允许用户编辑区域”对话框

(5) 保存并关闭文件。

项目四　设置工作簿

项目概述

假设您正在准备用于视频制作期间跟踪项目规划各个方面的工作簿。需要完成添加“开发工具”选项卡、追踪单元格并定义名称等工作。该项目下有五个任务。

任务 1

添加“开发工具”选项卡:在“功能区”显示“开发工具”选项卡。

一、准备

打开练习文档(\MOS excel 2016\项目 4:视频制作.xlsx)。

二、注释

在 Excel 中,“开发工具”选项卡需要用户自主添加后才会显示,主要功能包括:代码、加载项、控件及 XML。本任务考查如何设置“开发工具”选项卡,该操作在“文件”选项卡→“选项”→“自定义功能区”实现。

三、步骤

（1）在打开的文档中选择“文件”选项卡，如图 3.39①所示。

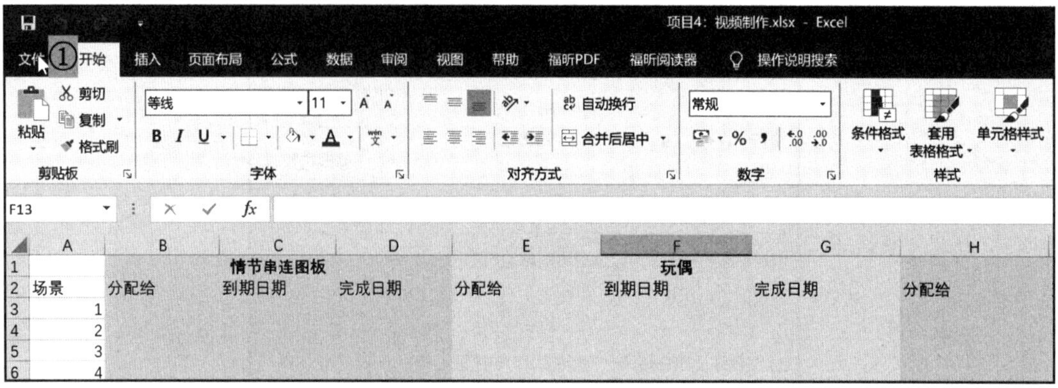

图 3.39 “文件”选项卡

（2）在“文件”选项卡左下方选择“选项”命令，如图 3.40②所示。

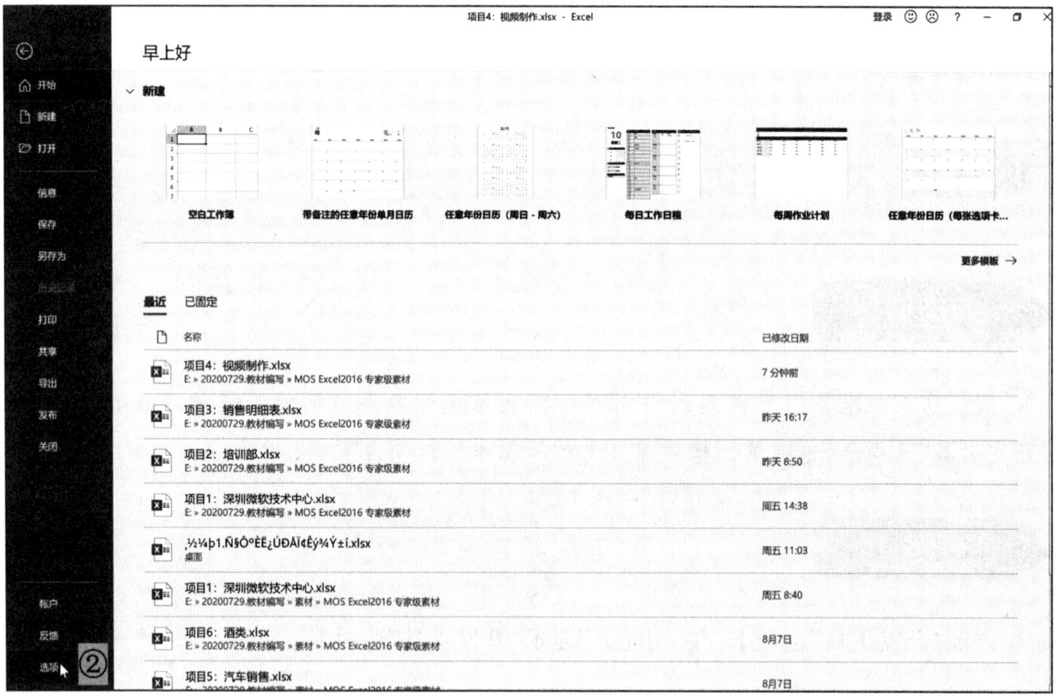

图 3.40 “选项”命令

（3）在弹出的“Excel 选项”对话框左边选择“自定义功能区”命令，如图 3.41③所示。

（4）在自定义功能区中，勾选“开发工具”，如图 3.41④所示，并单击“确定”按钮，即完成操作。

（5）保存文件。

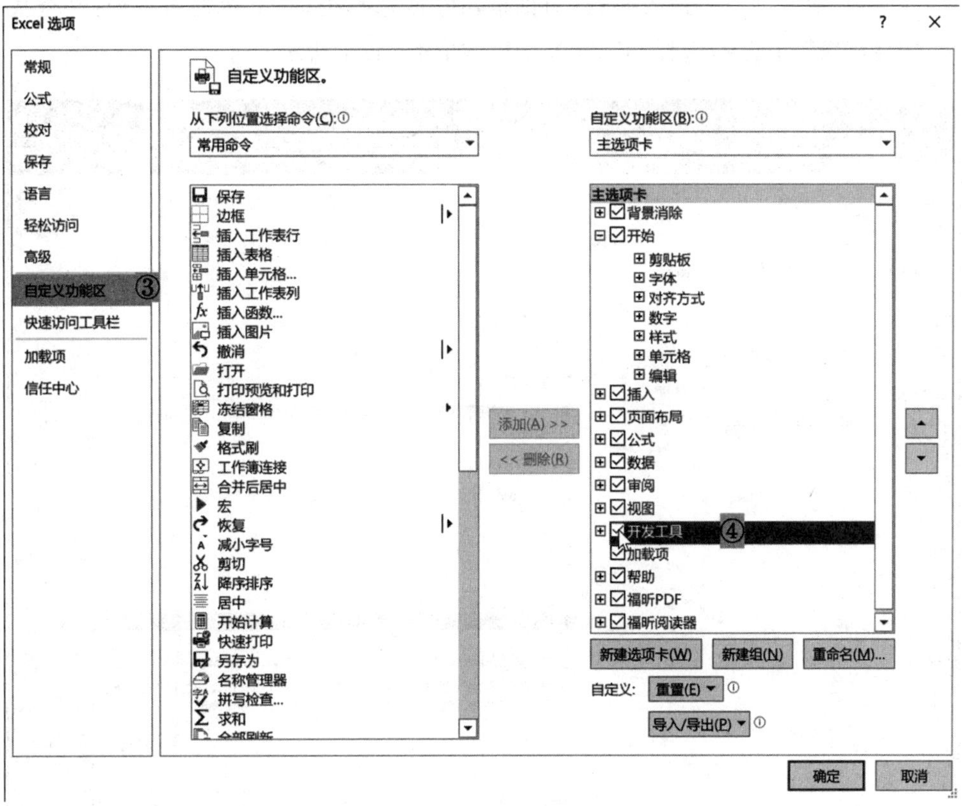

图 3.41　自定义“开发工具”

任务 2

使用查找函数——VLOOKUP 函数：在“制作计划”工作表上的单元格 B3 中，使用单个函数显示在“演职员表”工作表上分配了“导演”角色的人名。

一、准备

打开练习文档(\MOS excel 2016\项目 4：视频制作.xlsx)。

二、注释

在 Excel 中，查找函数是一类函数的统称，作用主要是用于查找符合条件的数据。VLOOKUP 函数是纵向查找函数，它与 LOOKUP 函数和 HLOOKUP 函数属于一类函数，有着广泛应用，例如可以用来核对数据，多个表格之间快速导入数据等函数功能。其功能是按列查找，最终返回该列所需查询序列所对应的值。本任务考查如何使用 VLOOKUP 函数，该操作通过插入函数的方法实现。

三、步骤

(1) 在打开的文档中，选择“制作计划”工作表，选择 B3 单元格，并单击工作表编辑栏左边的"插入函数"命令，弹出"插入函数"对话框，在"或选择类别"下拉列表中选择"查找与引用"，在"选择函数"列表中，选择"VLOOKUP"，如图3.42①所示。

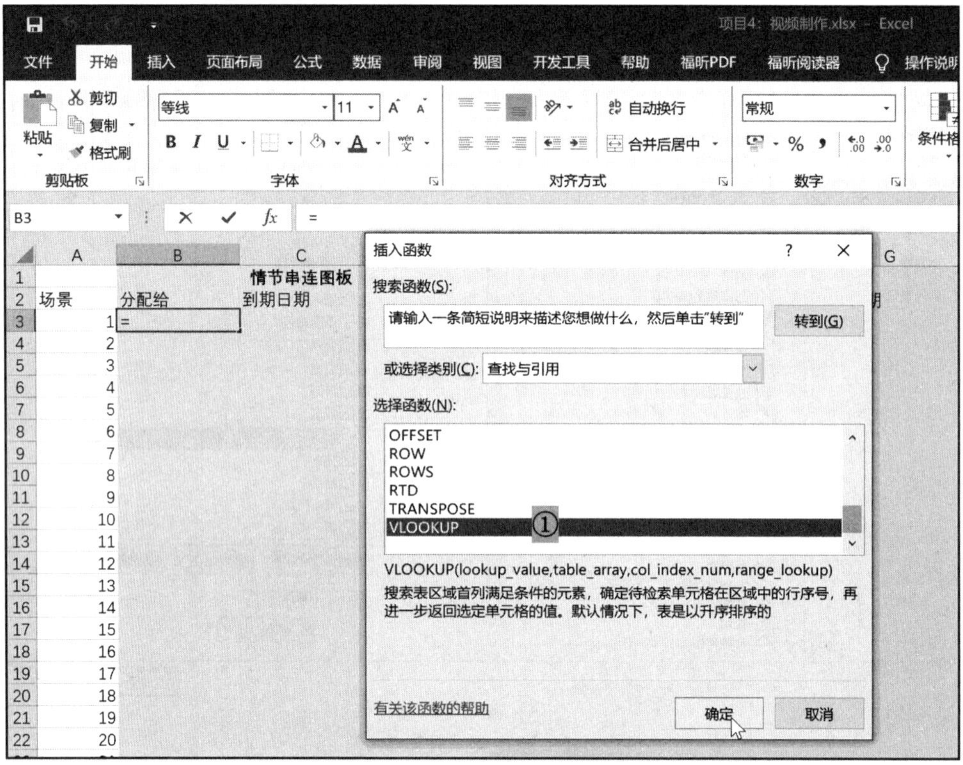

图3.42　插入VLOOKUP函数

(2) 在所弹出的"函数参数"对话框中，在四个参数文本框中依次输入："导演"、演职员表！A1:B13、2、0，如图3.43②所示，注意在输入参数时的标点符号均为半角符号(即在英文输入方式下输入)，最后单击"确定"按钮，完成操作。

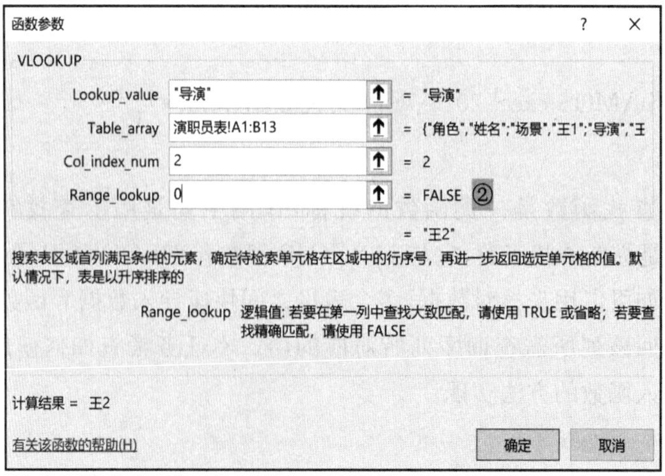

图3.43　设置VLOOKUP函数的参数

(3) 保存文件。

注 意

上述步骤(1) (2)，也可以通过直接在 B3 单元格中输入"=VLOOKUP("导演",演职员表! A1:B13,2,0)"来完成。

任务 3

追踪单元格:在"预算"工作表上,追踪在公式中直接或间接引用了单元格 B3 值的所有单元格。

一、准备

打开练习文档(\MOS excel 2016\项目 4:视频制作.xlsx)。

二、注释

在 Excel 中,追踪单元格主要用于查看单元格公式引用了哪些单元格区域和当前单元格被哪个单元格引用过,这对于查找公式逻辑错误和在删除某单元格时的核查很有用处,有两个命令可以实现该功能:追踪引用单元格、追踪从属单元格。本任务考查如何使用追踪从属单元格,该操作通过"插入"选项卡→"图表"功能区→"追踪从属单元格"命名实现。

三、步骤

(1) 在打开的文档中,选择"预算"工作表,选择 B3 单元格,在"公式"选项卡,"公式审核"功能区中,多次单击"追踪从属单元格"命令,如图3.44 所示,直至表格不再发生变化,完成操作。

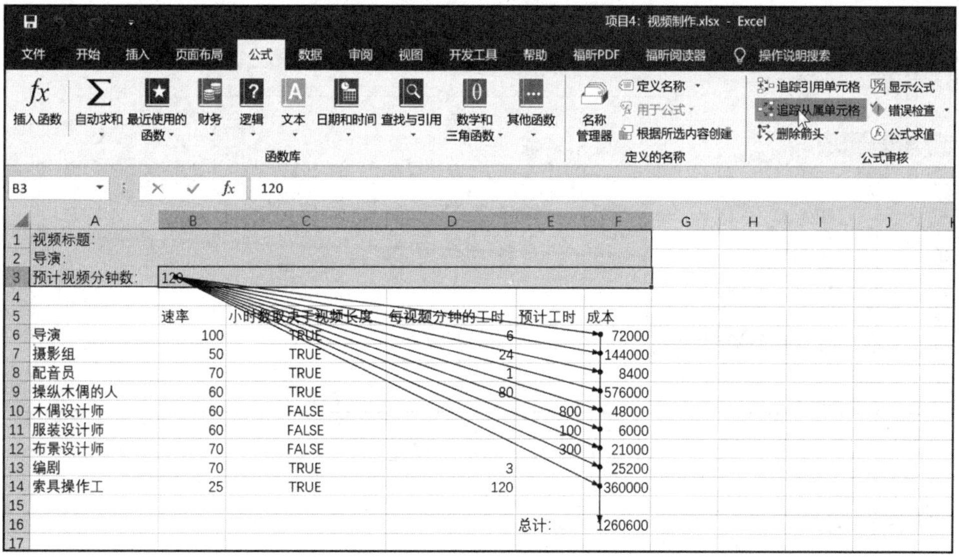

图 3.44　追踪从属单元格

(2) 保存文件。

任务 4

添加图表元素:在“实际成本”工作表上,添加“移动平均”趋势线到图表。

一、准备

打开练习文档(\MOS excel 2016\项目 4:视频制作.xlsx)。

二、注释

在 Excel 中,图表是指将工作表中的数据用图形表示出来,用于直观地表示数据之间的关系和趋势。本任务考查如何创建图表,该操作通过图表工具“设计”选项卡→“图表布局”功能区→“添加图表元素”命令实现。

三、步骤

(1) 在打开的文档中,选择“实际成本”工作表,选中图表。

(2) 在图表工具的“设计”选项卡,“图表布局”功能区,选择“添加图表元素”命令,在下拉列表中,依次选择“趋势线”→“移动平均”,完成操作,如图 3.45 所示。

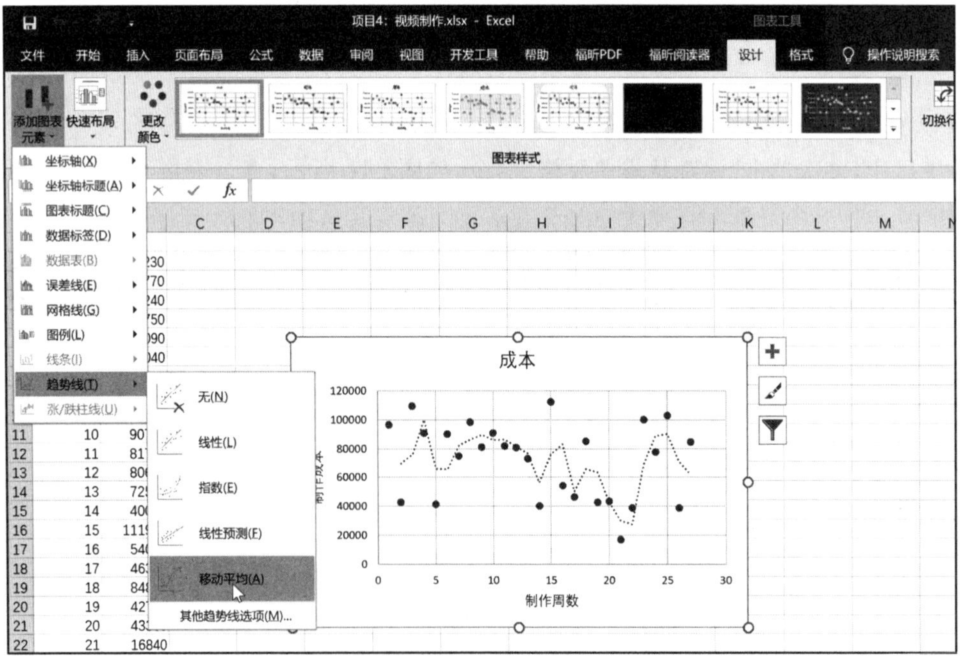

图 3.45　添加图表元素

(3) 保存文件。

任务 5

定义名称：在“实际成本”工作表上，将单元格区域 A2：B5 命名为“月 1”。范围在工作簿内。

一、准备

打开练习文档(\MOS excel 2016\项目 4：视频制作.xlsx)。

二、注释

在 Excel 中，定义名称是指为一个区域、常量值或者数组定义一个名称，在之后的使用公式时可以很方便地用所定义的名称代替。本任务考查如何定义名称，该操作通过“公式”选项卡→“定义的名称”功能区→“定义名称”命令实现。

三、步骤

(1) 在打开的文档中，选择“实际成本”工作表，在“公式”选项卡的“定义的名称”功能区，选择“定义名称”命令，如图 3.46①所示。

(2) 在所弹出的“新建名称”对话框中，在“名称”后输入“月 1”，完成操作，如图 3.46②所示。

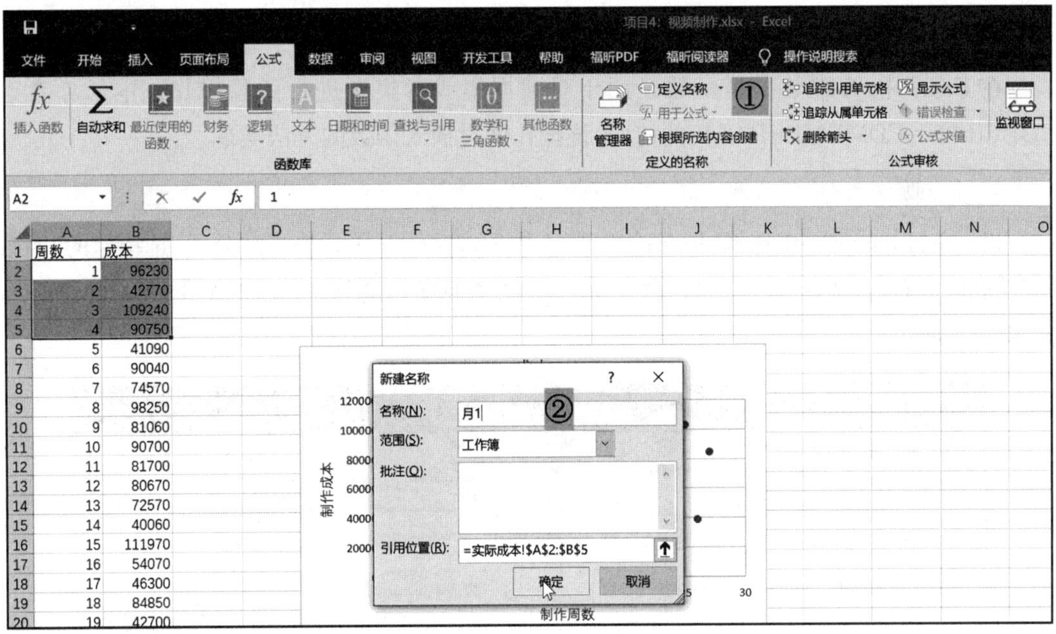

图 3.46 新建名称

(3) 保存并关闭文件。

项目五　创建汽车销售工作簿

项目概述

假设您正在创建供汽车销售经理使用的 Excel 工作簿，需要使用函数、进行条件格式设置以及添加数据验证等。该项目下有六个任务。

任务 1

使用多维数据集公式——CUBERANKEDMEMBER 函数：在“最畅销车型”工作表的单元格 F5 中，添加使用多维数据集函数和数据模型的公式，检索 2014 年最畅销的电动汽车车型。

一、准备

打开练习文档(\MOS excel 2016\项目 5：汽车销售.xlsx)。

二、注释

在 Excel 中，多维数据集函数是用于对数据集或者集合进行各种操作。本任务考查 CUBERANKEDMEMBER 函数的使用，该操作通过插入函数的方法实现。

三、步骤

(1) 在打开的文档中选择“最畅销车型”工作表，选择 F5 单元格，在“公式”选项卡的“函数库”功能区最右边，选择“其他函数”命令中的“多维数据集”，选择“CUBERANKEDMEMBER”，如图 3.47 所示。

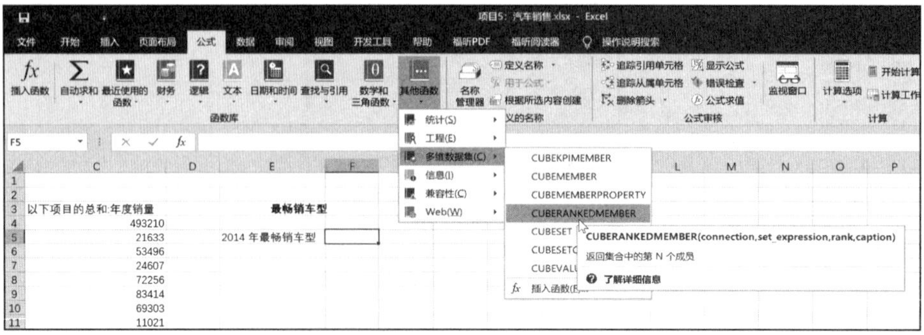

图 3.47　插入 CUBERANKEDMEMBER 函数

(2) 在弹出的"函数参数"对话框中,在三个参数文本框中依次输入:"ThisWorkbookDataModel"、CUBESET("ThisWorkbookDataModel",A5:A17,,2,C3)、1,注意在输入参数时的标点符号均为半角符号(即在英文输入方式下输入),最后单击"确定"按钮,完成操作,如图 3.48 所示。

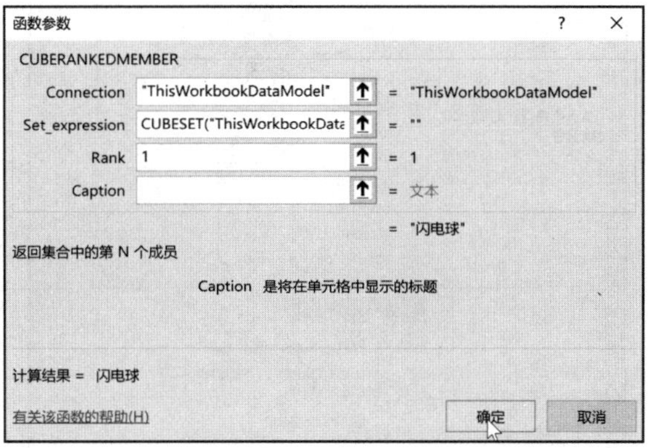

图 3.48 设置 CUBERANKEDMEMBER 函数参数

(3) 保存文件。

注 意

上述步骤(1)(2),也可以通过直接在 F5 单元格中输入"=CUBERANKEDMEMBER("ThisWorkbookDataModel",CUBESET("ThisWorkbookDataModel",A5:A17,,2,C3),1)"来完成。

任务 2

使用财务函数——PMT 函数:在"付款计算器"工作表的单元格 E7 中,添加公式来计算每月付款金额,假定付款日期为月初。从本金中减去"首付款"金额。

一、准备

打开练习文档(\MOS excel 2016\项目 5:汽车销售.xlsx)。

二、注释

在 Excel 中,财务函数是用于财务报表以及相关的各种财务方面的计算和操作。本任务考查 PMT 函数的使用,该操作通过插入函数的方法实现。

三、步骤

(1) 在打开的文档中选择"付款计算器"工作表,选择 E7 单元格,在"公式"选项卡的"函数库"功能区,在"财务函数"中,选择"PMT",如图 3.49 所示。

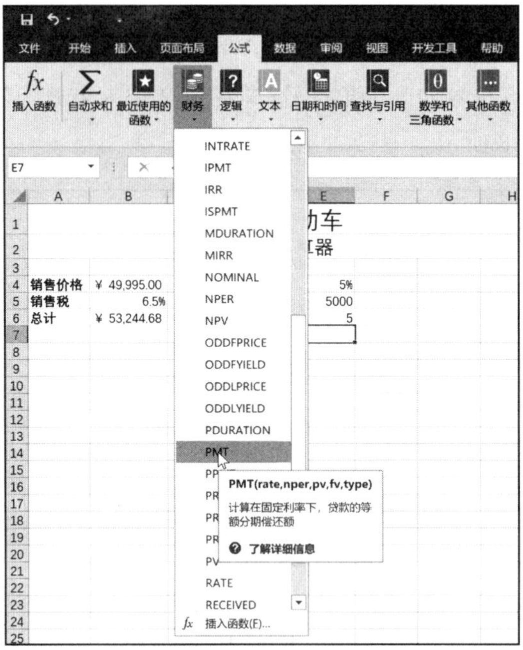

图 3.49　插入 PMT 函数

(2) 在弹出的"函数参数"对话框中的五个参数文本框中依次输入：E4/12、E6 * 12、B6-E5、、1(即第四个参数输入为空)，注意在输入参数时的标点符号均为半角符号(即在英文输入方式下输入)，最后单击"确定"按钮，完成操作，如图 3.50 所示。

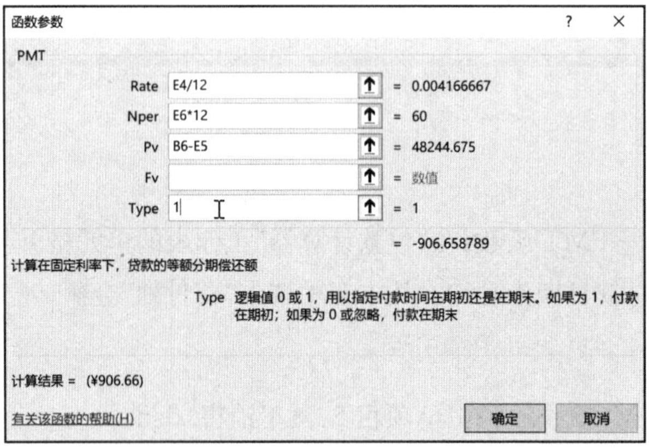

图 3.50　设置 PMT 函数参数

(3) 保存文件。

注 意

上述步骤(1)(2)，也可以通过直接在 F5 单元格中输入"=PMT(E4/12,E6 * 12,B6-E5,,1)"来完成。

任务 3

使用条件函数——IF 和 OR 函数：在“库存”工作表上，在列 H 中添加公式，如果库存汽车数量超过了“上月销量”的两倍，或超过“年度销量”的月平均值时显示“是”，否则，显示“否”。

一、准备

打开练习文档(\MOS excel 2016\项目 5：汽车销售.xlsx)。

二、注释

在 Excel 中，条件函数是对设置的条件进行逻辑判断，根据所得到的逻辑结果产生不同的输出。本任务考查 IF 和 OR 函数的使用，该操作通过插入函数的方法实现。

三、步骤

(1) 在打开的文档中选择“库存”工作表，选择 H2 单元格，在“公式”选项卡的“函数库”功能区，在“逻辑函数”中，选择“IF”，如图 3.51①所示。

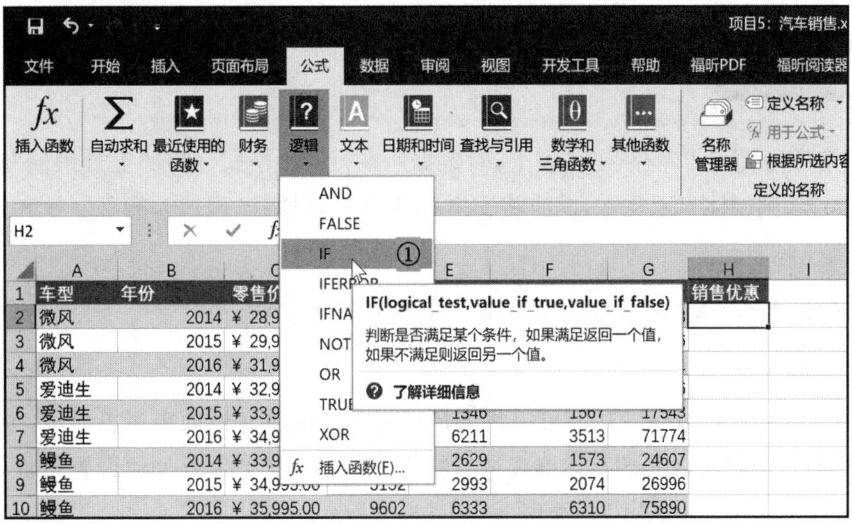

图 3.51　插入 PMT 函数

(2) 在弹出的“函数参数”对话框中，在三个参数文本框中依次输入：OR(D2>E2＊2，D2>G2/12)、"是"、"否"，如图 3.52②所示，注意在输入参数时的标点符号均为半角符号(即在英文输入方式下输入)，最后单击“确定”按钮。

(3) 选中 H2 单元格，将鼠标指针移动到单元格右下角，变为黑色十字后双击鼠标左键实现自动填充，即完成 H 列所有公式计算，保存文件。

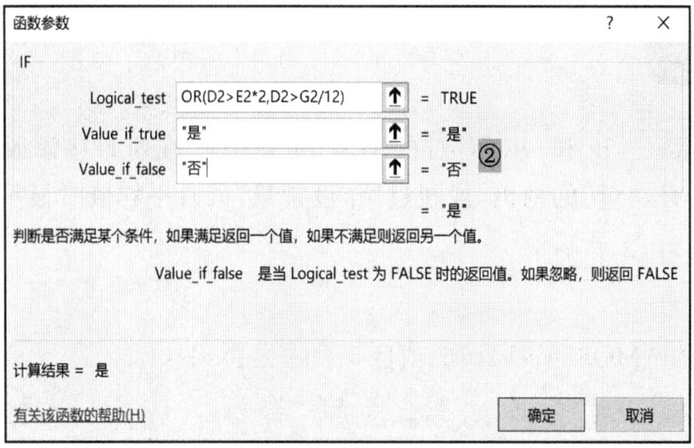

图 3.52　设置 IF 函数参数

注 意

上述步骤(1) (2)，也可以通过直接在 F5 单元格中输入“ =IF(OR(D2>E2＊2,D2>G2/12),"是" ,"否")”来完成。

任务 4

设置条件格式：在“库存”工作表上，对数据所在行应用格式，如果“上月销量”超过“库存数量”的 90%，则粗体显示文本，同时将文本颜色更改为 RGB“0,176,80”。

一、准备

打开练习文档(\MOS excel 2016\项目 5：汽车销售.xlsx)。

二、注释

在 Excel 中，“条件格式”功能可以将满足特定条件的单元格内容突出显示，或者填充特定的背景颜色，或者将内容的字体格式进行特定显示。本任务考查如何设置条件格式，该操作通过“开始”选项卡→“样式”功能区→“条件格式”命令实现。

三、步骤

(1) 在打开的文档中选择“库存”工作表，选择单元格区域 A2：H40，选择“开始”选项卡，在“样式”功能区中单击“条件格式”按钮，在下拉列表中选择“新建规则”，如图 3.53①所示。

(2) 在“新建格式规则”对话框中，选择规则类型为“使用公式确定要设置格式的单元格”。将光标定位到“编辑规则说明”下的文本框中，单击 E2 单元格，输入“>”，再单击 D2 单元格，输入“＊0.9”，则文本框中内容为“=$E$2>$D$2＊0.9”，如图 3.54②所示。

(3) 本次任务是对整个数据区域进行操作，为实现公式的复制，需要删除行号前的绝对地址符号“$”，单击对话框中的“格式”按钮，如图 3.55③所示。

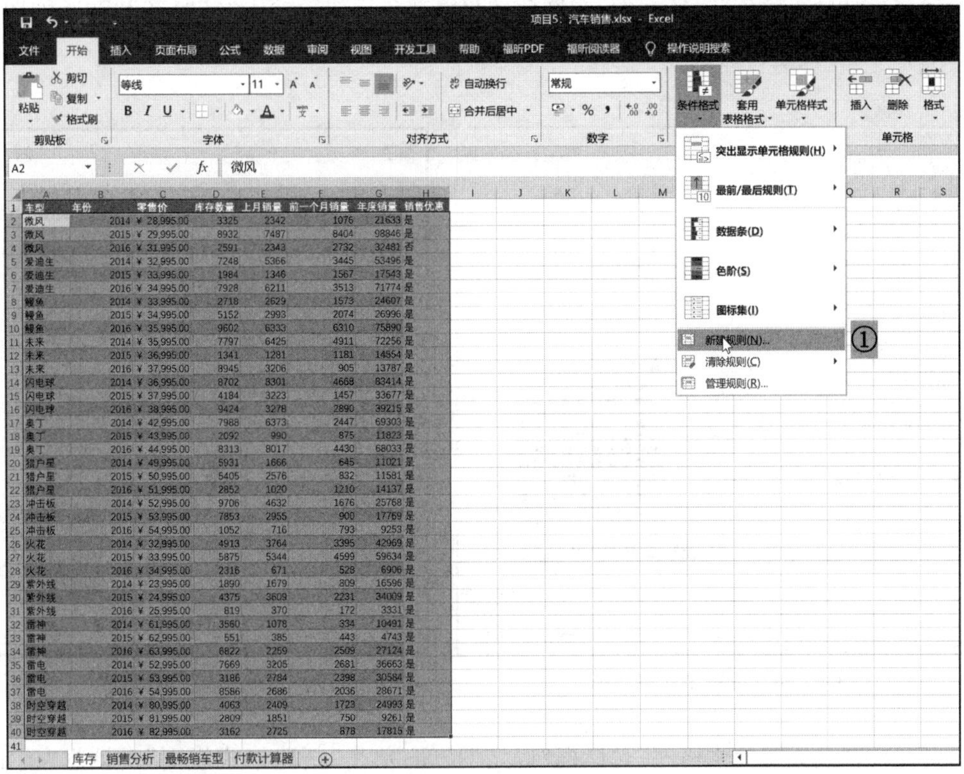

图 3.53　新建规则

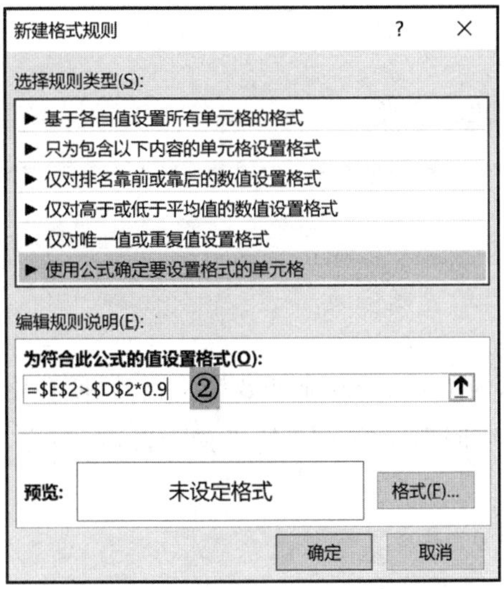

图 3.54　编辑规则（删除 $ 之前）

图 3.55　编辑规则（删除 $ 之后）

（4）在弹出的“设置单元格格式”对话框中，设置字形为“加粗”，在颜色下方的下拉列表中选择“其他颜色”，如图 3.56④所示。

（5）在弹出的“颜色”对话框中，在红色、绿色、蓝色后依次输入“0”“176”“80”，如图 3.57⑤所示，并单击“确定”按钮。

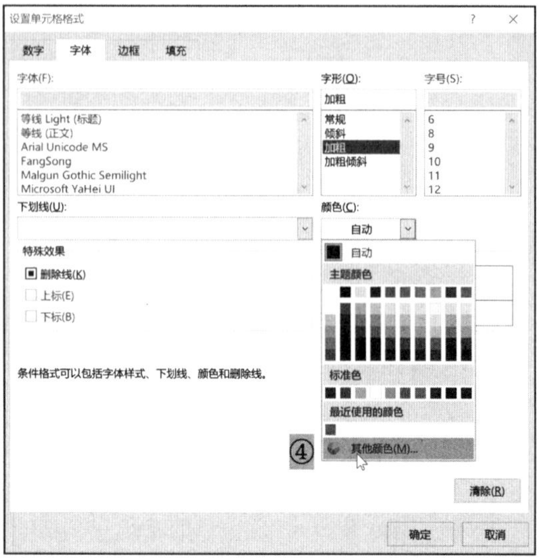

图 3.56　设置单元格字体

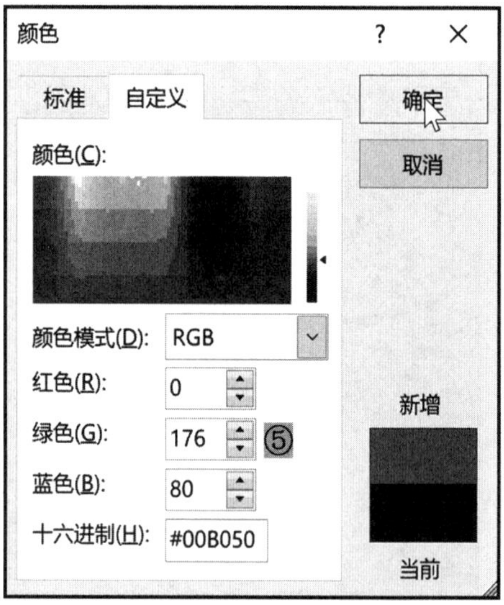

图 3.57　设置字体颜色

（6）单击“设置单元格格式”对话框“确定”按钮，单击“新建格式规则”对话框“确定”按钮，完成操作。

（7）保存文件。

注 意

本任务与项目三中任务 1 类似，可以进行比较参考。

任务 5

添加数据验证：在“付款计算器”工作表上，为单元格 E6 添加数据验证，以便在用户输入小于 1 或大于 5 的值，或输入包含小数位的数字时显示“停止”的出错警告，标题为“无效”，错误信息为“1 到 5”。

一、准备

打开练习文档(\MOS excel 2016\项目 5：汽车销售.xlsx)。

二、注释

在 Excel 中，添加数据验证是对数据的录入添加一定的限制条件，比如使单元格只能录入整数、小数、时间、日期等。本任务考查如何添加数据验证，该操作通过“数据”选项卡→

“数据工具”功能区→“数据验证”命令实现。

三、步骤

（1）在打开的文档中选择“付款计算器”工作表，选择 E6 单元格，选择“数据”选项卡，在“数据工具”功能区中单击“数据验证”按钮。

（2）在弹出的“数据验证”对话框中，在“设置”选项卡中（图 3.58①），验证条件为允许“整数”，数据“介于”最小值“1”、最大值“5”，如图 3.58②所示。

（3）在弹出的“数据验证”对话框中，在“出错警告”选项卡中，勾选“输入无效数据时显示出错警告”，样式为“停止”，标题为“无效”，错误信息为“1 到 5”，单击“确定”按钮，完成操作，如图 3.59③所示。

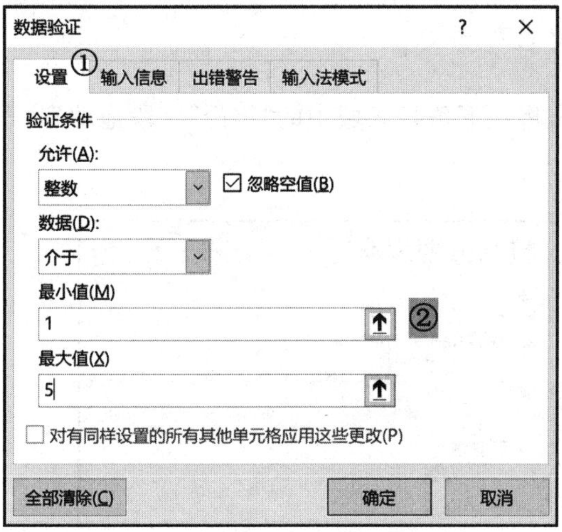

图 3.58　数据验证设置验证条件

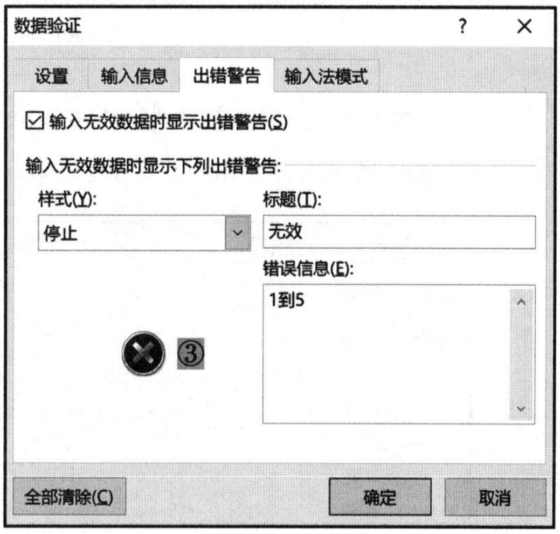

图 3.59　数据验证设置出错警告

（4）保存文件。

任务 6

修改数据透视表选项：在“销售分析”工作表上，修改图表以便按照每一个年份分组显示车型。

一、准备

打开练习文档（\MOS excel 2016\项目 5：汽车销售.xlsx）。

二、注释

在 Excel 中，可以通过修改数据透视表的设置等，改变相应图表的显示。本任务考查如何修改数据透视表，该操作通过数据透视表工具“分析”选项卡→“显示”功能区→“字段列表”命令实现。

三、步骤

（1）在打开的文档中选择“销售分析”工作表，选择数据区域中任一单元格，在数据透视表工具中选择“分析”选项卡，在“显示”功能区中单击“字段列表”按钮，如图 3.60 所示。

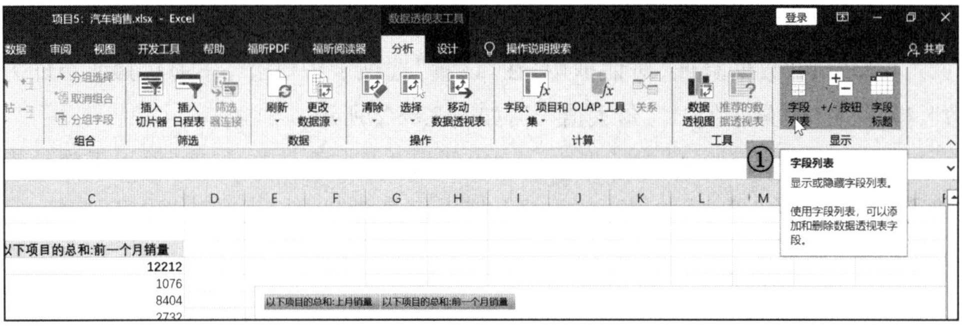

图 3.60　“字段列表”命令

（2）在弹出的“数据透视表字段“对话框中，将左下角行区域中的“年份”字段拖动到“车型”字段之前，完成操作，如图 3.61①、3.62②所示。

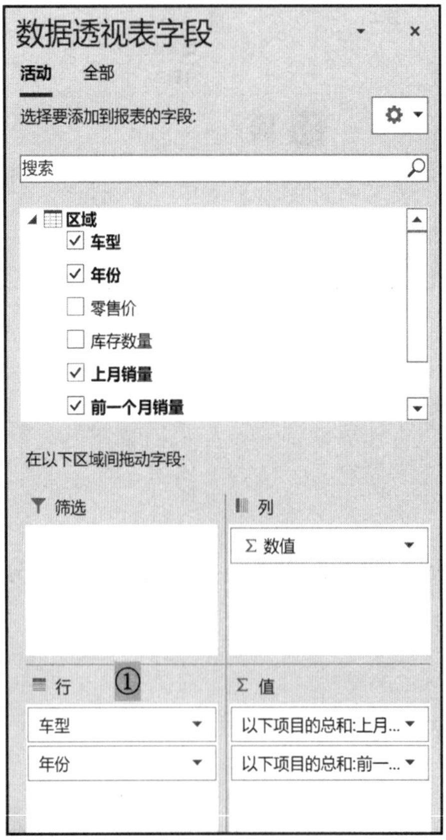

图 3.61　数据透视表字段（拖动之前）

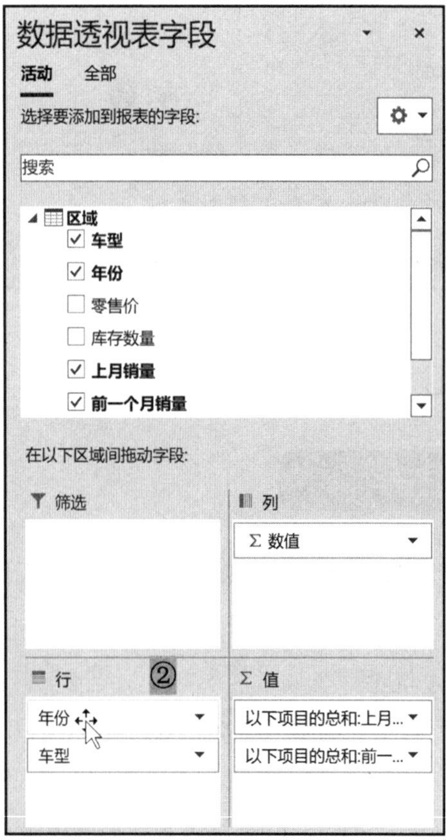

图 3.62　数据透视表字段（拖动之后）

（3）保存文件。

项目六　创建过程跟踪工作簿

项目概述

假设您正为深圳微软技术中心工作。您正在创建一个 Excel 工作簿，供酿酒师用于跟踪酿酒过程的各个方面。该项目下有六个任务。

任务 1

设置单元格格式：在“正在处理的批次”工作表上，格式化 C 列和 D 列，使得其中的数值显示到小数点后三位。将格式应用到现有的行和新行。

一、准备

打开练习文档(\MOS excel 2016\项目 6：酒类.xlsx)。

二、注释

在 Excel 中，常常需要设置单元格的数据格式，如设置数据为数值、货币、日期、时间等格式，以显示不同格式要求。本任务考查如何进行数据格式的设置，该操作在工作表中通过设置单元格格式中的数字格式实现。

三、步骤

(1) 在打开的文档中选择“正在处理的批次”工作表，选中 C、D 列，单击“开始”选项卡，在“数字”功能区中点击右下角的拓展按钮，打开“设置单元格格式”对话框，如图 3.63①所示。

图 3.63　选中 C、D 列

(2) 在“设置单元格格式”对话框中，选择“数字”选项卡。在其左边的分类中选择“数值”，修改右边“小数位数”为“3”，并单击“确定”按钮，完成操作，如图 3.64②所示。

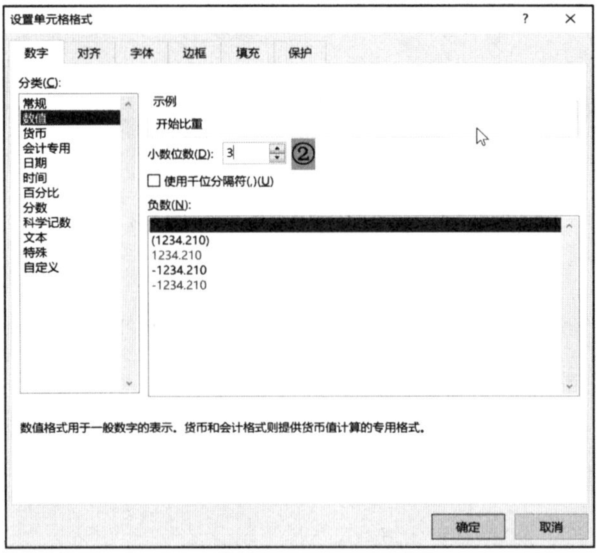

图 3.64　设置数值小数位数

（3）保存文件。

注 意

本任务与项目一中任务 3 类似，可以进行比较参考。

任务 2

设置条件格式：在“质量控制”工作表上，如果已测试的所有周的平均质量评级小于 5，使用“50％灰色”的图案样式填充单元格 A3：A7，图案颜色为“红色”。

一、准备

打开练习文档（\MOS excel 2016\项目 6：酒类.xlsx）。

二、注释

在 Excel 中，“条件格式”功能可以将满足特定条件的单元格内容突出显示，或者填充特定的背景颜色，或者将内容的字体格式进行特定显示。本任务考查如何设置条件格式，该操作通过“开始”选项卡→“样式”功能区→“条件格式”命令实现。

三、步骤

（1）在打开的文档中选择“质量控制”工作表，选择单元格区域 A3：A7，选择“开始”选项卡，在“样式”功能区中单击“条件格式”按钮，在下拉列表中选择“新建规则”，如图 3.65① 所示。

图 3.65　条件格式：新建规则

（2）在“新建格式规则”对话框中，选择规则类型为“使用公式确定要设置格式的单元格”。将光标定位到“编辑规则说明”下的文本框中，输入“=average($B3:$M3)<5”，如图 3.66②所示。

（3）在弹出的“设置单元格格式”对话框中，选中“填充”选项卡，设置图案颜色为标准色“红色”，图案样式中选择“50%灰色”，如图 3.67③所示，单击“确定”按钮。

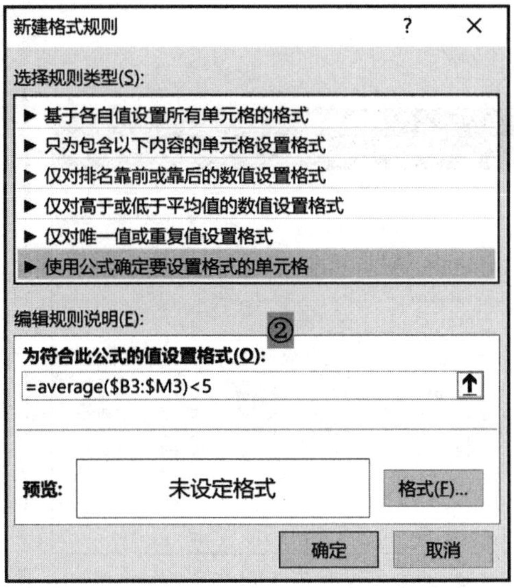

图 3.66　编辑规则

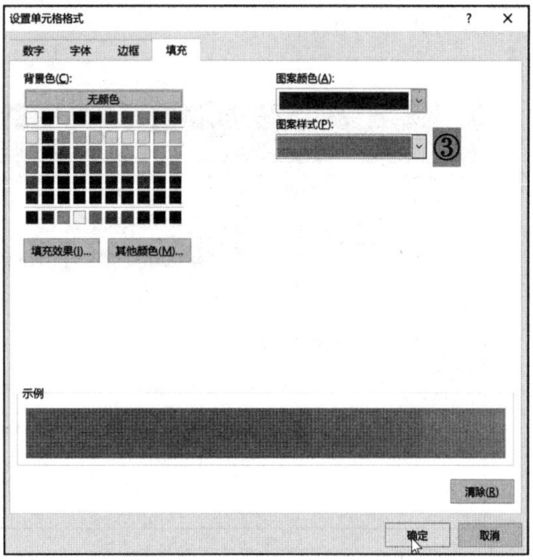

图 3.67　设置单元格格式：填充

（4）在“新建格式规则”对话框中，单击“确定”按钮，即完成操作。

（5）保存文件。

注 意

本任务与项目三中任务 1、项目五中任务 4 类似，可以进行比较参考。

任务 3

使用查询：在“可用未发酵葡萄汁”工作表，从 A1 单元格开始，使用查询从“文档”文件夹的“收获日志.xlsx”工作簿加载数据。仅包含“种类”“位置”“未发酵葡萄汁升数”列。

一、准备

打开练习文档(\MOS excel 2016\项目 6:酒类.xlsx)。

二、注释

在 Excel 中，查询主要是用于发现、连接和合并多个源中的数据，并可调整和优化该数据以满足用户需求。本任务考查数据查询的操作，该操作通过“数据”选项卡→“获取与转换”功能区→“新建查询”命令实现。

三、步骤

(1) 在打开的文档中选择“最畅销车型”工作表，选择“数据”选项卡，在“获取与转换”功能区中单击“新建查询”按钮，在下拉列表中依次选择“从文件”“从工作簿”，如图 3.68①所示。

(2) 在弹出的“导入数据”对话框中，选择文件“项目 6:收获日志.xlsx”，并单击“导入”按钮，如图 3.69②所示。

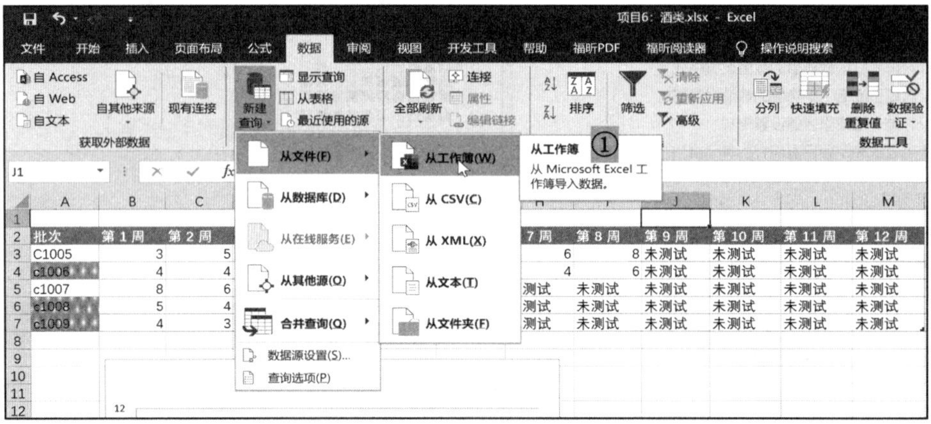

图 3.68 从工作簿新建查询

(3) 在“导航器”对话框左边，选择“2015 年产量”，并单击“转换数据”按钮，如图 3.70③所示。

(4) 在“2015 年产量-Power Query 编辑器”中，选择“主页”选项卡，在“管理列”功能区中单击“选择列”命令，并在下拉菜单中选择“选择列”命令，如图 3.71④所示。

(5) 在“选择列”对话框中，勾选“种类”“位置”“未发酵葡萄汁升数”，并单击“确定”按钮，如图 3.72⑤所示。

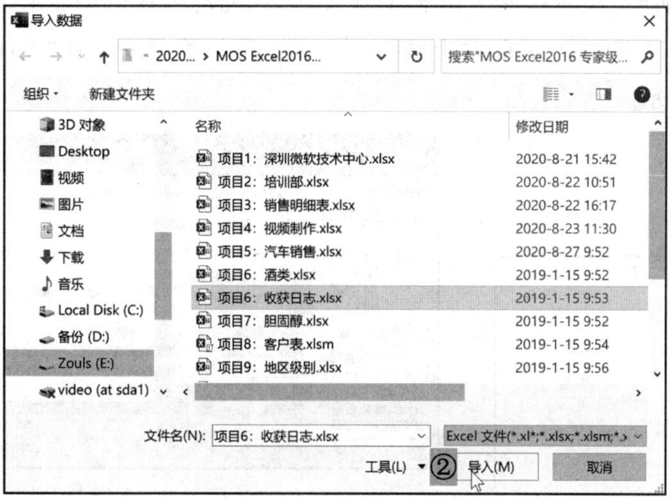

图 3.69　导入数据

图 3.70　转换数据

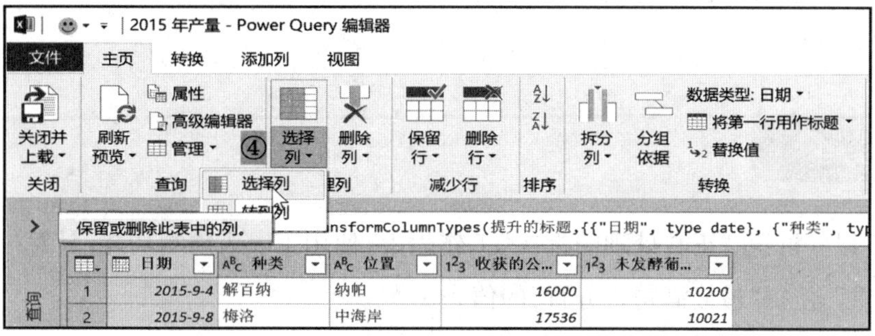

图 3.71　"选择列"命令

(6) 此时,“种类”“位置”“未发酵葡萄汁升数”三列已经在窗口显示,选择“主页”选项卡,在“关闭”功能区中单击“关闭并上载”命令,并在下拉菜单中选择“关闭并上载至…”命令,如图 3.73⑥所示。

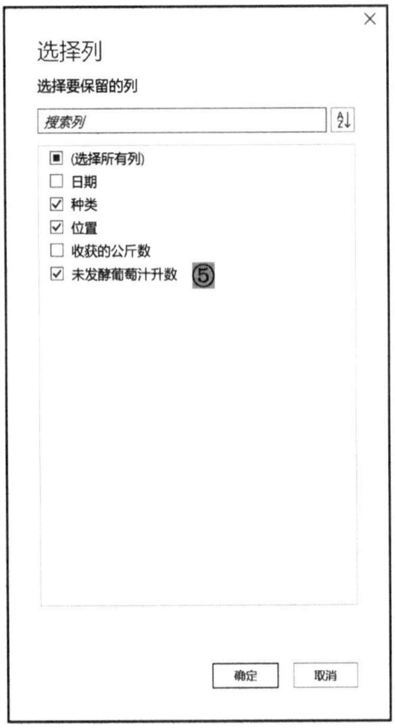

图 3.72 选择列

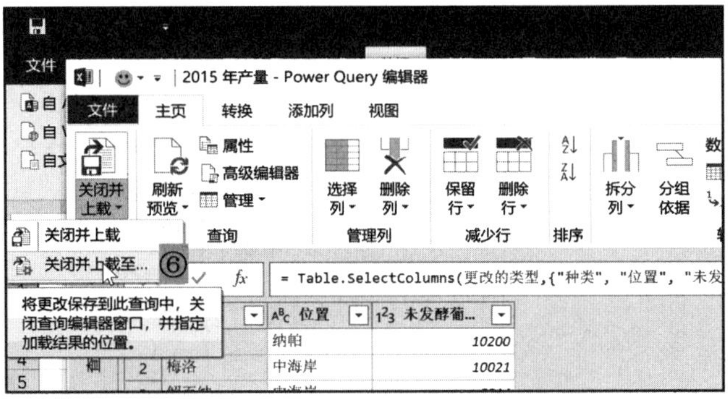

图 3.73 关闭并上载

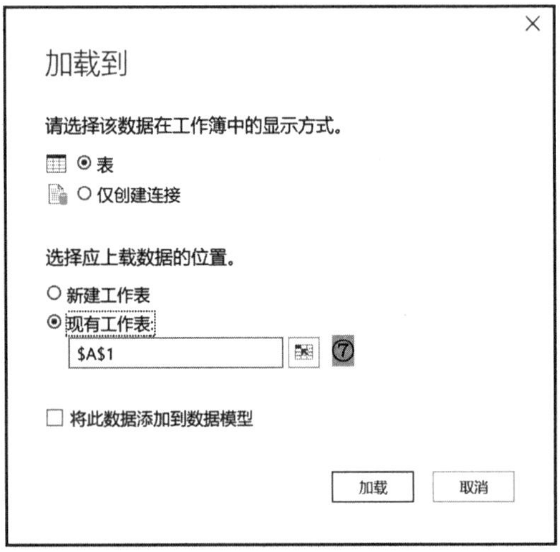

图 3.74 加载到现有工作表

(7) 在“加载到”对话框中选择应上载数据的位置为“现有工作表 $A$1”,如图 3.74⑦所示,并单击“加载”按钮,即完成所有操作。

(8) 保存文件。

任务 4

数据模拟分析:在“正在处理的批次”工作表上,使用 Excel 预测功能,计算“批次 1005”的“所需比重”,使得“最终酒精百分百”的值是 15%。

一、准备

打开练习文档(\MOS excel 2016\项目 6:酒类.xlsx)。

二、注释

在 Excel 中，模拟分析是指通过方案管理器、单变量求解和模拟运算表为工作表中的公式尝试各种值。本任务考查模拟分析中的单变量求解操作，该操作通过“数据”选项卡→“预测”功能区→“模拟分析”命令实现。

三、步骤

(1) 在打开的文档中选择“正在处理的批次”工作表，选择“数据”选项卡，在“预测”功能区中单击“模拟分析”按钮，在下拉列表中选择“单变量求解(G)…”，如图 3.75①所示。

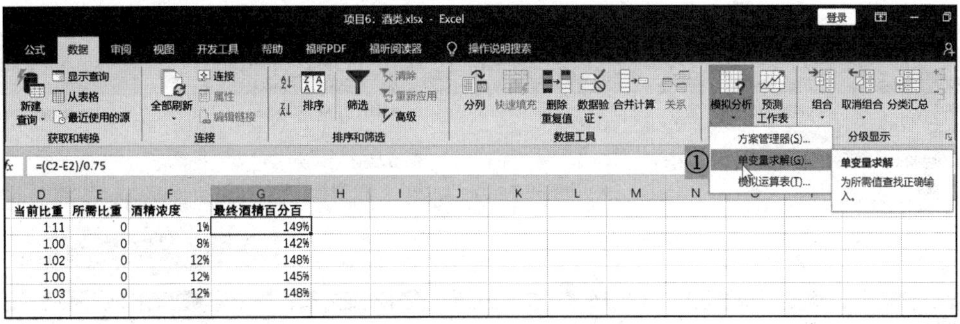

图 3.75　“单变量求解”命令

(2) 在弹出的“单变量求解”对话框中，在目标单元格后输入“G2”，目标值后输入“0.15”，可变单元格后输入“$E$2”，如图 3.76②所示，再单击“确定”按钮。

(3) 此处需要计算，等待一两秒后出现“单变量求解状态”对话框，单击“确定”按钮，完成操作，如图 3.77③所示。

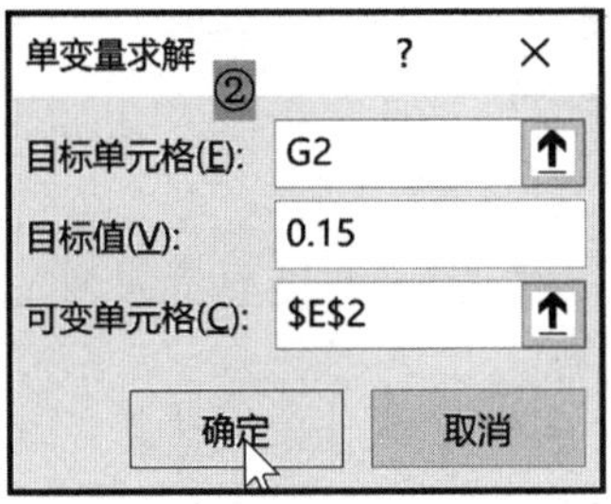

图 3.76　“单变量求解”对话框

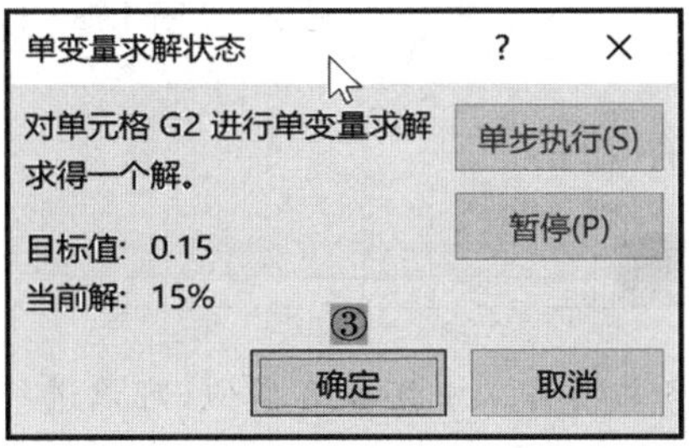

图 3.77　“单变量求解状态”对话框

(4) 保存文件。

任务 5

修改表名称：在“质量控制”工作表，将表名称从“表 3”更改为“每周质量”。

一、准备

打开练习文档(\MOS excel 2016\项目 6：酒类.xlsx)。

二、注释

在 Excel 中,需要修改表名称,以体现出其作用或者用途。本任务考查如何修改表名称,该操作通过表格工具“设计”选项卡→“表名称”命令实现。

三、步骤

(1) 在打开的文档中选择“质量控制”工作表,选择数据区域中任一单元格,在表格工具“设计”选项卡的“属性”功能区中,单击“表名称”下方的文本框,输入“每周质量”,并单击回车键,完成操作,如图 3.78 所示。

图 3.78 修改表名称

(2) 保存文件。

注 意

本任务与项目二中任务 3 类似,可以进行比较参考。

任务 6

图表添加趋势线:在“质量控制”工作表,为图表添加线性趋势线,预测批次 C1005 直到第 12 周的质量。

一、准备

打开练习文档(\MOS excel 2016\项目 6:酒类.xlsx)。

二、注释

在 Excel 中，为图表添加趋势线是指通过已有数据根据某种规则，在图表中添加一个预测性的趋势线，体现数据的趋势走向。本任务考查如何添加趋势线，该操作实现。

三、步骤

(1) 在打开的文档中选择“质量控制”工作表，选中图表，则选中了整个数据区域，如图 3.79①所示。

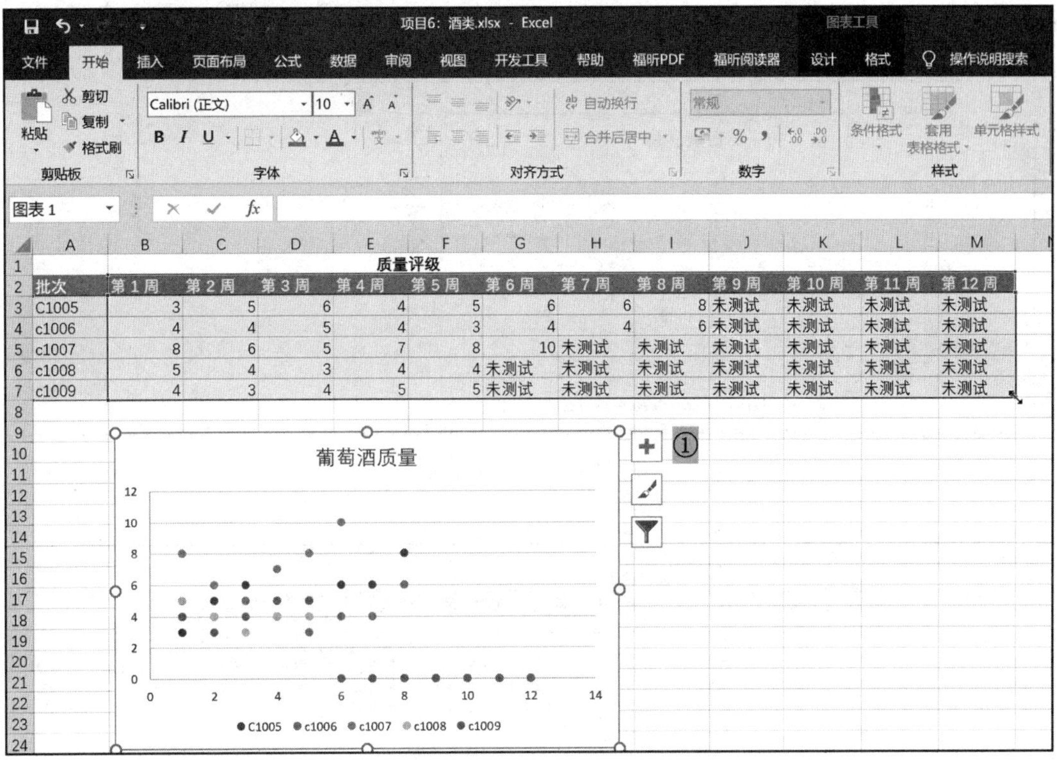

批次	第 1 周	第 2 周	第 3 周	第 4 周	第 5 周	第 6 周	第 7 周	第 8 周	第 9 周	第 10 周	第 11 周	第 12 周
C1005	3	5	6	4	5	6	6	8	未测试	未测试	未测试	未测试
c1006	4	4	5	4	3	4	4	6	未测试	未测试	未测试	未测试
c1007	8	6	5	7	8	10	未测试	未测试	未测试	未测试	未测试	未测试
c1008	5	4	3	4	4	未测试	未测试	未测试	未测试	未测试	未测试	未测试
c1009	4	3	4	5	5	未测试	未测试	未测试	未测试	未测试	未测试	未测试

图 3.79　选中数据区域

(2) 将光标移动到数据区域右下角，光标变成双向斜向箭头时，拖动修改数据区域到列 I，即“第 8 周”(也就是数据区域不包含第 9 周到第 12 周)，则对应的图表也发生了改变，如图 3.80②所示。

(3) 在图表中单击系列：C1005 的某个点(深蓝色)，即选中所有点，在其右键菜单中选中“添加趋势线(R)…”命令，如图 3.81③所示。

(4) 在右边的“设置趋势线格式”窗格中，趋势线选项为“线性”，趋势预测为“前推 4 周期”，如图 3.82④所示，即完成操作。

(5) 保存并关闭文件。

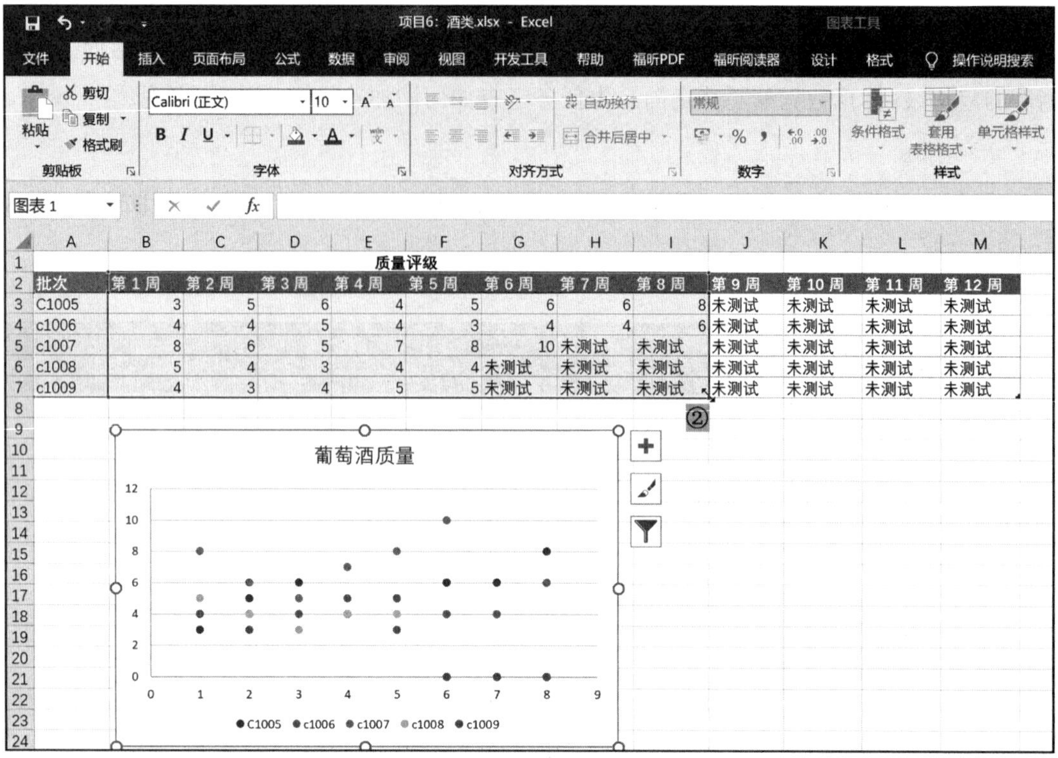

图 3.80　修改数据区域

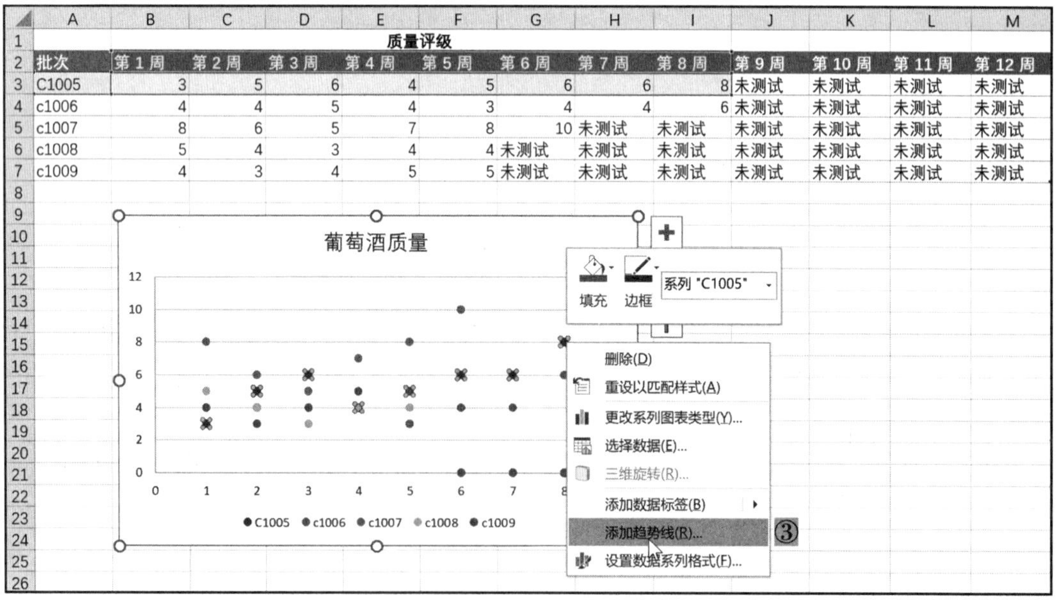

图 3.81　“添加趋势线”命令

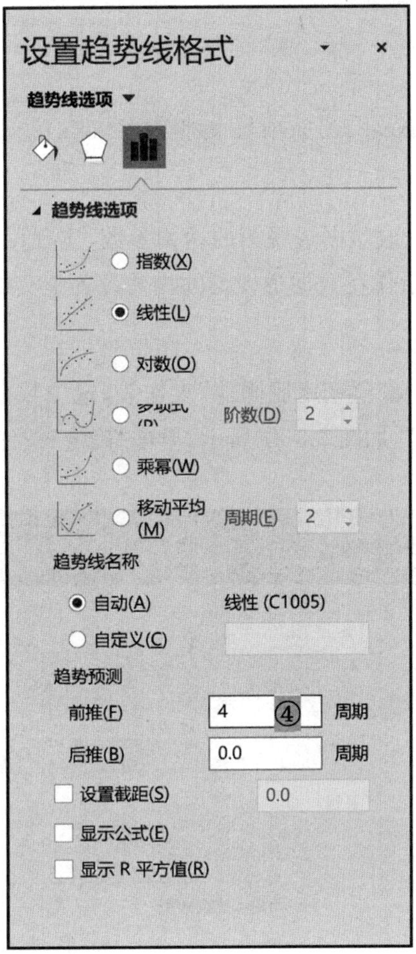

图 3.82　“设置趋势线格式”对话框

项目七　跟踪并分析试验数据

项目概述

假设您在深圳微软技术中心的所属部门工作，并正在开展新的胆固醇药物试验。您正使用 Excel 工作簿跟踪和分析试验数据。该项目下有五个任务。

任务 1

修改数据透视图：在“低密度胆固醇”工作表上，修改图表，使其显示 B 组每位成员的逐月数据。

一、准备

打开练习文档(\MOS excel 2016\项目 7:胆固醇.xlsx)。

二、注释

在 Excel 中,可以通过修改数据透视图的相关参数,实现用户所要求的输出。本任务考查如何修改数据透视图,该操作在数据透视图的相关设置中实现。

三、步骤

(1) 在打开的文档中选择“低密度胆固醇”工作表,选中数据透视图,在其左下角的“组”标签右侧箭头,取消勾选“A”,如图 3.83①所示,单击“确定”按钮。

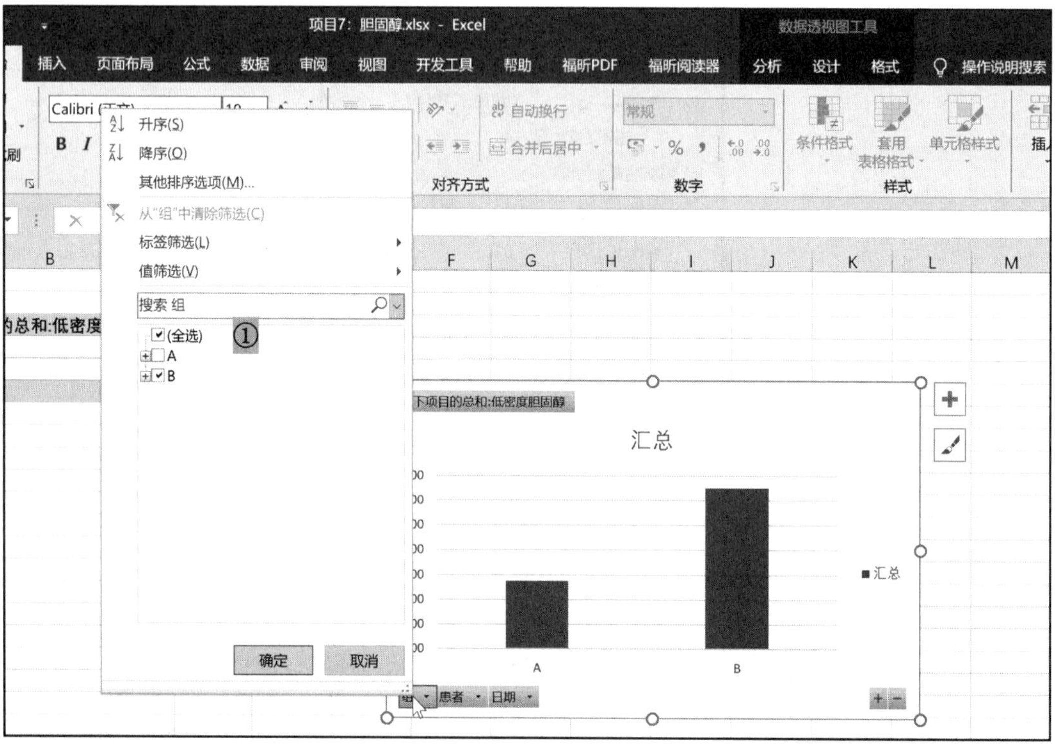

图 3.83　设置“组”成员

(2) 在图表的右下角,连续两次单击“+”按钮,显示数据后的结果如图 3.84②所示。

(3) 此时数据透视表中的数据显示包含年月日,右键单击某一日期,在其右键菜单中选中“组合”命令,如图 3.85③所示。

(4) 在弹出的“组合”对话框中,步长设置为“月”,单击“确定”按钮,完成操作,如图 3.86④所示。

(5) 保存文件。

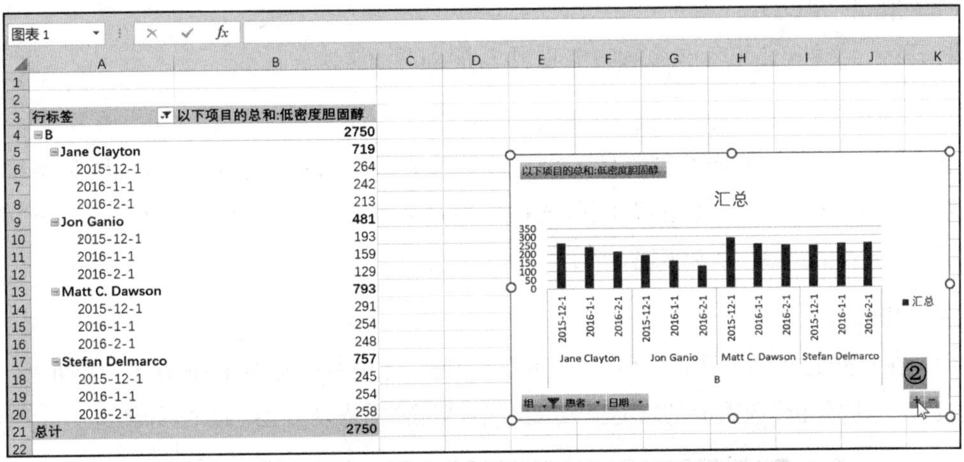

图 3.84　显示数据

图 3.85　“组合”命令

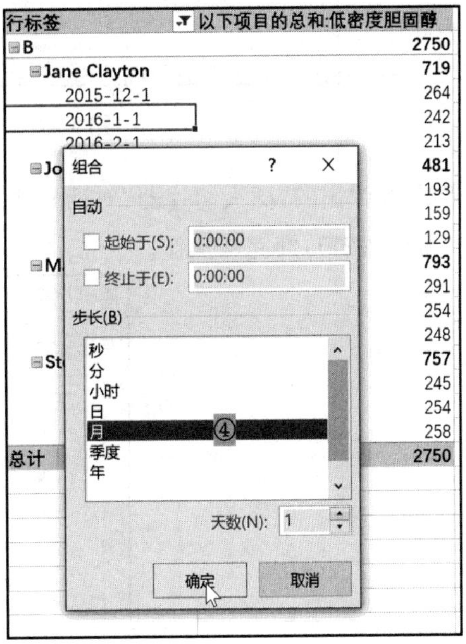

图 3.86　设置步长

任务 2

添加切片器：在“每组平均值”工作表上，添加切片器，以便用户能够对数据透视表进行交互式筛选，只显示特定“高密度胆固醇”值所对应的数据。

一、准备

打开练习文档(\MOS excel 2016\项目 7:胆固醇.xlsx)。

二、注释

在 Excel 中,切片器能够更快且更容易地筛选表、数据透视表、数据透视图和多维数据集函数。本任务考查如何使用切片器,该操作通过数据透视表工具“分析”选项卡→“筛选”功能区→“插入切片器”命令实现。

三、步骤

(1) 在打开的文档中选择“每组平均值”工作表,选中数据透视表中的任一单元格,在数据透视表工具“分析”选项卡的“筛选”功能区中,单击“插入切片器”命令,如图 3.87①所示。

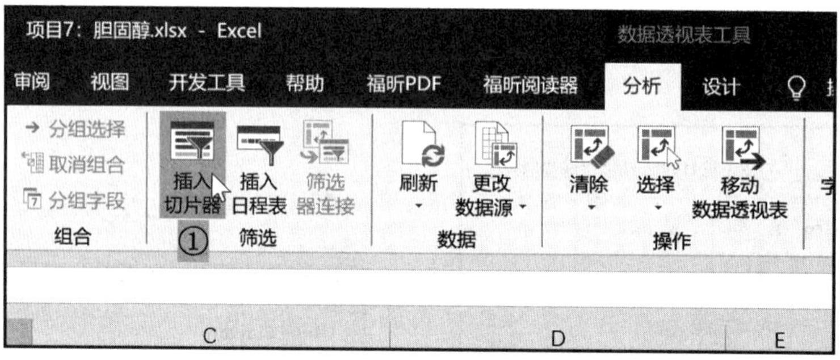

图 3.87 “插入切片器”命令

(2) 在弹出的“插入切片器”对话框中,勾选“高密度胆固醇”选项,如图 3.88②所示,再单击“确定”按钮,即完成操作。

图 3.88 “插入切片器”对话框

(3) 保存文件。

任务 3

设置数据透视表：在"每组平均值"工作表上，删除"数据透视表"的"总计"行。

一、准备

打开练习文档(\MOS excel 2016\项目 7：胆固醇.xlsx)。

二、注释

在 Excel 中，需要使用数据透视表和数据透视图来统计、分析并直观显示各类数据之间的关系等。本任务考查数据透视表的修改和设置，该操作通过数据透视表工具"设计"选项卡→"布局"功能区→"总计"命令实现。

三、步骤

(1) 在打开的文档中选择"每组平均值"工作表，选中数据透视表中的任一单元格，在数据透视表工具"设计"选项卡的"布局"功能区中，单击"总计"命令，在下拉列表中选择"对行和列禁用"，完成操作，如图 3.89 所示。

(2) 保存文件。

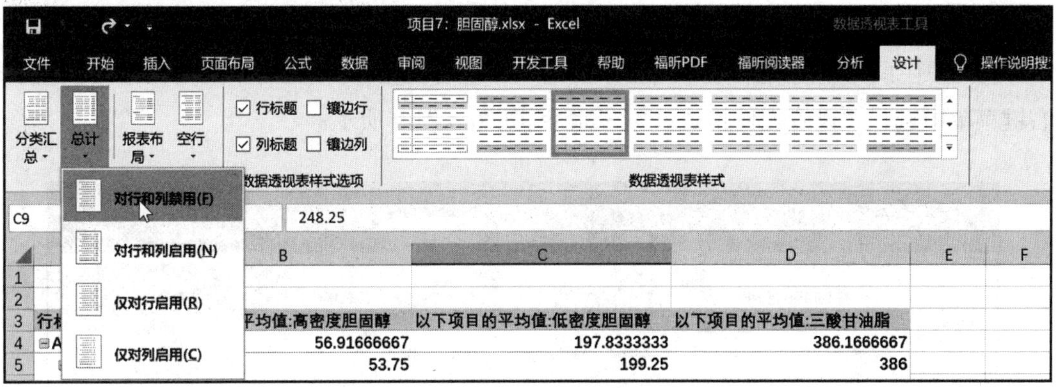

图 3.89　数据透视表的布局设置

任务 4

使用开发工具——组合框：在"原始数据"工作表，创建"组合框"控件并链接到单元格 G2。该控件须显示"医生"工作表上 A 中的三个姓名。

一、准备

打开练习文档(\MOS excel 2016\项目 7：胆固醇.xlsx)。

二、注释

在 Excel 中，开发工具中的表单控件主要是能引用单元格数据并与其进行交互，还可以使用表单控件来运行宏。本任务考查如何在工作表中插入控件，并进行设置，该操作通过"开发工具"选项卡→"控件"功能区→"插入"命令实现。

三、步骤

（1）在打开的文档中选择"原始数据"工作表，选择 G2 单元格，选择"开发工具"选项卡，在"控件"功能区中单击"插入"按钮，在下拉列表中选择表单控件中的"组合框（窗体控件）"，如图 3.90①所示。

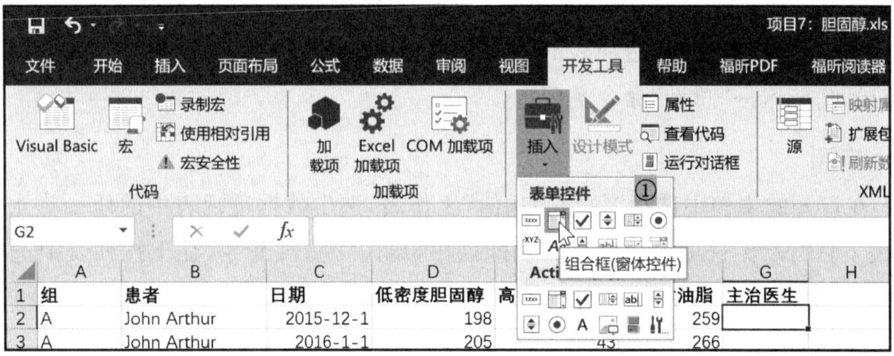

图 3.90　插入组合框

（2）按住鼠标左键，在 G2 单元格中画出一个组合框控件，使其与单元格大小一致；在其右键菜单中选择："设置控件格式（E）…"命令，如图 3.91②所示。

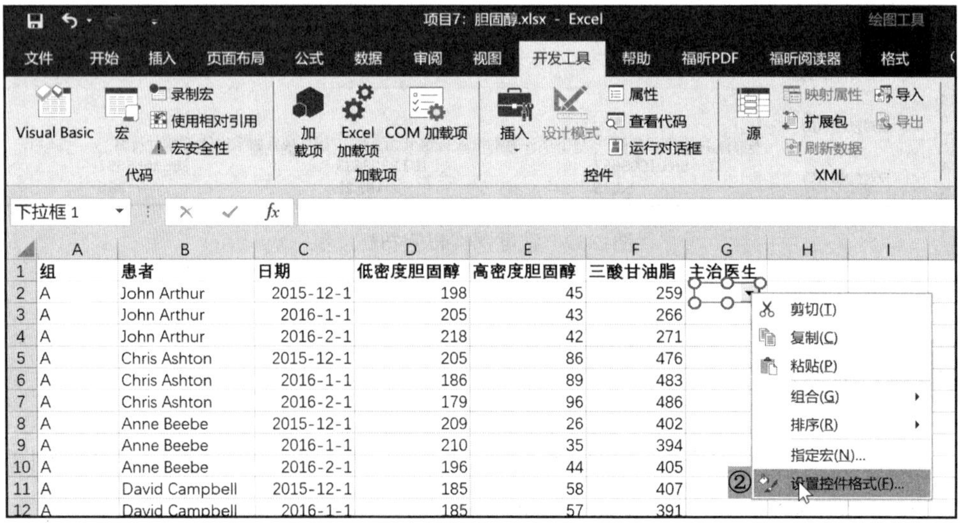

图 3.91　"设置控件格式…"命令

(3) 在所弹出的“设置对象格式”对话框中，在“控制”标签页中，设置数据源区域为“医生！ $A$1：$A$3”，单元格链接为“ $G$2”，如图 3.92③所示，单击“确定”按钮，完成操作。

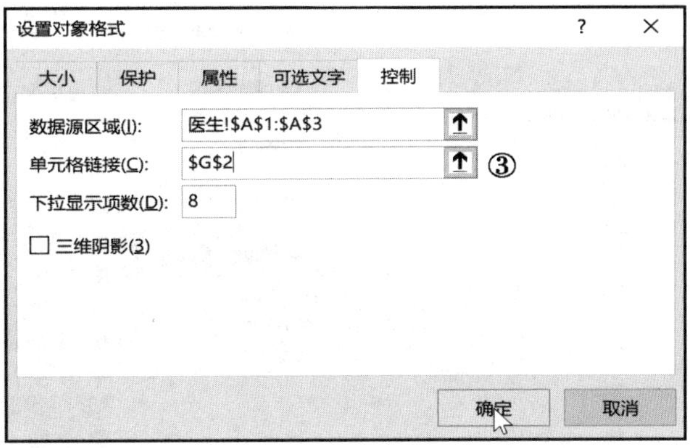

图 3.92　设置参数

(4) 保存文件。

任务 5

设置条件格式：在“原始数据”工作表，对列 E 应用条件格式规则，当值大于或等于 70 时，显示绿色圆圈；当值大于或等于 40 但小于 70 时，显示黄色圆圈；当值小于 40 时显示红色圆圈，并将格式应用到列 E 中的新行和现有行。

一、准备

打开练习文档(\MOS excel 2016\项目 7：胆固醇.xlsx)。

二、注释

在 Excel 中，条件格式功能可以将满足特定条件的单元格内容突出显示，或者填充特定的背景颜色，或者将内容的字体格式进行特定显示。本任务考查如何设置条件格式，该操作通过“开始”选项卡→“样式”功能区→“条件格式”命令实现。

三、步骤

(1) 在打开的文档中选择“原始数据”工作表，选中 E2：E25，选择“开始”选项卡，在“样式”功能区中单击“条件格式”按钮，在下拉列表中依次选择“图标集”“其他规则”，如图 3.93①所示。

(2) 在“新建格式规则”对话框中，选择规则类型为“基于各自值设置所有单元格的格式”，在绿色圆圈行中更改类型为“数字”，值为“70”，在橙色圆圈行中更改类型为“数字”，值为“40”，如图 3.94②所示，单击“确定”按钮，即完成操作。

(3) 保存并关闭文件。

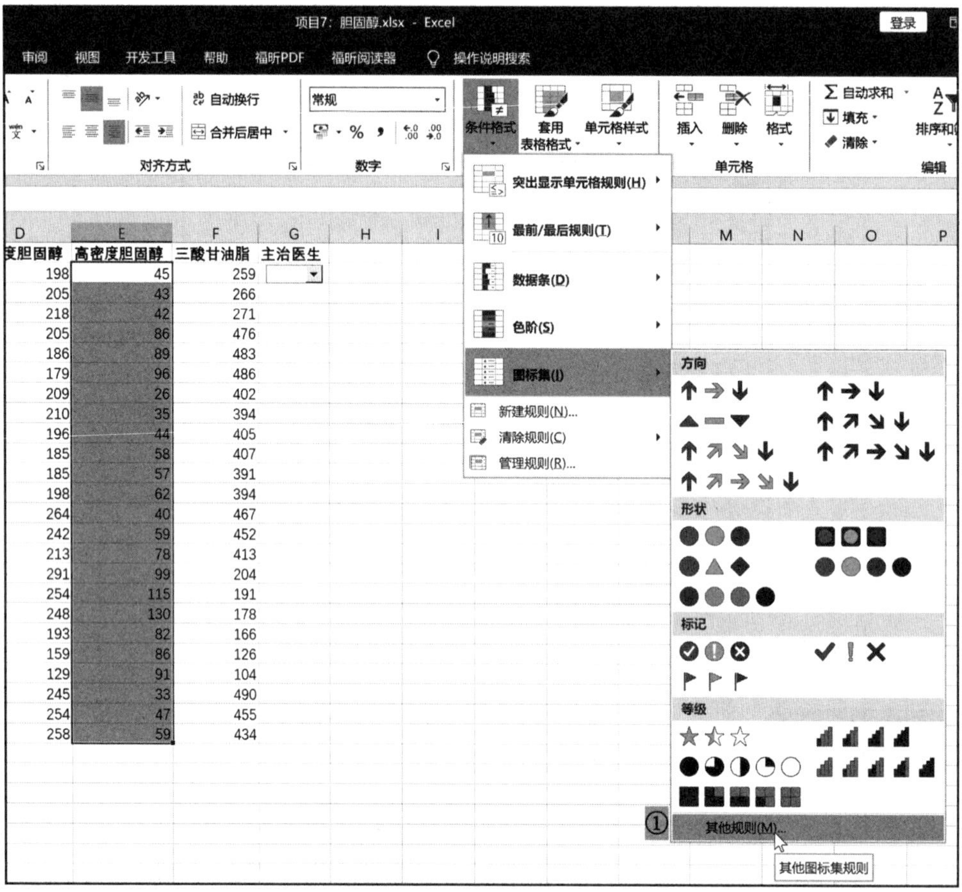

图 3.93　条件格式—图标集

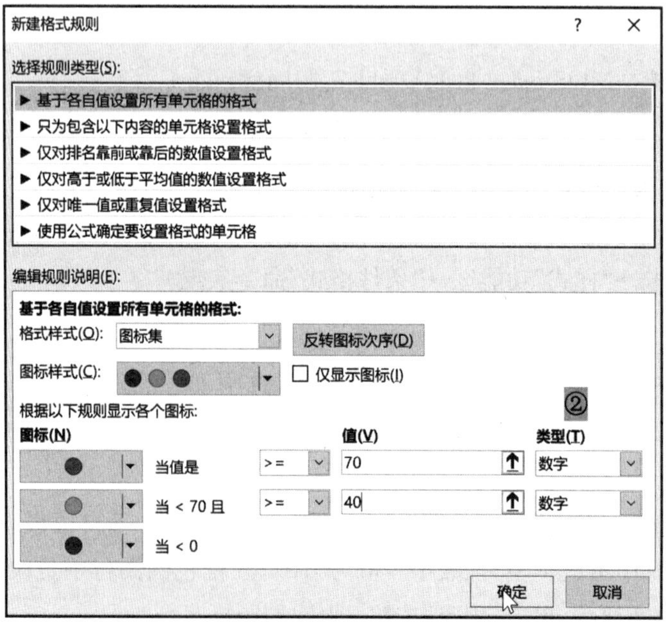

图 3.94　设置格式规则

注意

本任务与项目三中任务1、项目五中任务4、项目六中任务2类似，可以进行比较参考。

项目八 生成客户报价

项目概述

假设你在深圳微软技术中心工作，你正在准备工作簿来生成客户报价。该项目下有五个任务。

任务1

使用查找与引用函数——INDEX函数："折扣前每月费用"的计算用公式为：折扣前每月费用＝基本费率＋(投保人数－1)×每位成员的额外费用。"基本费率"和"每位成员的额外费用"值位于"费率"工作表上。在"费率计算器"工作表上的单元格B6中添加公式，使用INDEX函数检索"基本费率"和"每位成员的额外费用"值，并计算"折扣前每月费用"。

一、准备

打开练习文档(\MOS excel 2016\项目8：客户表.xlsm)。

注意

扩展名为xlsm的文件是指Excel启用宏的工作簿，Excel基于XML和启用宏的文件格式。

二、注释

在Excel中，INDEX函数返回表格或区域中的值或值的引用。本任务考查INDEX函数的使用，该操作通过插入函数实现。

三、步骤

(1) 在打开的文档中选择"费率计算器"工作表，选中B6单元格，在其中输入公式为"＝INDEX(费率！B2:B5,费率计算器！B3)＋(费率计算器！B2－1)*INDEX(费率！C2:C5,费率计算器！B3)"。

(2) 保存文件。

任务 2

设置密码保护工作簿：保护工作簿，让用户无法添加、删除或修改工作表，除非输入密码“ABC”。

一、准备

打开练习文档(\MOS excel 2016\项目 8:客户表.xlsm)。

二、注释

在 Excel 中，可以通过设置密码保护以保护工作簿不被用户编辑或者修改。本任务考查如何设置密码保护工作簿，主要通过“审阅”选项卡→“保护”功能区→“保护工作簿”命令实现。

三、步骤

(1) 在打开的文档中，选择“审阅”选项卡→“保护”功能区，单击“保护工作簿”命令，如图 3.95①所示。

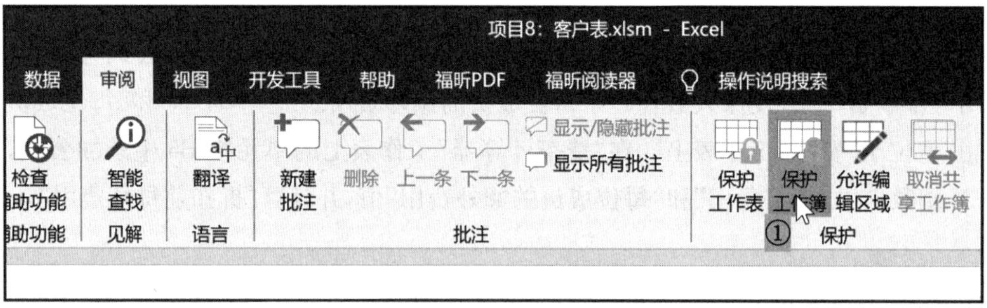

图 3.95 “保护工作簿”命令

(2) 在弹出的“保护结构和窗口”对话框中，在“密码”后输入“ABC”，如图 3.96②所示，单击“确定”按钮。

图 3.96 输入密码

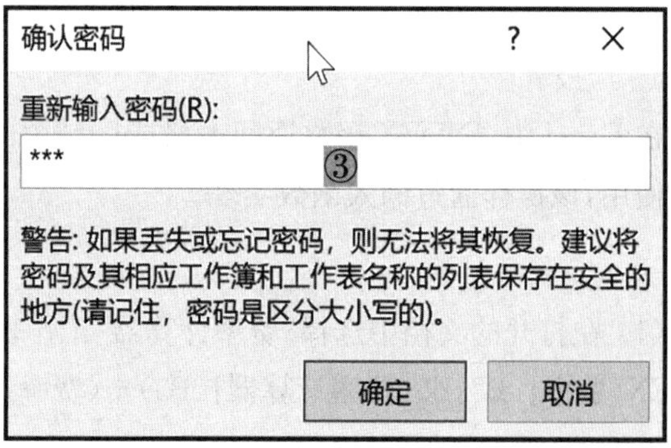

图 3.97 确认密码

(3) 在“确认密码”对话框中，在“重新输入密码”后输入“ABC”，单击“确定”按钮，如图3.97③所示，完成操作。

(4) 保存文件。

任务 3

设置信任中心：仅启用数字签名的宏。

一、准备

打开练习文档(\MOS excel 2016\项目 8：客户表.xlsm)。

二、注释

在 Excel 中，在信任中心中找到安全设置和隐私设置。本任务考查如何设置信任中心，该操作通过“文件”选项卡→“选项”命令→“信任中心”命令实现。

三、步骤

(1) 在打开的文档中，在“文件”选项卡左下方选择“选项”命令，打开“Excel 选项”对话框，在其左下方选择“信任中心”，在右边选择“信任中心设置(T)…”，如图 3.98①所示。

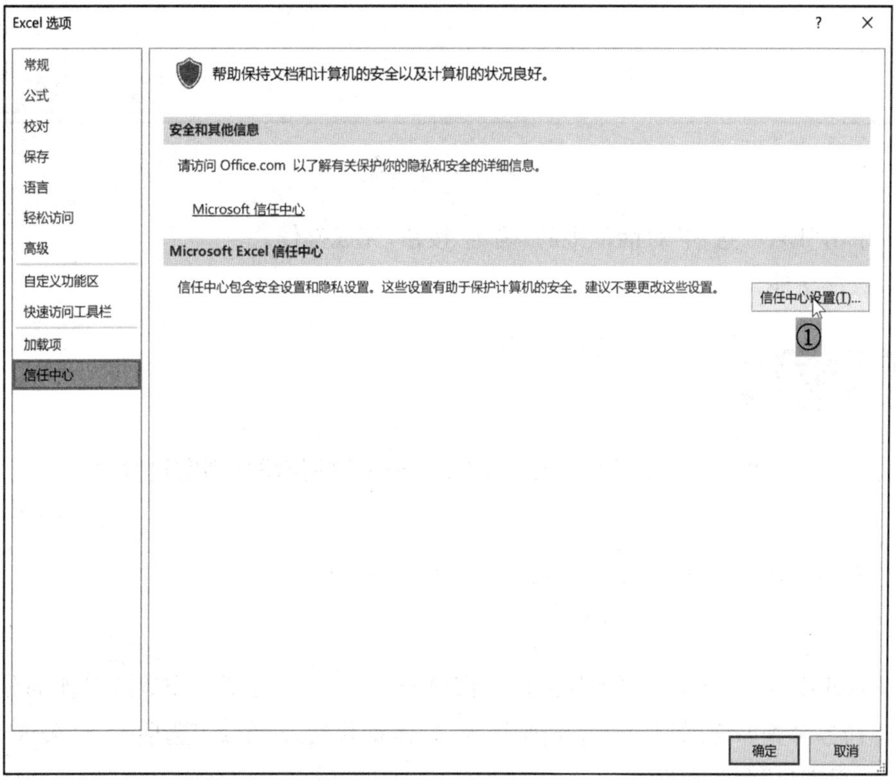

图 3.98　信任中心

（2）在所打开的“信任中心”对话框左边，选择“宏设置”，在右边宏设置中，单击选择“禁用无数字签署的所有宏”，如图 3.99②所示，再单击“确定”按钮。

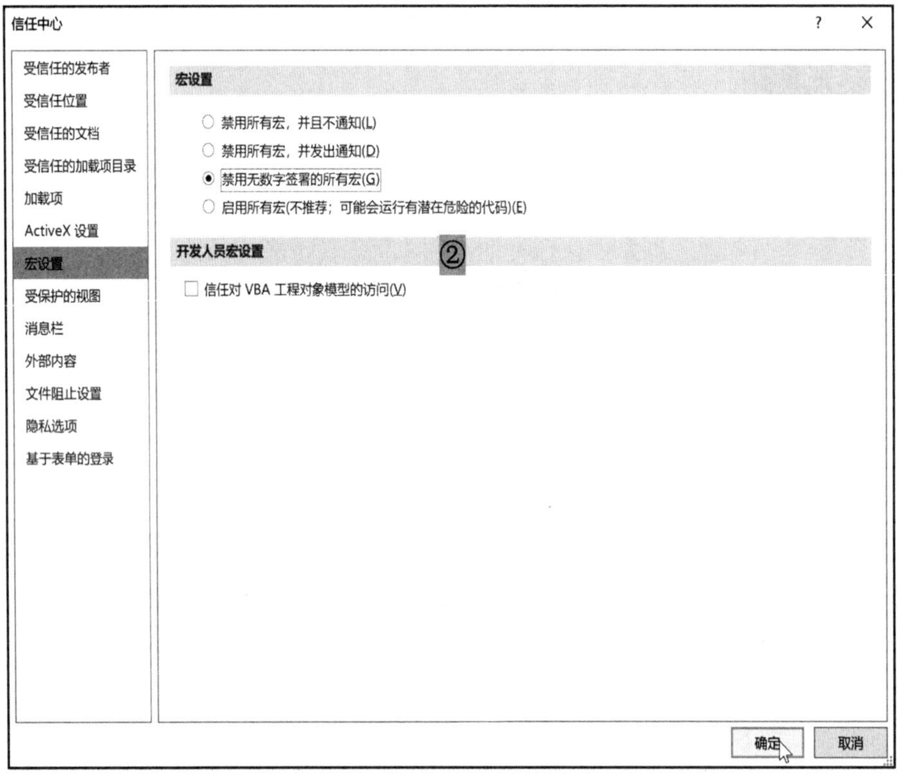

图 3.99　宏设置

（3）单击“Excel 选项”对话框中的“确定”按钮，完成操作。

（4）保存文件。

任务 4

添加监视：在“费率计算器”工作表上，将单元格 B7 的值添加到监视窗口中。

一、准备

打开练习文档(\MOS excel 2016\项目 8：客户表.xlsm)。

二、注释

在 Excel 中，可以将单元格添加到监视窗口列表，以便在更新工作表的其他部分时监视其值。本任务考查如何添加单元格到监视窗口，该操作通过“公式”选项卡→“公式审核”功能区→“监视窗口”命令实现。

三、步骤

(1) 在打开的文档中选择“费率计算器”工作表，选中 B7 单元格，选择“公式”选项卡→“公式审核”功能区，单击“监视窗口”命令，如图 3.100①所示。

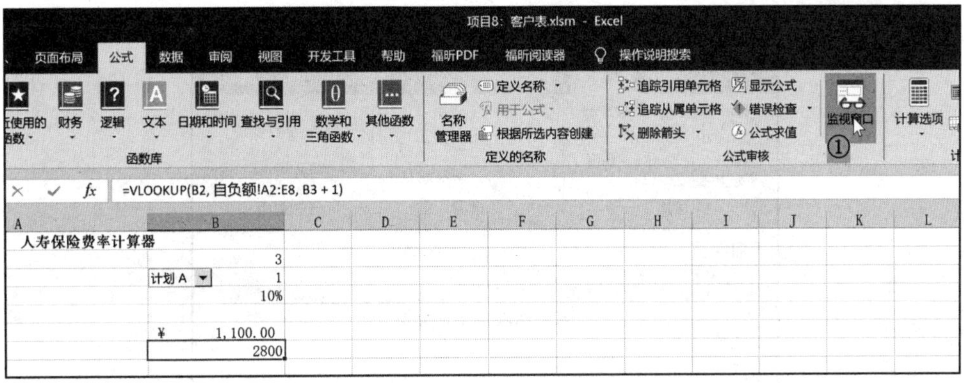

图 3.100 “监视窗口”命令

(2) 在弹出的“监视窗口”对话框中，单击“添加监视…”按钮，如图 3.101②所示。

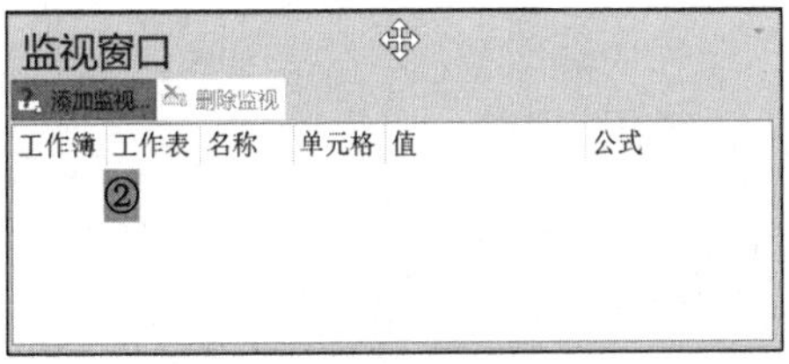

图 3.101 添加监视

图 3.102 添加监视点

(3) 在弹出的“添加监视点”窗口中，在“选择您想监视其值的单元格”中输入“=费率计算器！$B$7”，单击“添加”按钮，完成操作，如图 3.102③所示。

(4) 保存文件。

任务 5

新建名称：在“费率计算器”工作表上，将单元格 B4 命名为“折扣金额”。在工作簿范围创建名称。

一、准备

打开练习文档(\MOS excel 2016\项目 8：客户表.xlsm)。

二、注释

在 Excel 中，可以为单元格或者单元格区域设置名称，以方便引用。本任务考查名称的创建，该操作通过名称框实现。

三、步骤

(1) 在打开的文档中选择“费率计算器”工作表，选中 B4 单元格，在工作表的左上方的名称框中输入“折扣金额”，并按回车键，完成操作，如图 3.103 所示。

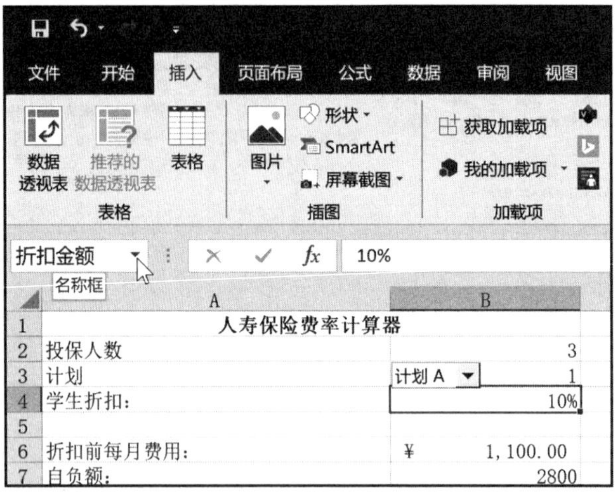

图 3.103　新建名称

(2) 保存并关闭文件。

项目九　分析数据使用情况和计划营销促销

项目概述

假设您在深圳微软技术中心工作，这家公司为作家提供基于云的文件共享。您正在创建电子表格来分析数据使用情况和计划营销促销。该项目下有五个任务。

任务 1

使用逻辑函数——AND 函数和 OR 函数：在“订阅者”工作表上的列 F 中，使用公式，在用户超出使用限额时显示“TRUE”。否则，显示“FALSE”。您的公式必须使用 AND 和 OR 函数。

一、准备

打开练习文档(\MOS excel 2016\项目 9：地区级别.xlsx)。

二、注释

在 Excel 中，逻辑函数是一类函数的统称，作用主要是用于判断某个条件的真假，返回逻辑值 TRUE 或 FALSE。在逻辑判断中，0＝FALSE，所有非 0 数值＝TRUE。

AND 函数的使用见项目二的任务 4。OR 函数的作用是用于确定测试中的所有条件中是否有一个及以上为 TRUE；有一个参数的计算结果为 TRUE 时，OR 函数返回 TRUE；所有参数的计算结果为 FALSE，OR 函数返回 FALSE。本任务考查如何使用并综合运用 AND 函数和 OR 函数，该操作通过插入函数的方法实现。

三、步骤

（1）在打开的文档中选择“订阅者”工作表，选中 F2 单元格，在其中输入公式为“＝OR（AND(D2＝"白银级"，E2＞I3)，AND(D2＝"黄铜级"，E2＞I4))”，然后按回车键。

（2）选中 F2 单元格，将鼠标指针移动到单元格右下角，鼠标指针变为黑色十字，即为填充柄时，双击填充柄，将公式复制到 F 列所有数据单元格即可。

（3）保存文件。

任务 2

使用条件平均函数——AVERAGEIFS 函数：在“订阅者”工作表的 I6 单元格中，使用条件平均函数，计算“东北部”地区的“黄金级”订阅者平均使用情况。

一、准备

打开练习文档(\MOS excel 2016\项目 9：地区级别.xlsx)。

二、注释

在 Excel 中，AVERAGEIFS 函数计算符合给定条件的单元格的平均值。本任务考查 AVERAGEIFS 函数的使用，该操作通过插入函数实现。

三、步骤

（1）在打开的文档中选择“订阅者”工作表，选中 I6 单元格，在其中输入公式为“＝AVERAGEIFS(E2：E123，B2：B123，"东北部"，D2：D123，"黄金级")”，然后按回车键。

（2）保存文件。

任务 3

综合应用逻辑函数和条件函数：在“订阅者”工作表的 G 列，插入公式，如果用户为黄金级或白银级，并且处于西部地区时显示“优惠 1”。否则，显示“优惠 2”。

一、准备

打开练习文档(\MOS excel 2016\项目 9：地区级别.xlsx)。

二、注释

在 Excel 中,往往需要综合运用多个函数,以完成数据的计算。本任务考查综合应用逻辑函数和条件函数,主要涉及 IF 函数、AND 函数和 OR 函数,该操作通过插入函数实现。

三、步骤

(1) 在打开的文档中选择"订阅者"工作表,选中 G2 单元格,在其中输入公式为"=IF(AND(OR(D2="黄金级",D2="白银级"),B2="西部"),"优惠 1","优惠 2")",然后按回车键。

(2) 选中 G2 单元格,将鼠标指针移动到单元格右下角,鼠标指针变为黑色十字,即为填充柄时,双击填充柄时,将公式复制到 G 列所有数据单元格即可。

(3) 保存文件。

任务 4

设置数据透视表:数据透视表已添加到数据模型。在"按地区"工作表的 H3 单元格中,使用 GETPIVOTDATA 计算"东北部"地区的"白银级"等级订阅者数量。

一、准备

打开练习文档(\MOS excel 2016\项目 9:地区级别.xlsx)。

二、注释

在 Excel 中,需要使用数据透视表和数据透视图来统计、分析并直观显示各类数据之间的关系等。本任务考查数据透视表的修改和设置。

三、步骤

(1) 在打开的文档中选择"按地区"工作表,单击数据透视表中"东北部"前的"+"按钮,展开东北部数据,如图 3.104①所示。

(2) 在数据透视表工具"分析"选项卡中,选择最左边的"数据透视表"功能区中选择"选项"命令,在下拉列表中确保勾选"生成 GETPIVOTDATA",如图 3.104②所示。

(3) 选择 H3 单元格,输入"=",然后单击"东北部"→"白银级"对应的数字的单元格,即 B5,如图 3.105③所示,按回车键,即完成操作。

(4) 保存文件。

图 3.104 展开数据及设置选项

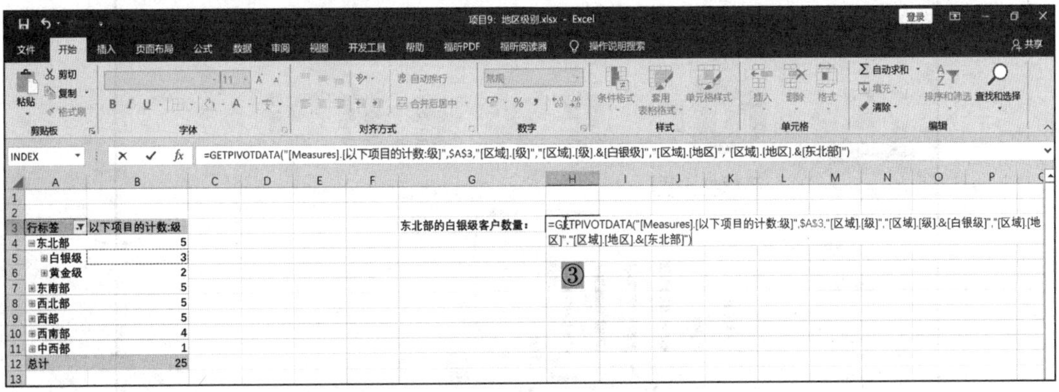

图 3.105　使用 GETPIVOTDATA 函数

任务 5

创建数据透视图：在“按地区”工作表上，创建簇状柱形图、数据透视图，显示每个地区的“黄金级”和“白银级”订阅者数量。

一、准备

打开练习文档(\MOS excel 2016\项目 9：地区级别.xlsx)。

二、注释

在 Excel 中，需要使用数据透视表和数据透视图来统计、分析并直观显示各类数据之间的关系等。本任务考查数据透视图的设置。

三、步骤

(1) 在打开的文档中选择“按地区”工作表，选中数据透视表任一单元格，在数据透视表工具“分析”选项卡中，在“工具”功能区中选择“数据透视图”命令，如图 3.106①所示。

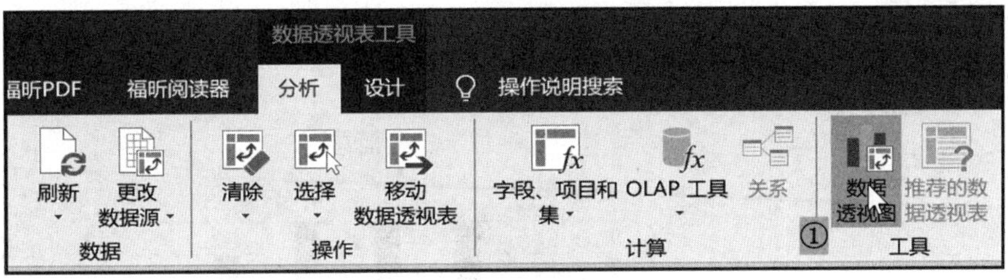

图 3.106　“数据透视图”命令

(2) 在弹出的“插入图表”对话框中，选择“簇状柱形图”，单击“确定”按钮，如图 3.107②所示。

(3) 在簇状柱形图的左下角的手动筛选级中单击第二个按钮“级”，在打开的筛选中确保勾选“白银级”“黄金级”，取消勾选“黄铜级”，然后单击“确定”按钮，如图 3.108③所示。

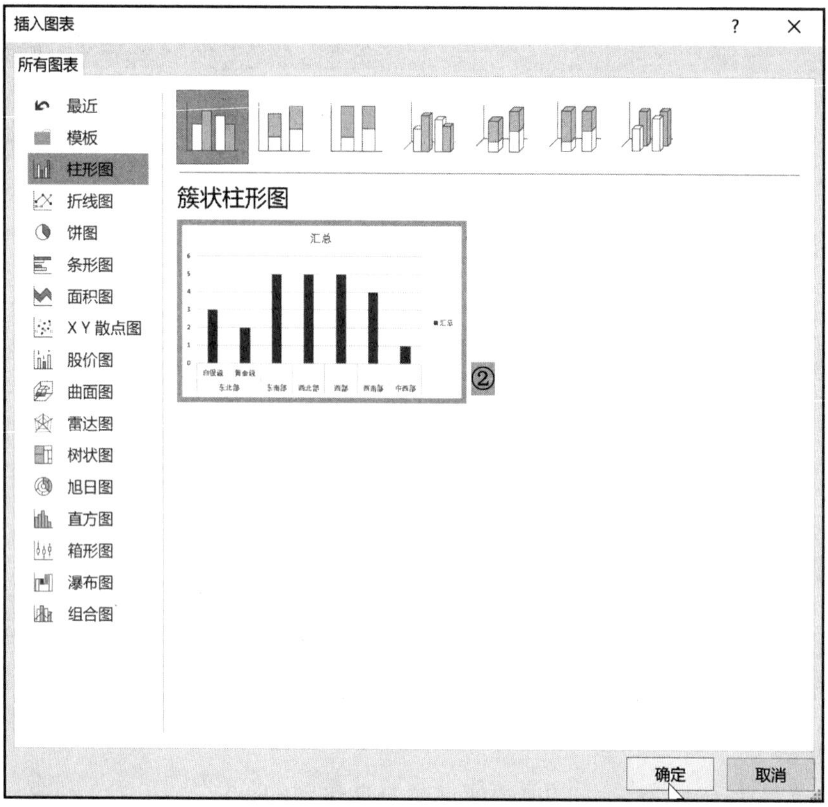

图 3.107　插入图表

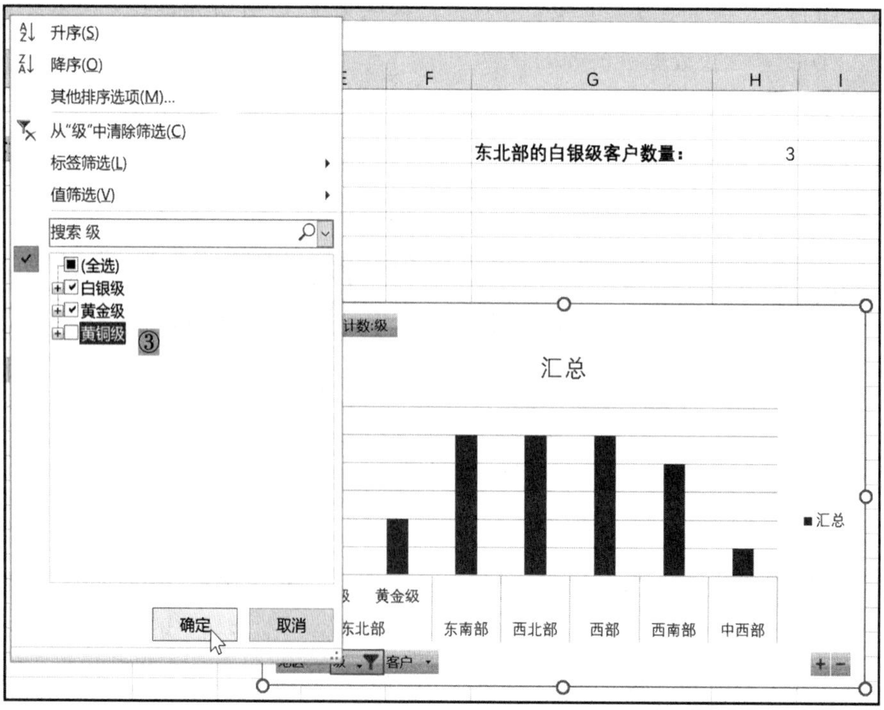

图 3.108　筛选数据

(4) 在簇状柱形图的右下角，单击"＋"按钮，即展开整个字段，完成操作，如图 3.109④所示。

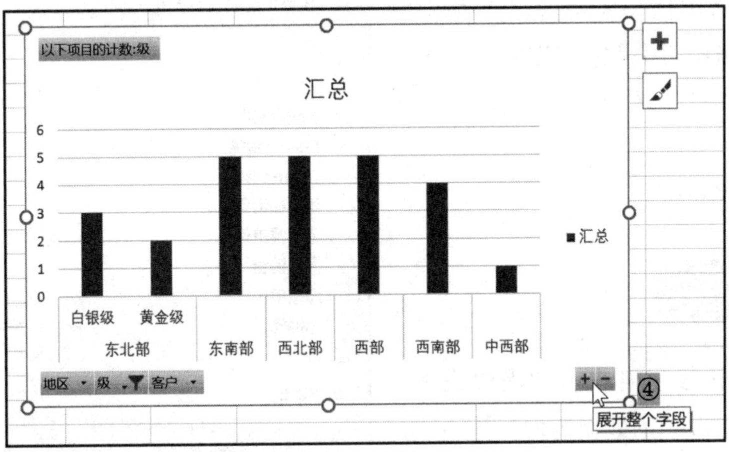

图 3.109　展开整个字段

(5) 保存并关闭文件。

项目十　分析销售情况

项目概述

假设您是深圳微软技术中心的经纪人，您正在回顾去年所有演唱会周边的销售情况。该项目下有五个任务。

任务 1

设置数据透视表字段：在"销售数据透视图"工作表，对数据透视表增加"T-shirt 单价"字段作为筛选项。

一、准备

打开练习文档(\MOS excel 2016\项目 10：经纪人.xlsx)。

二、注释

在 Excel 中，通过修改数据透视表的字段，可以实现对不同筛选项下数据的分析和显示。本任务考查如何设置数据透视表字段中筛选项。

三、步骤

（1）在打开的文档中选择“销售数据透视图”工作表，选中任一单元格，在“数据透视表字段”窗格中，用鼠标左键将“T-shirt单价”拖动到“筛选”区域即可，如图 3.110 所示。

（2）保存文件。

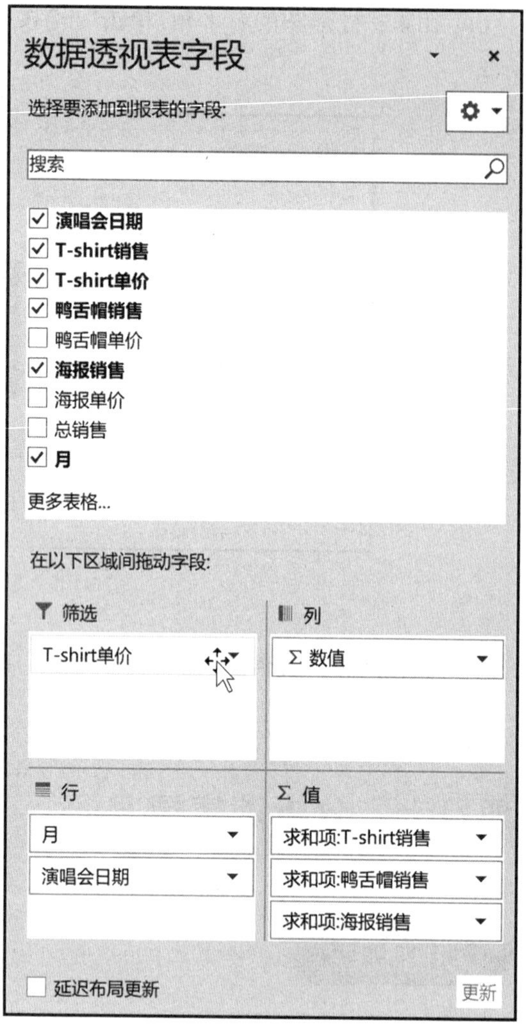

图 3.110 “数据透视表字段”对话框

任务 2

设置单元格数字格式：在“周边成本”工作表中，更改 A 列的数据为西班牙语(墨西哥)并使用“14 de marzo de 2012”类型。更改 C、E、G 和 H 列货币为“ $ 西班牙语(墨西哥)”。

一、准备

打开练习文档(\MOS excel 2016\项目 10：经纪人.xlsx)。

二、注释

在 Excel 中，常常需要设置单元格的数据格式，如设置数据为数值、货币、日期、时间等等格式，以显示不同格式要求。本任务考查如何进行数据格式的设置，该操作在工作表中通过设置单元格格式中的数字格式实现。

三、步骤

（1）在打开的文档中选择“周边成本”工作表，选中 A 列中数据，即 A2：A17，单击“开始”选项卡，在“数字”功能区中点击右下角的拓展按钮，打开“设置单元格格式”对话框，如图 3.111①所示。

（2）在“设置单元格格式”对话框中，选择“数字”选项卡。首先在其左边的分类中选择“日期”，修改右边下方的“区域设置(国家/地区)：”为“西班牙语(墨西哥)”，再修改右边上方的“类型”为“14 de marzo de 2012”，如图 3.112②所示，并单击“确定”按钮，完成操作。

（3）选中 C、E、G 和 H 列中数据，即 C2：C17、E2：E17、G2：G17 和 H2：H17，单击“开始”选项卡，在“数字”功能区中点击右下角的拓展按钮，打开“设置单元格格式”对话框，如图

图 3.111 选中 A 列数据

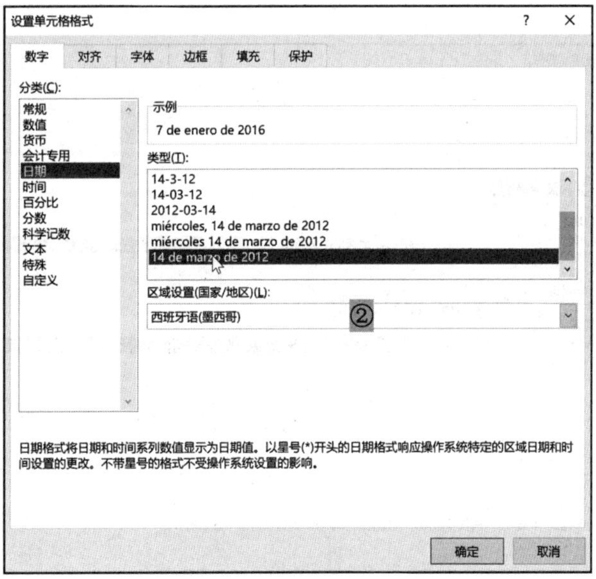

图 3.112 设置日期格式

3.113③所示。

（4）在“设置单元格格式”对话框中，选择“数字”选项卡。首先在其左边的分类中选择“货币”，修改右边“类型”为“＄西班牙语（墨西哥）”，并单击“确定”按钮，完成操作，如图 3.114 ④所示。

（5）保存文件。

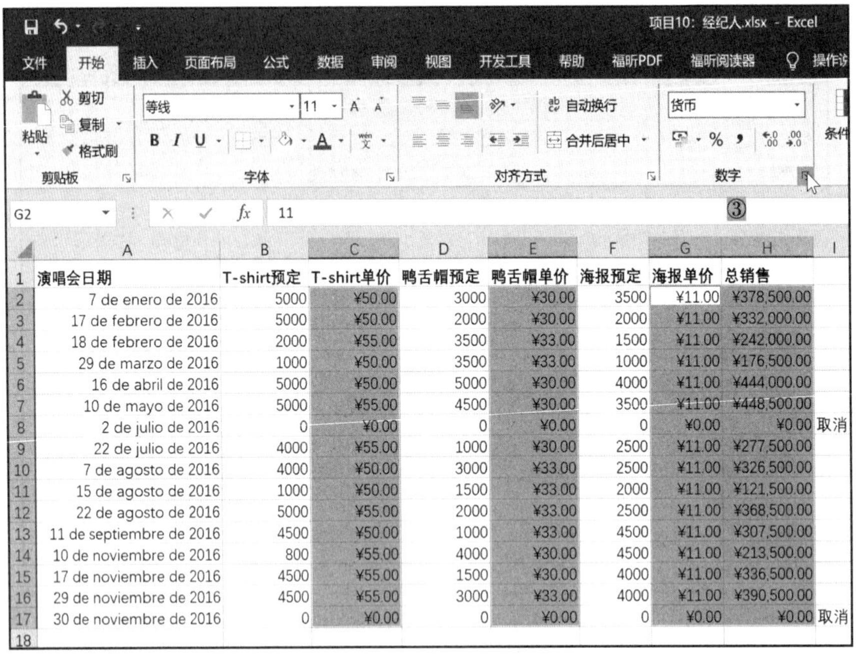

图 3.113　选中 C、E、G 和 H 列数据

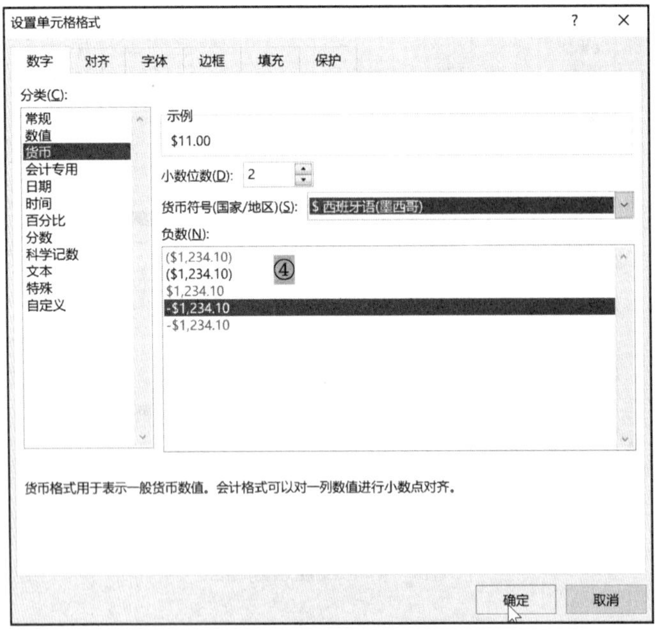

图 3.114　设置货币格式

注 意

本任务与项目一中任务 3、项目六中任务 1 类似，可以进行比较参考。

任务 3

使用条件求和函数——SUMIFS 函数：在“周边销售”工作表的 B19 单元格，计算在所有演唱会上单价低于￥180 且销售过 1500 件的 T-shirt 的总数量。

一、准备

打开练习文档(\MOS excel 2016\项目 10：经纪人.xlsx)。

二、注释

在 Excel 中，条件求和函数是求符合给定条件的单元格数值的和。本任务考查如何使用 SUMIFS 函数，该操作通过插入函数的方法实现。

三、步骤

(1) 在打开的文档中选择“周边销售”工作表，选中 B19 单元格，在其中输入公式为“=SUMIFS(B2:B17,C2:C17,"<180",B2:B17,">1500")”，然后按回车键。

(2) 保存文件。

任务 4

删除名称：移除引用位置为“周边销售！$A$1:$H$17”的名称“销售”。

一、准备

打开练习文档(\MOS excel 2016\项目 10：经纪人.xlsx)。

二、注释

在 Excel 中，定义名称是指为一个区域、常量值或者数组定义一个名称，在之后的使用公式时可以很方便地用所定义的名称代替。本任务考查如何删除名称，该操作通过“公式”选项卡→“定义的名称”功能区→“名称管理器”命令实现。

三、步骤

(1) 在打开的文档中选择“周边销售”工作表，在“公式”选项卡的“定义的名称”功能区中，选择“名称管理器”命令，如图 3.115①所示。

(2) 在“名称管理器”对话框中，在名称框选中名为“销售”的单元格，单击上方的“删除”按钮，在弹出的对话框中点击“确定”按钮，如图 3.116②所示，即可删除该名称，单击右下角的“关闭”按钮关闭“名称管理器”对话框。

(3) 保存文件。

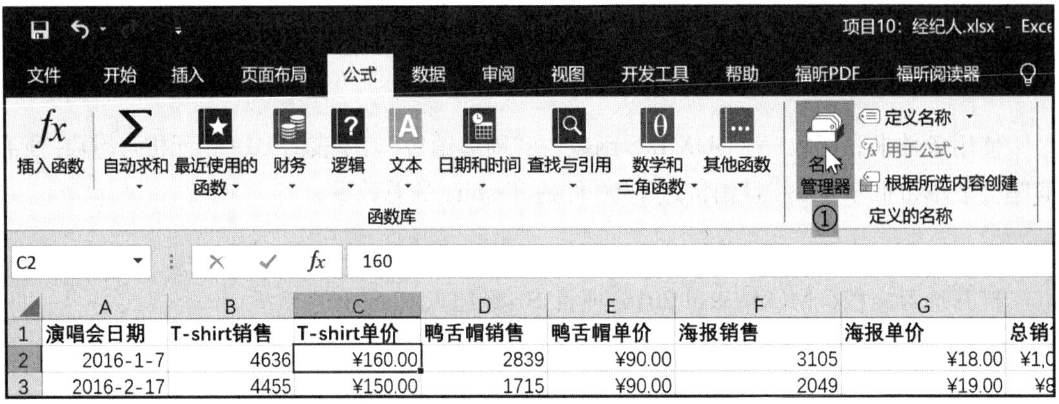

图 3.115 “名称管理器”命令

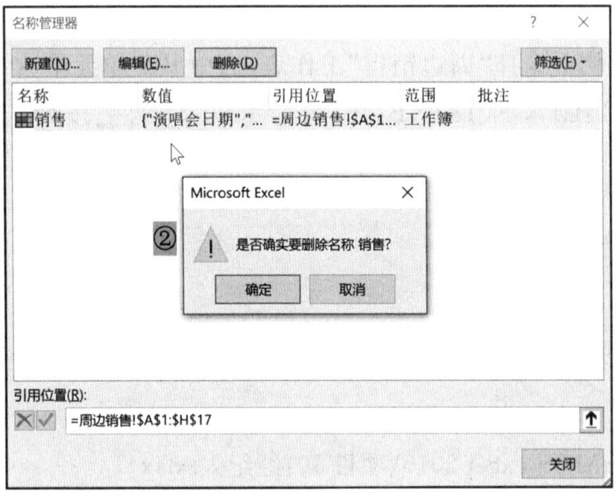

图 3.116 删除名称

任务 5

插入数据透视图：在“成本数据透视图”工作表中，增加一个 3D 堆积柱形图以展示数据透视表中的数据。

一、准备

打开练习文档(\MOS excel 2016\项目 10：经纪人.xlsx)。

二、注释

需要使用数据透视表和数据透视图来统计、分析并直观显示各类数据之间的关系等。本任务考查如何创建数据透视图，该操作通过数据透视“插入”选项卡→“数据透视图”命令实现。

三、步骤

（1）在打开的文档中选择“成本数据透视图”工作表，在数据透视表工具中选择“分析”选项卡，在“工具”功能区中单击“数据透视图”按钮，如图 3.117①所示。

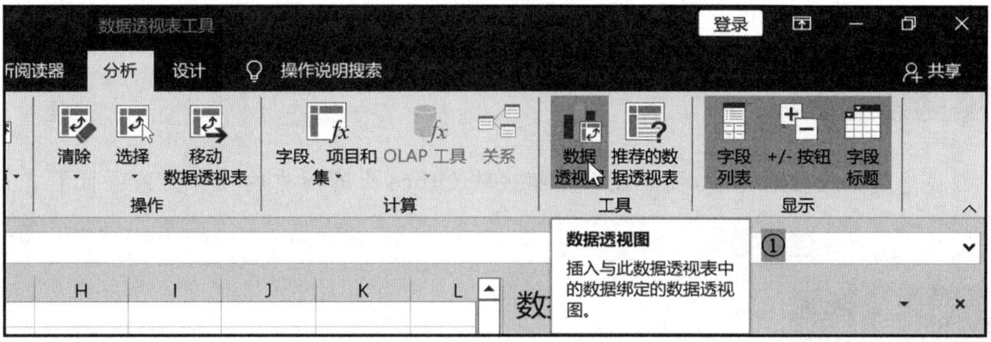

图 3.117　“数据透视图”命令

（2）在“插入图表”对话框中，选择“三维堆积柱形图”，并单击“确定”按钮，完成操作，如图 3.118②所示。

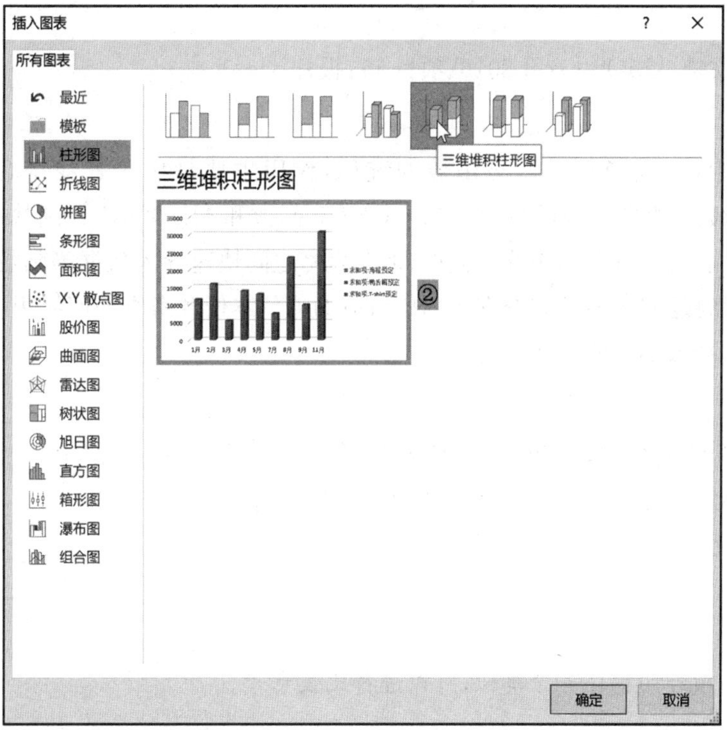

图 3.118　插入三维堆积柱形图

（3）保存并关闭文件。

项目十一 介绍大赛历史

项目概述

假设您是某报社的记者，被分配了介绍微软 Office 大赛历史的任务。该项目下有五个任务。

任务 1

使用查找函数——VLOOKUP 函数：在“未获奖牌”工作表的 B2 单元格，增加一个仅使用一个函数的公式，为“未获奖牌”工作表的 A2 单元格列出的参赛队查找其在“编号”工作表中的“参赛编号”。

一、准备

打开练习文档(\MOS excel 2016\项目 11：报社.xlsx)。

二、注释

在 Excel 中，查找函数是一类函数的统称，作用主要是用于查找符合条件的数据。VLOOKUP 函数是纵向查找函数，它与 LOOKUP 函数和 HLOOKUP 函数属于一类函数，有着广泛的应用，例如可以用来核对数据，多个表格之间快速导入数据等函数功能。其功能是按列查找，最终返回该列所需查询序列所对应的值。本任务考查如何使用 VLOOKUP 函数，该操作通过插入函数的方法实现。

三、步骤

(1) 在打开的文档中，选择“制作计划”工作表，选择 B2 单元格，在其中输入公式“=VLOOKUP(A2，编号！A1：B300，2，0)”，然后按回车键。

(2) 保存文件。

注 意

本任务与项目四中任务 2 类似，可以进行比较参考。

任务 2

保护工作簿：使用密码“ABC”保护工作簿。

一、准备

打开练习文档(\MOS excel 2016\项目 11:报社.xlsx)。

二、注释

在 Excel 中,可以通过设置密码保护以保护工作簿不被用户编辑或者修改。本任务考查如何设置密码保护工作簿,主要通过“审阅”选项卡→“保护”功能区→“保护工作簿”命令实现。

三、步骤

(1) 在打开的文档中,选择“审阅”选项卡→“保护”功能区,单击“保护工作簿”命令,如图 3.119①所示。

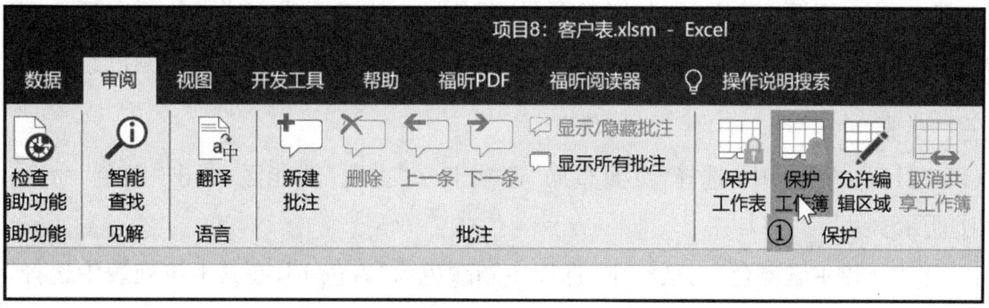

图 3.119　“保护工作簿”命令

(2) 在弹出的“保护结构和窗口”对话框中,在“密码”后输入“ABC”,如图 3.120②所示,单击“确定”按钮。

(3) 在“确认密码”对话框中,在“重新输入密码”后输入“ABC”,如图 3.121③所示,单击“确定”按钮,完成操作。

(4) 保存文件。

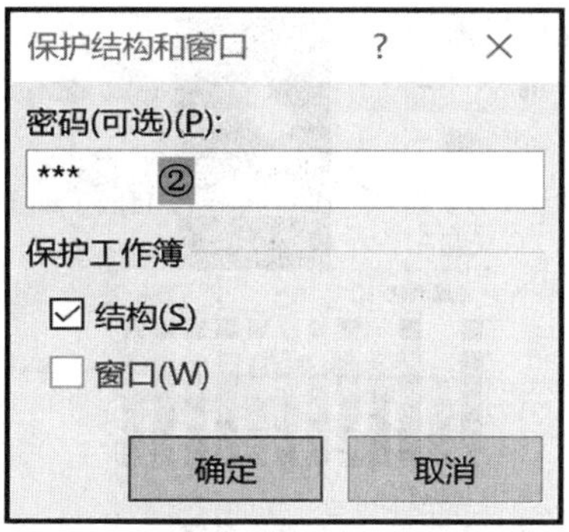

图 3.120　输入密码

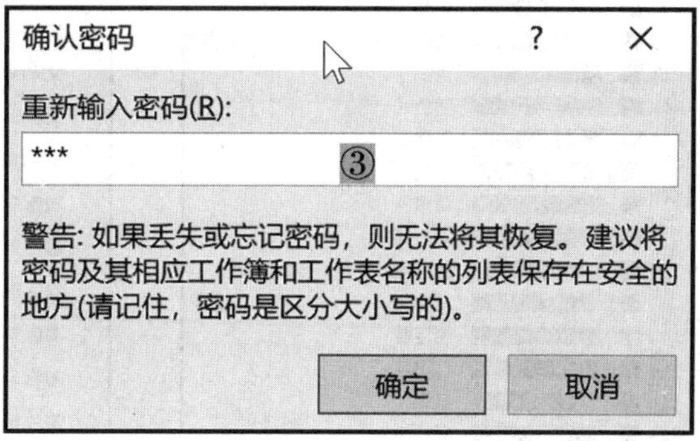

图 3.121　确认密码

注 意

本任务与项目八中任务 2 类似,可以进行比较参考。

任务 3

设置主题颜色：以“着色 1”选项 RGB“255，153，51”创建自定义颜色。将自定义颜色命名为“我的主题”。

一、准备

打开练习文档(\MOS excel 2016\项目 11：报社.xlsx)。

二、注释

在 Excel 中，主题颜色是通过选择不同的调色板来快速更改文档中的所有颜色，可以选择 Office 所定义完成的，也可以由用户自定义。本任务考查如何设置主题颜色。

三、步骤

(1) 在打开的文档中，选择“页面布局”选项卡→“主题”功能区，单击“颜色”命令，如图 3.122①所示。

(2) 在“新建主题颜色”对话框中，选择主题颜色为“着色 1”，在其下拉列表中选择“其他颜色”，如图 3.123②所示。

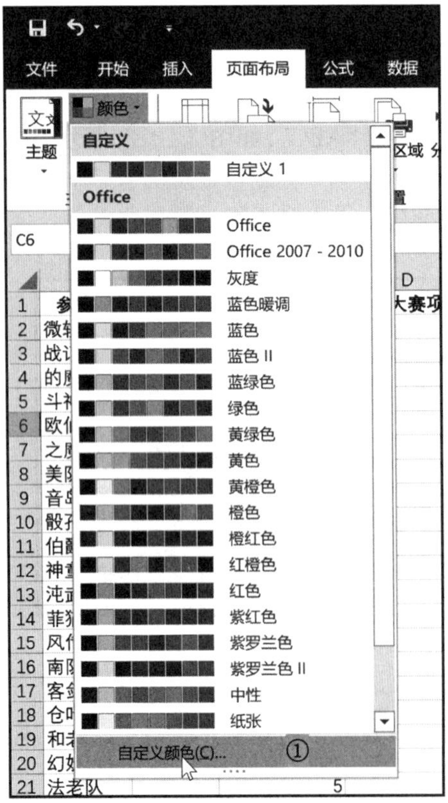

图 3.122 自定义颜色

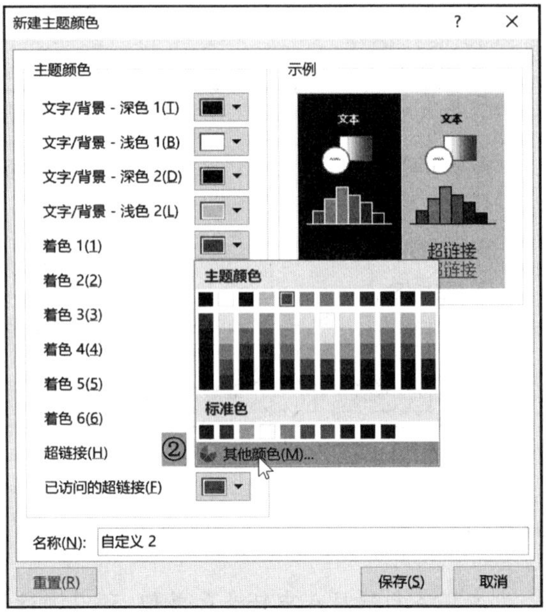

图 3.123 新建主题颜色

（3）在“颜色”对话框中，将颜色定义为 RGB“255，153，51”，并单击“确定”按钮，如图 3.124③所示。

（4）在“新建主题颜色”对话框中，在名称后的文本框中输入“我的颜色”，并单击“保存”按钮，如图 3.125④所示。

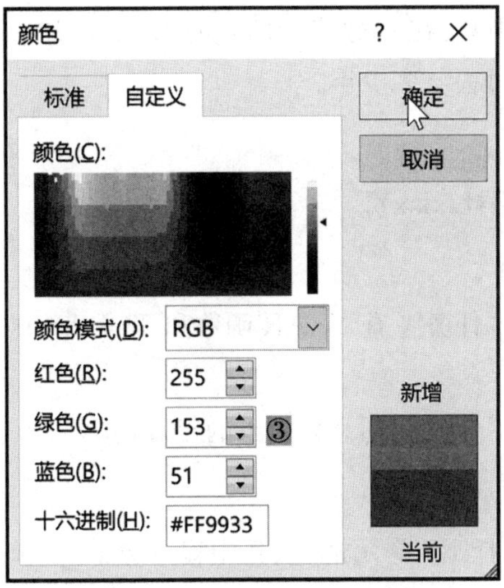

图 3.124　自定义颜色 RGB 值

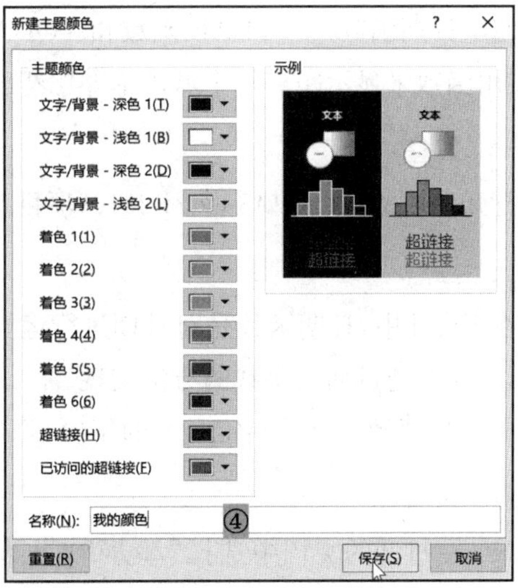

图 3.125　定义颜色名称

（5）保存文件。

任务 4

使用条件函数——IF 函数：在“未获奖牌”工作表的 F2 单元格创建一个公式以显示一个队伍参加了两个赛季或仅参加了夏季大赛。如果队伍参加了两个赛季，显示“都”；如果队伍仅参加了夏季大赛，显示“仅夏季”。

一、准备

打开练习文档(\MOS excel 2016\项目 11：报社.xlsx)。

二、注释

在 Excel 中，条件函数是对设置的条件进行逻辑判断，根据所得到的逻辑结果产生不同的输出。本任务考查 IF 函数的使用，该操作通过插入函数的方法实现。

三、步骤

（1）在打开的文档中选择“未获奖牌”工作表，选择 F2 单元格，在其中输入公式：“＝IF(C2＊D2<>0，"都"，"仅夏季")”，然后按回车键。

（2）选中 F2 单元格，将鼠标指针移动到单元格右下角，鼠标指针变为黑色十字时，即为填充柄，双击填充柄，将公式复制到 F 列所有数据单元格即可。

（3）保存文件。

任务 5

使用日期函数——YEAR 函数和 TODAY 函数：在“举办”工作表的 E 列，创建一个公式，使用函数来显示距离每个城市举办比赛已经过去了多少年。

一、准备

打开练习文档（\MOS excel 2016\项目 11：报社.xlsx）。

二、注释

在 Excel 中，日期函数是对日期进行运算。本任务考查 YEAR 函数和 TODAY 函数的使用，该操作通过插入函数的方法实现。

YEAR 函数是计算给定日期的年份，TODAY 函数返回计算当天的年月日。

三、步骤

（1）在打开的文档中选择“举办”工作表，选择 E2 单元格，在其中输入公式“＝YEAR（TODAY（））－A2”，然后按回车键。

（2）选中 E2 单元格，将鼠标指针移动到单元格右下角，鼠标指针变为黑色十字时，即为填充柄，双击填充柄，将公式复制到 E 列所有数据单元格即可。

（3）保存并关闭文件。

项目十二　分析课程出勤数据

项目概述

假设深圳微软技术中心正着手提供健身课程以吸引新客户。您正在使用 Excel 分析课程出勤数据。该项目下有五个任务。

任务 1

设置单元格格式：在“课堂出勤”工作表上，设置 C 列的格式，使该列中所有的时间值都显示为“h AM/PM”。不要显示分钟。

一、准备

打开练习文档(\MOS excel 2016\项目 12:课堂.xlsx)。

二、注释

在 Excel 中,常常需要设置单元格的数据格式,如设置数据为数值、货币、日期、时间等格式,以显示不同格式要求。本任务考查如何进行数据格式的设置,该操作在工作表中通过设置单元格格式中的数字格式实现。

三、步骤

(1) 在打开的文档中选择"课堂出勤"工作表,选中 C 列数据,即 C2:C31,单击"开始"选项卡,在"数字"功能区中点击右下角的拓展按钮,打开"设置单元格格式"对话框,如图 3.126①所示。

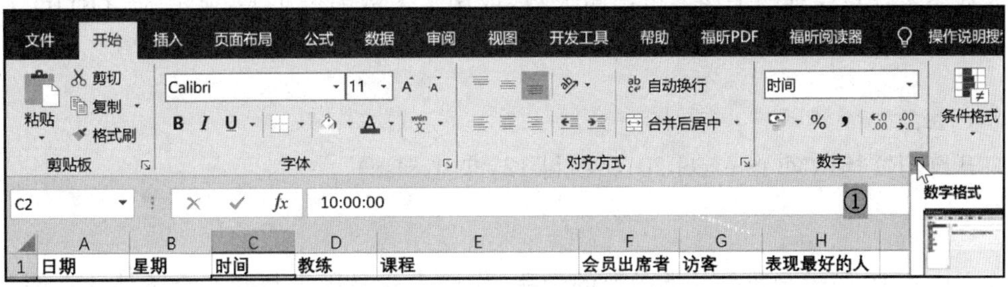

图 3.126　选中 C 列数据

(2) 在"设置单元格格式"对话框中,选择"数字"选项卡。在其左边的分类中选择"自定义",在右边"类型"后输入"h AM/PM",并单击"确定"按钮,完成操作,如图 3.127②所示。

图 3.127　设置数字格式

(3) 保存文件。

注 意

本任务与项目一中任务 3、项目六中任务 1 类似,可以进行比较参考。

任务 2

使用逻辑函数——OR 函数:在“课堂出勤”工作表的列 H 中,插入 OR 函数,如果会员出席人数超过任意课程的平均会员出席人数,或访客人数超过 1 人,显示为“TRUE”,否则显示为“FALSE”。

一、准备

打开练习文档(\MOS excel 2016\项目 12:课堂.xlsx)。

二、注释

在 Excel 中,逻辑函数是一类函数的统称,作用主要是用于判断某个条件的真假,返回逻辑值 TRUE 或 FALSE。在逻辑判断中,0=FALSE,所有非 0 数值=TRUE。OR 函数的作用见项目九中的任务 2。本任务考查如何使用 OR 函数,该操作通过插入函数的方法实现。

三、步骤

(1) 在打开的文档中,选择“课堂出勤”工作表,选择 H2 单元格,在其中输入公式“=OR(F2>AVERAGE($F$2:$F$31),G2>1))”,然后按回车键。

(2) 选中 H2 单元格,将鼠标指针移动到单元格右下角,当鼠标指针变为黑色十字时,即为填充柄,双击填充柄,将公式复制到 H 列所有数据单元格即可。

(3) 保存文件。

注 意

本任务与项目九中任务 1 类似,可以进行比较参考。

任务 3

使用日期函数——WEEKDAY 函数:在“课堂出勤”工作表的列 B 中添加公式,根据同一行列 A 中的日期对应的星期数值,来显示数字“1”至“7”。星期日以数字“1”表示,星期六以数字“7”表示。

一、准备

打开练习文档(\MOS excel 2016\项目 12:课堂.xlsx)。

二、注释

在 Excel 中,日期函数是对日期进行运算。本任务考查 WEEKDAY 函数的使用,该操作通过插入函数的方法实现。

WEEKDAY 函数是计算给定日期所对应的星期数值。

三、步骤

(1) 在打开的文档中,选择“制作计划”工作表,选择 B2 单元格,在其中输入公式:“=WEEKDAY(A2,1)”,然后按回车键。

(2) 选中 B2 单元格,将鼠标指针移动到单元格右下角,鼠标指针变为黑色十字时,即为填充柄,双击填充柄,将公式复制到 B 列所有数据单元格即可。

(3) 保存文件。

任务 4

使用切片器:在“每个教练的课堂出勤情况”工作表中添加切片器,以便用户能够仅显示特定时间提供的课程数据。时间值应精确到小时、分钟和秒。

一、准备

打开练习文档(\MOS excel 2016\项目 12:课堂.xlsx)。

二、注释

在 Excel 中,切片器能够更快且更容易地筛选表、数据透视表、数据透视图和多维数据集函数。本任务考查如何使用切片器。该操作通过数据透视表工具“分析”选项卡→“筛选”功能区→“插入切片器”命令实现。

三、步骤

(1) 在打开的文档中选择“每个教练的课堂出勤情况”工作表,选中数据透视表中的任一单元格,在数据透视表工具“分析”选项卡的“筛选”功能区中,单击“插入切片器”命令,如图 3.128①所示。

图 3.128　“插入切片器”命令

(2) 在弹出的“插入切片器”对话框中,勾选“时间”选项,如图 3.129②所示,再单击

“确定”按钮，完成操作。

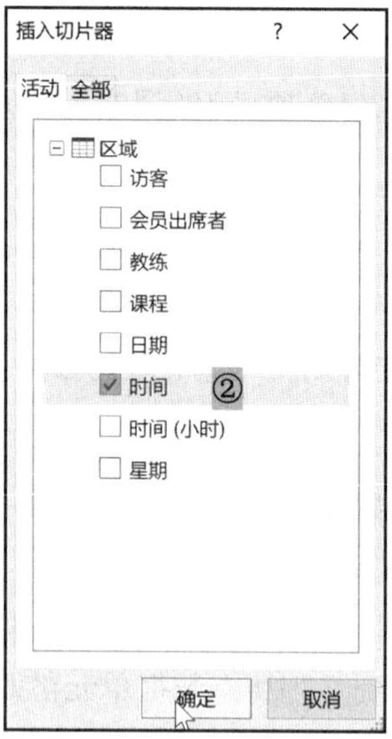

图 3.129　“插入切片器”对话框

(3) 保存文件。

注 意

本任务与项目七中任务 2 类似，可以进行比较参考。

任务 5

创建数据透视图：在新的工作表上创建带数据标记的折线图、数据透视图，显示每个课程的最大会员出席人数和最大访客出席人数。

一、准备

打开练习文档(\MOS excel 2016\项目 12：课堂.xlsx)。

二、注释

需要使用数据透视表和数据透视图来统计、分析并直观显示各类数据之间的关系等。本任务考查如何创建数据透视图，该操作通过数据透视“插入”选项卡→“数据透视图”命令实现。

三、步骤

(1) 在打开的文档中选择“课堂出勤”工作表，选择数据区域中任一单元格，在“插入”选项卡的“图表”功能区中，单击“数据透视图”命令，如图 3.130①所示。

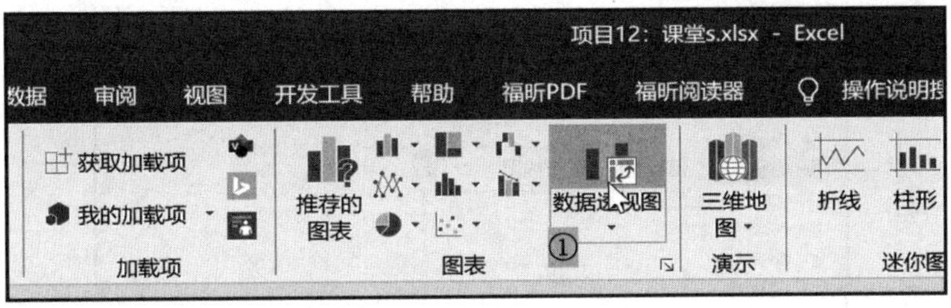

图 3.130 “数据透视图”命令

(2) 在弹出的“创建数据透视图”对话框中，设置表/区域为“A1：H31”，选择放置数据透视图的位置为“新工作表”，如图 3.131②所示，单击“确定”按钮。

(3) 在新建的数据透视图表中，单击数据透视图，在数据透视图工具“设计”选项卡→“类型”功能区，单击“更改图表类型”命令，如图 3.132③所示。

(4) 在打开的“更改图表类型”对话框中，选择图表类型为“折线图”，右侧再选择“带数据标记的折线图”，如图 3.133④所示。

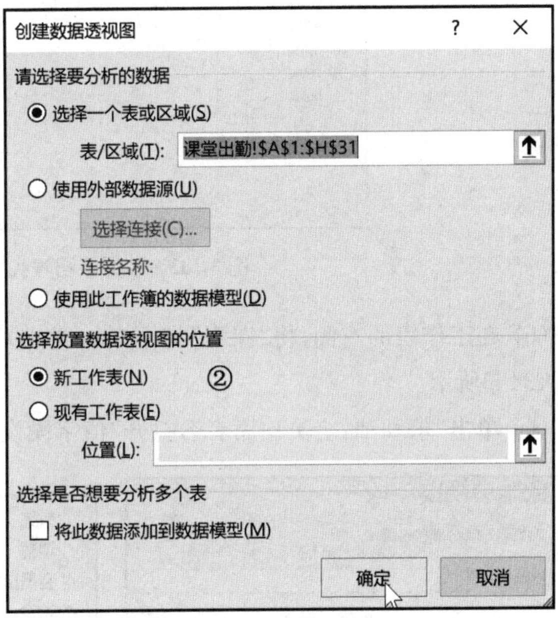

图 3.131 “创建数据透视图”对话框

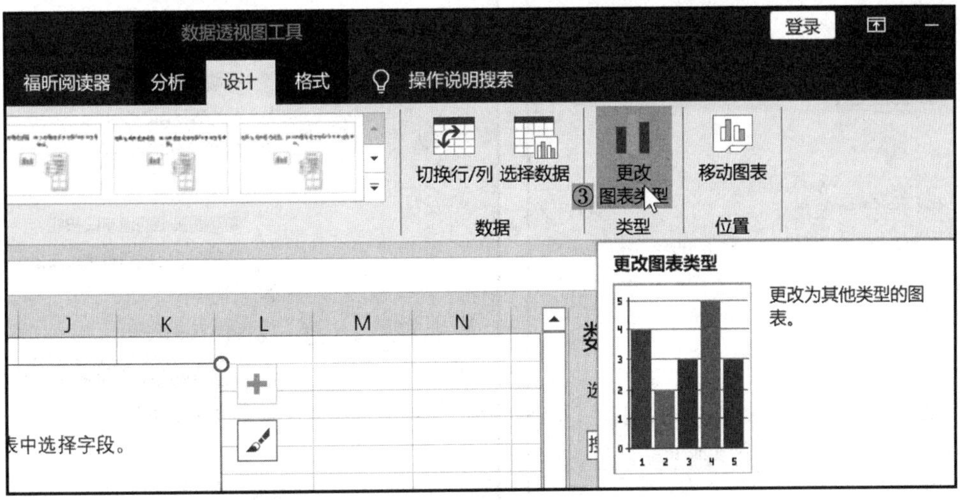

图 3.132 更改图表类型

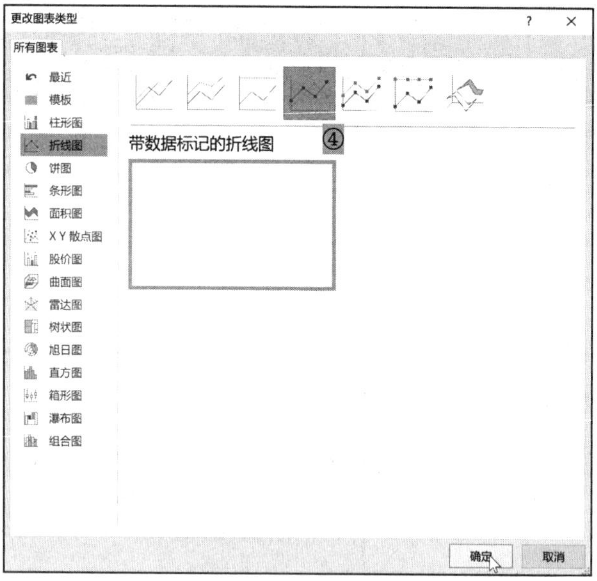

图 3.133　“更改图表类型”对话框

（5）在工作表的右侧，将“课程”拖至“轴（类别）”，将“会员出席者”“访客”拖至“值”，如图 3.134⑤所示。

（6）单击“求和项：会员出席者”，打开“值字段设置”对话框，如图 3.135⑥所示。

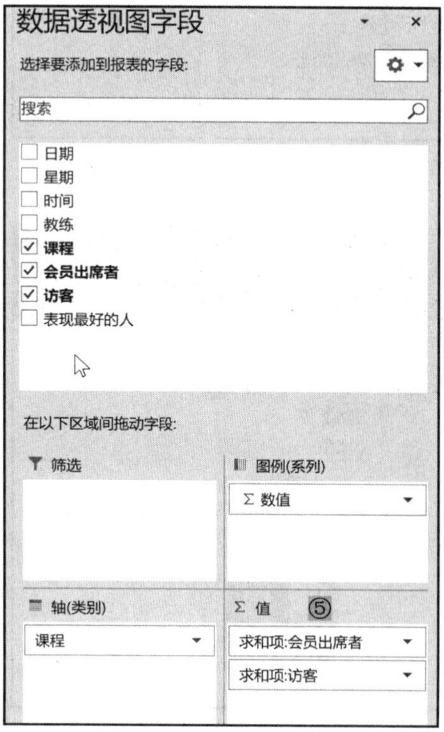

图 3.134　设置数据透视图字段

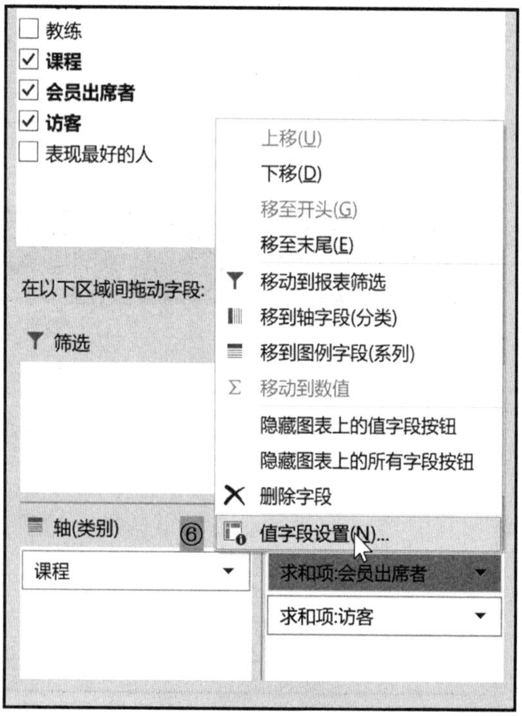

图 3.135　“值字段设置”字段

(7) 在“值字段设置”对话框中，将“值汇总方式”设置为“最大值”，如图 3.136⑦所示，单击“确定”按钮。

(8) 按照第(7)步设置“访客”的“值汇总方式”也为“最大值”，完成操作，如图 3.137⑧所示。

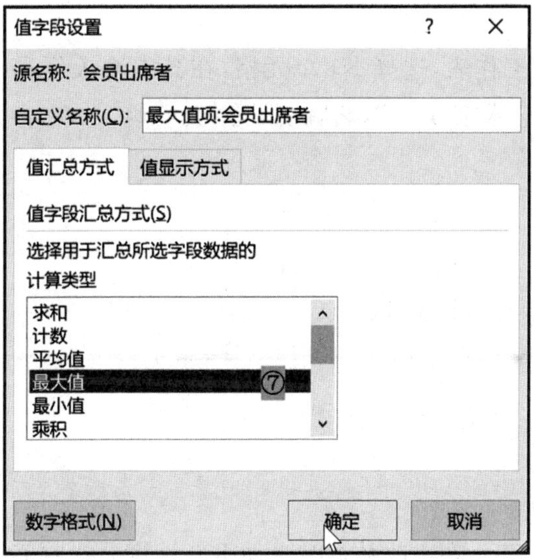

图 3.136　设置值字段汇总方式

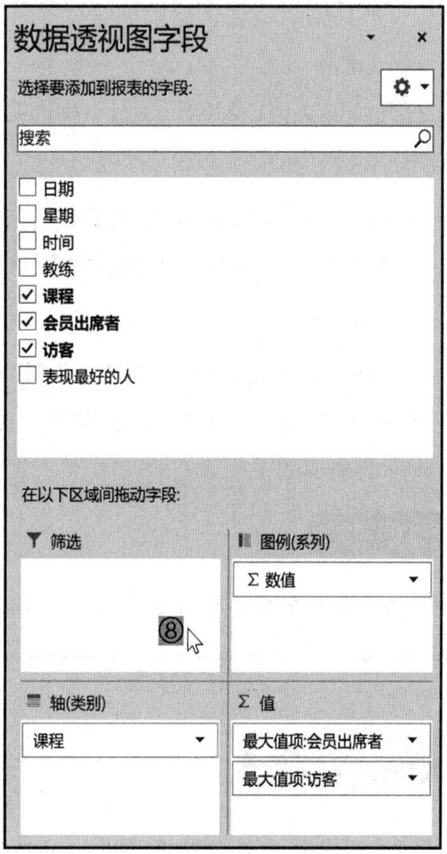

图 3.137　设置完成

(9) 保存并关闭文件。

项目十三　制作奖学金工作簿

项目概述

假设深圳微软技术中心基于比赛的评审结果和企业赞助发放奖学金。您正在制作确定奖学金金额的电子表格。该项目下有五个任务。

任务 1

使用平均函数——AVERAGE 函数：在“企业赞助”工作表的 K1 单元格中，添加公式，使用“汇总”行中的结构化引用，计算所有公司为每位艺术家提供的平均赞助。

一、准备

打开练习文档(\MOS excel 2016\项目 13：比赛.xlsx)。

二、注释

在 Excel 中，AVERAGE 函数的作用是求指定单元格区域中数值的平均值，应用很广泛。本任务考查 AVERAGE 函数使用，该操作通过插入函数的方法实现。

三、步骤

(1) 在打开的文档中，选择“企业赞助”工作表，选择 K1 单元格，在其中输入公式：“=AVERAGE(赞助[[#汇总],[艺术家 1]:[艺术家 5]])”，然后按回车键。

(2) 保存文件。

注 意

本任务与项目九中任务 1 类似，可以进行比较参考。

任务 2

修改工作簿计算选项：修改 Excel 选项，防止在更改数据时自动重新计算公式数值。在保存工作簿时要重新计算“公式”数值。

一、准备

打开练习文档(\MOS excel 2016\项目 13：比赛.xlsx)。

二、注释

在 Excel 文档中，会需要将某一工作簿设置为保存之前重新计算。本任务考查如何设置工作簿计算选项，该操作通过“文件”选项卡→“选项”命令设置实现。

三、步骤

(1) 在打开的文档中选择“文件”选项卡，在“文件”选项卡左下方选择“选项”命令。

(2) 在弹出的“Excel 选项”对话框左边选择“公式”命令，在对话框右边“计算选项”中，勾选“手动重算”，并勾选“保存工作簿前重新计算”，再单击“确定”按钮，如图 3.138 所示。

(3) 保存文件。

图 3.138　设置计算选项

注 意

本任务与项目一中任务 1 类似，可以进行比较参考。

任务 3

设置条件格式：在“企业赞助”工作表的单元格 A2:A11 中添加条件格式规则，对承诺赞助超过“￥3000”的所有公司名称应用 RGB“146，208，80”的填充颜色。

一、准备

打开练习文档(\MOS excel 2016\项目 13：比赛.xlsx)。

二、注释

在 Excel 中，条件格式功能可以将满足特定条件的单元格内容突出显示，或者填充特定的背景颜色，或者将内容的字体格式进行特定显示。本任务考查如何设置条件格式，该操作通过“开始”选项卡→“样式”功能区→“条件格式”命令实现。

三、步骤

（1）在打开的文档中选择“企业赞助”工作表，选择单元格区域 A2：A11，选择“开始”选项卡，在“样式”功能区中单击“条件格式”按钮，在下拉列表中选择“新建规则”，如图3.139①所示。

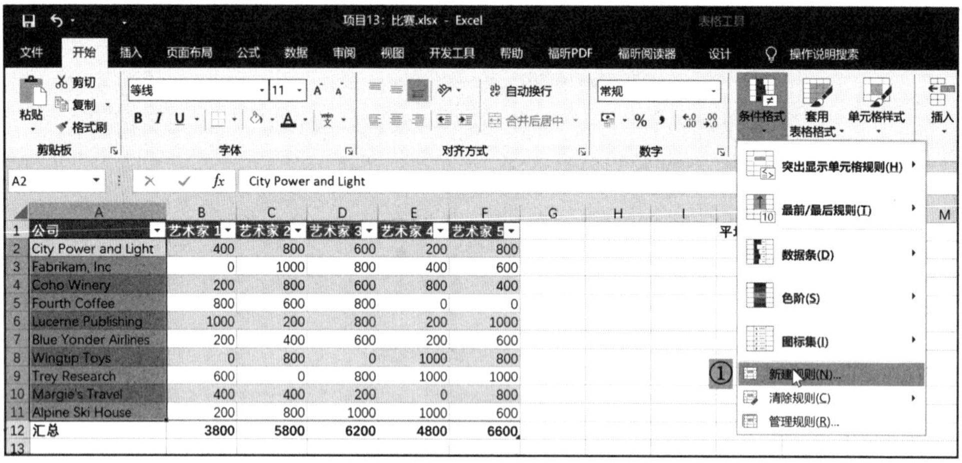

图 3.139 “新建规则”命令

（2）在“新建格式规则”对话框中，选择规则类型为“使用公式确定要设置格式的单元格”；选择 A2：A11 单元格，将光标定位到“编辑规则说明”下的文本框中，输入“=sum（$B2：$F2）>3000”，再单击“格式”按钮，如图 3.140②所示。

（3）在弹出的“设置单元格格式”对话框中，选择“填充”选项卡，单击“其他颜色”按钮，如图 3.141③所示。

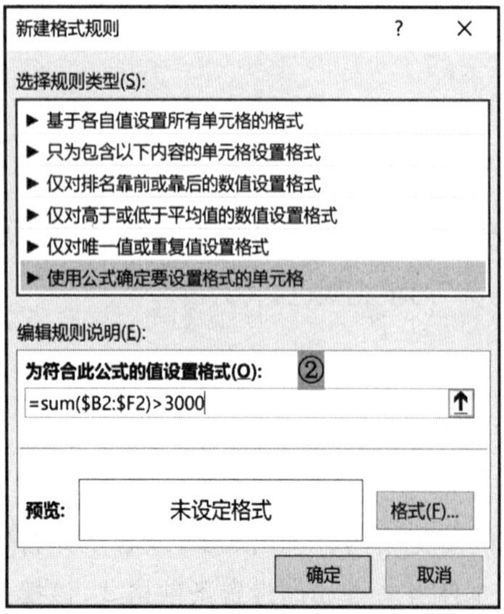

图 3.140 编辑规则

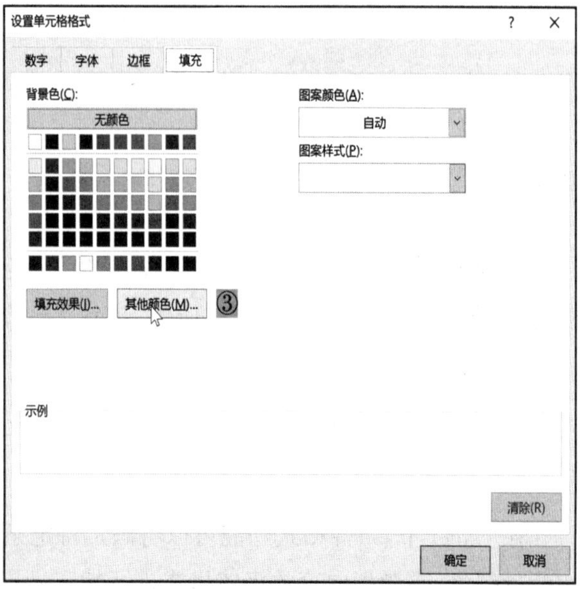

图 3.141 填充颜色

(4) 在弹出的“颜色”对话框中，在红色、绿色、蓝色后依次输入“146”“208”“80”，并单击“确定”按钮，如图 3.142④所示。

(5) 单击“设置单元格格式”对话框“确定”按钮，单击“新建格式规则”的“确定”按钮，即完成操作，如图 3.143⑤所示。

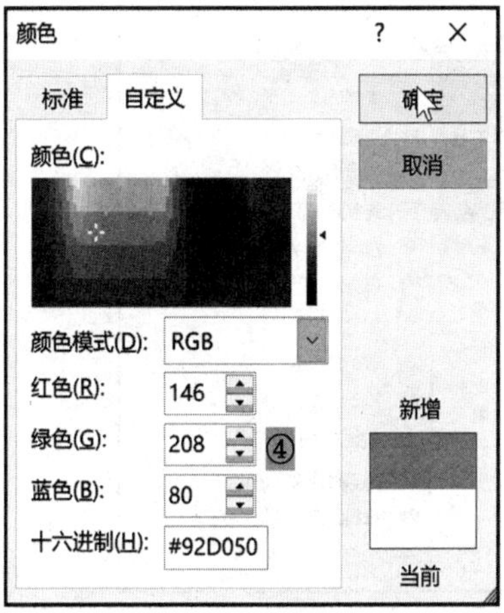

图 3.142　设置颜色 RGB 值

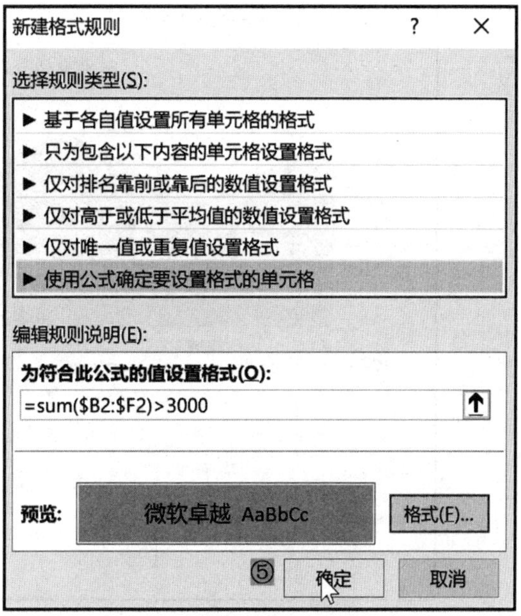

图 3.143　编辑规则

(6) 保存并关闭文件。

注　意

本任务与项目三任务 1、项目五任务 4、项目六任务 2 类似，可以进行比较参考。

任务 4

图表模板：在“奖项公告”工作表上，使用“奖项图表”的名称将图表作为模板保存到“Charts”文件夹。

一、准备

打开练习文档(\MOS excel 2016\项目 13：比赛.xlsx)。

二、注释

在 Excel 中，图表模板可以为用户提供高效的、已有固定格式的表格。本任务考查如何自定义图表模板。

三、步骤

(1) 在打开的文档中，选择“奖项图表”工作表，在图表中单击右键，在右键菜单中选择“另存为模板”命令，如图 3.144①所示。

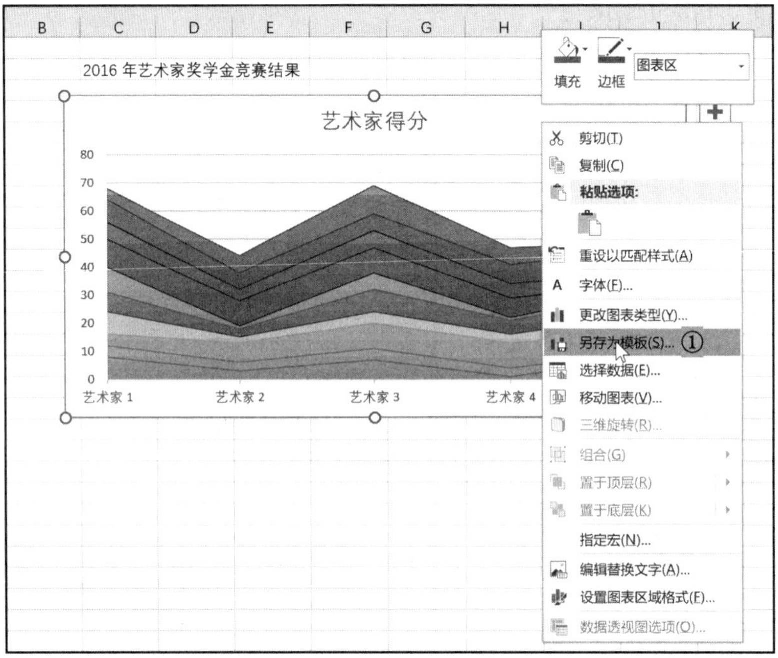

图 3.144　“另存为模板”命令

(2) 在“保存图表模板”对话框中，在文件名后的文本框中输入“奖项图表”，并单击“保存”按钮，完成操作，如图 3.145②所示。

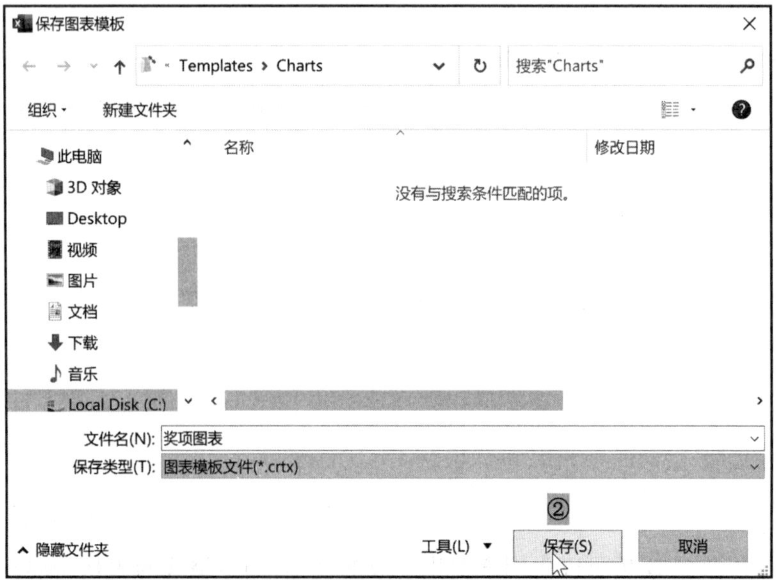

图 3.145　保存图表模板

（3）保存文件。

任务 5

保护工作表：除非输入密码“Password”，阻止其他用户修改“评委投票”工作表中的数据。用户可以选择和格式化单元格、列以及行，而不必输入密码。

一、准备

打开练习文档（\MOS excel 2016\项目 13：比赛.xlsx）。

二、注释

在 Excel 中，可以通过设置密码保护以此来保护工作表不被用户编辑或者修改。本任务考查如何设置密码保护，主要通过“审阅”选项卡→“保护”功能区→“保护工作表”命令完成。

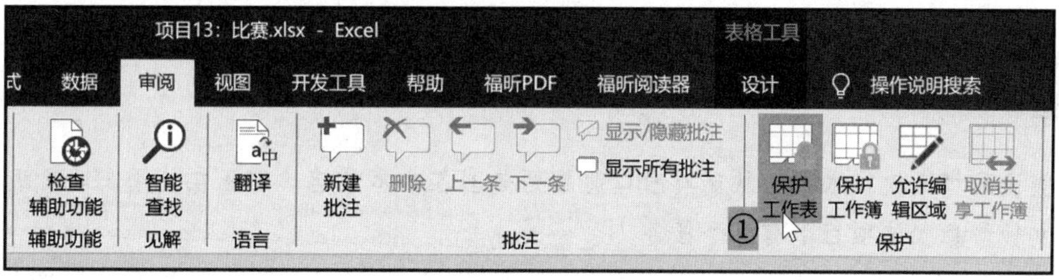

图 3.146　“保护工作表”命令

三、步骤

（1）在打开的文档中，选中“评委投票”工作表，选择“审阅”选项卡→“保护”功能区，单击“保护工作表”命令，如图 3.146①所示。

（2）在弹出的“保护工作表”对话框中，在密码后输入“Password”，并勾选“选定锁定单元格”“选定解除锁定的单元格”“设置单元格格式”“设置列格式”“设置行格式”，单击“确定”按钮，如图 3.147②所示。

（3）在“确认密码”对话框中，在“重新输入密码”后输入“Password”，单击“确定”按钮，如图 3.148③所示，即完成操作。

（4）保存文件。

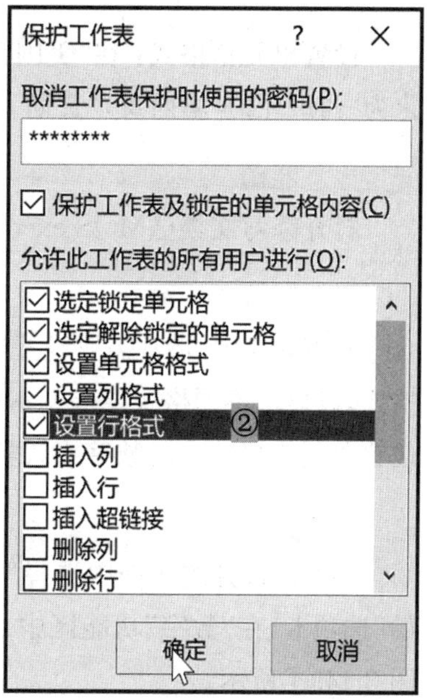

图 3.147　“保护工作表”对话框

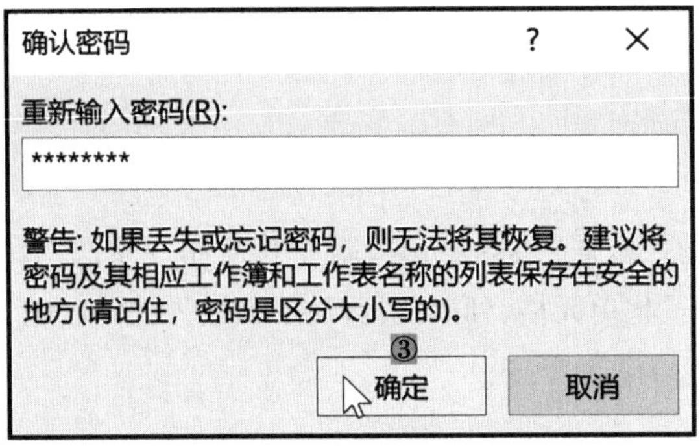

图 3.148 “确认密码”对话框

项目十四 跟踪和分析发货信息

项目概述

假设深圳微软技术中心从瑞典出口商品到美国各个零售店。您正在使用 Excel 跟踪和分析发货信息。该项目下有五个任务。

任务 1

设置单元格格式：在“美国交货”工作表上，使用格式“14 de marzo de 2012”将列 A 格式化为“西班牙语(墨西哥)”日期。

一、准备

打开练习文档(\MOS excel 2016\项目 14：零售店.xlsx)。

二、注释

在 Excel 中，常常需要设置单元格的数据格式，如设置数据为数值、货币、日期、时间等格式，以显示不同格式要求。本任务考查如何进行数据格式的设置，该操作在工作表中通过设置单元格格式中的数字格式实现。

三、步骤

(1) 在打开的文档中选择“美国交货”工作表，选中 A 列中数据，即 A2：A59，单击“开始”选项卡，在“数字”功能区中点击右下角的拓展按钮，打开“设置单元格格式”对话框，如图 3.149①所示。

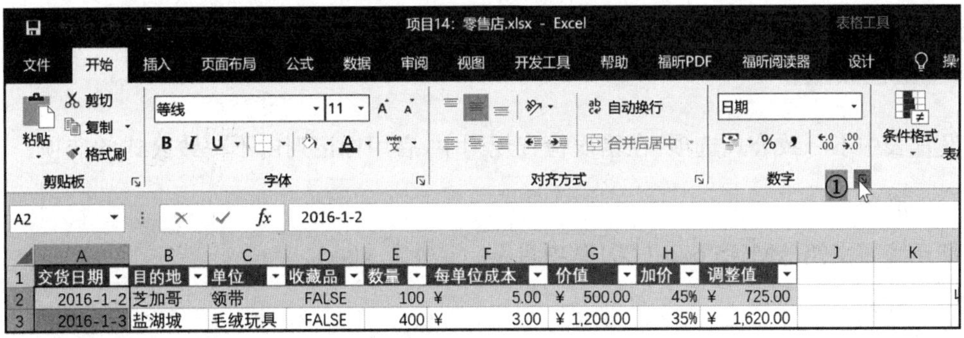

图 3.149　选中 A 列数据

(2) 在“设置单元格格式”对话框中，选择“数字”选项卡。首先在其左边的分类中选择“日期”，修改右边下方的“区域设置(国家/地区)：”为“西班牙语(墨西哥)”，再修改右边上方的“类型”为“14 de marzo de 2012”，如图 3.150②所示，并单击“确定”按钮，完成操作。

(3) 保存文件。

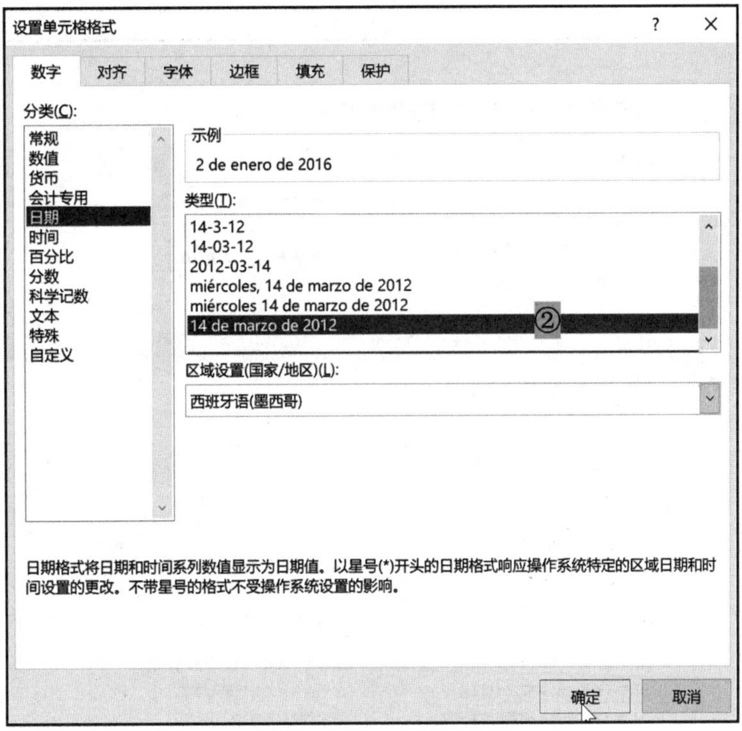

图 3.150　设置单元格格式

注 意

本任务与项目十中任务 2 类似，可以进行比较参考。

任务 2

设置表中不一致公式选项：在错误检查规则中，启用标记列内不一致公式的选项。

一、准备

打开练习文档(\MOS excel 2016\项目 14：零售店.xlsx)。

二、注释

Excel 中，公式计算过程中可以设置错误检查规则，本任务考查如何设置错误检查规则，该操作通过“文件”选项卡→“选项”命令→“公式”命令实现。

三、步骤

(1) 在打开的文档中，在“文件”选项卡左下方选择“选项”命令，打开“Excel 选项”对话框，在其左下方选择“公式”，在右边勾选“错误检查规则”中的“表中不一致的计算列公式”，如图 3.151 所示。

图 3.151 “Excel 选项”对话框

(2) 保存文件。

任务 3

创建组合图表：在“美国交货”工作表上创建图表，在横轴上显示“单位”。每次发货的“价值”显示为“簇状柱形图”，每次发货的“加价”显示为“折线图”。

一、准备

打开练习文档(\MOS excel 2016\项目 14：零售店.xlsx)。

二、注释

在 Excel 文档中，常常需要用图表来形象化地表示数据之间的关系以及变化趋势等，Excel 中提供了丰富的图表类型供用户选择。本任务考查组合图表的使用。

三、步骤

(1) 在打开的文档中，选择“美国交货”工作表，选择 C1：C59 单元格区域，按下【Ctrl】键，继续选择 G1：H59 区域，在“插入”选项卡的“图表”功能区中，选择“推荐的图表”命令，如图 3.152①所示。

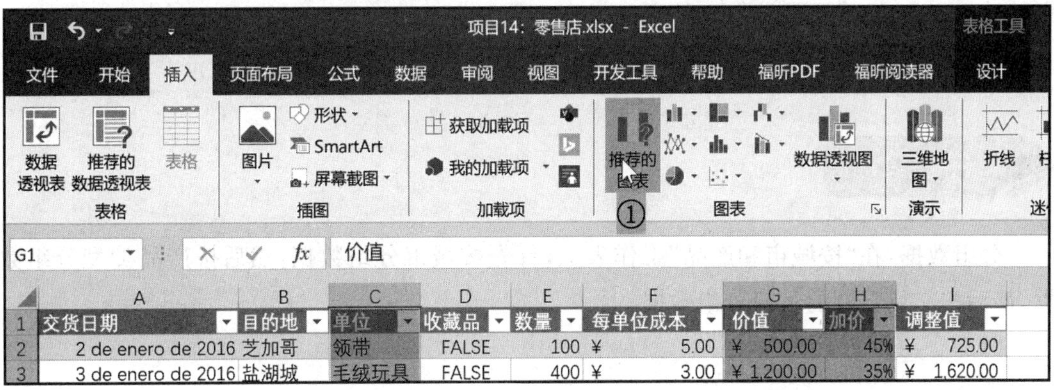

图 3.152　打开图表设置

(2) 在“插入图表”对话框中，单击“所有图表”选项卡，在其左下方选择“组合图”，设置“价值”的图表类型为“簇状柱形图”，设置“加价”的图表类型为“折线图”，并勾选加价的“次坐标轴”选项，单击“确定”按钮，如图 3.153②所示。

(3) 保存文件。

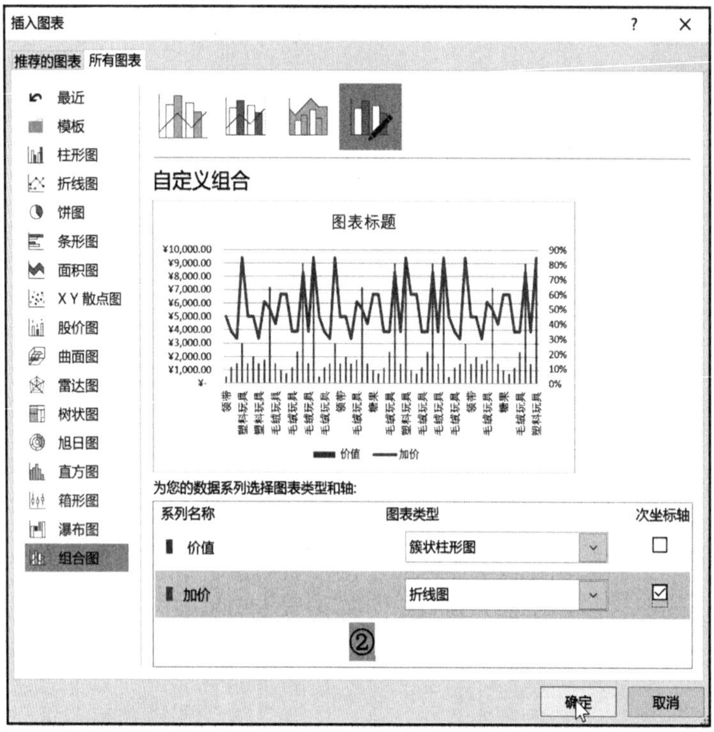

图 3.153　设置组合图表

任务 4

分组数据：在“按城市和产品”工作表上，首先按城市分组数据，然后按产品类型分组数据，最后按交货日期的月份分组数据。

一、准备

打开练习文档(\MOS excel 2016\项目 14：零售店.xlsx)。

二、注释

在 Excel 中，可以通过修改数据透视表的相关参数，实现用户所要求的输出。本任务考查如何修改数据透视表，该操作在数据透视表的相关设置中实现。

三、步骤

(1)在打开的文档中，选择“按城市和产品”工作表，鼠标右击任意一个日期，在其右键菜单中选择“组合”命令，如图 3.154①所示。

(2) 在“组合”对话框中，将步长设置为“月”，并单击“确定”按钮，如图 3.155②所示。

(3) 保存文件。

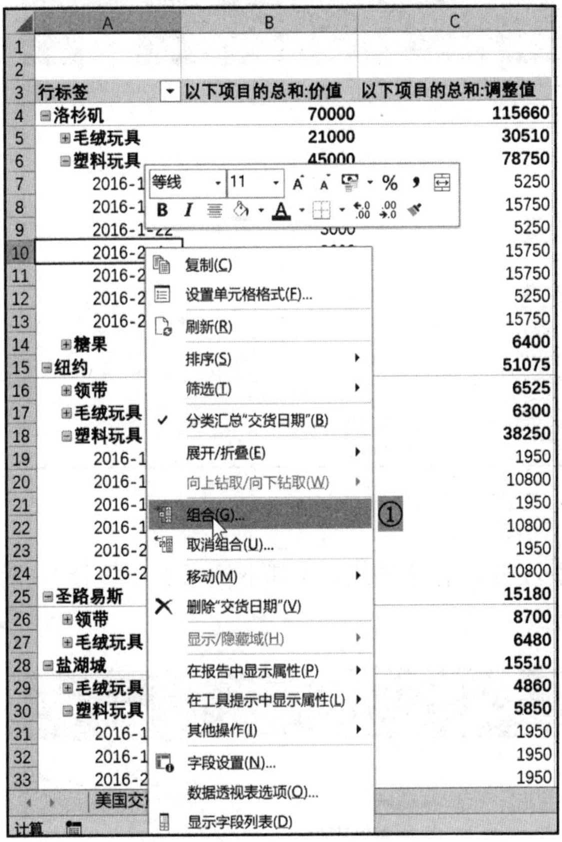

图 3.154　“组合”命令

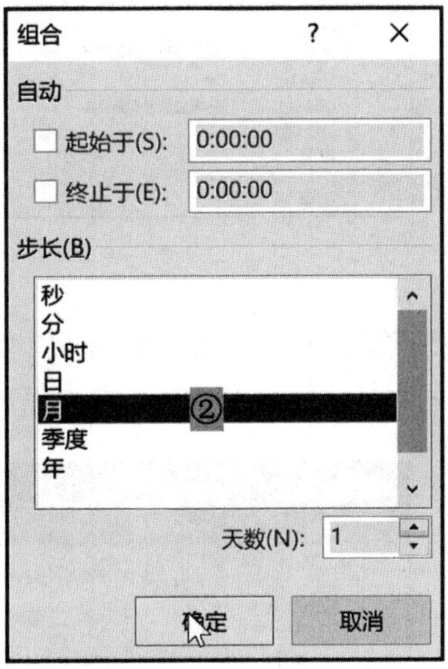

图 3.155　设置组合步长

任务 5

设置数据透视表格式：在“按城市和产品”工作表上，以表格形式显示数据，并在每个项目后插入一个空行。

一、准备

打开练习文档(\MOS excel 2016\项目 14：零售店.xlsx)。

二、注释

在 Excel 中，可以通过修改数据透视表的相关参数，实现用户所要求的输出。本任务考查如何设置数据透视表以表格形式显示数据，该操作在数据透视表的相关设置中实现。

三、步骤

(1) 在打开的文档中，选择“按城市和产品”工作表，选择任一单元格，在数据透视表工具“设计”选项卡的“布局”功能区中，选择“报表布局”，在其下拉列表中选择“以表格形式显示”，如图 3.156①所示。

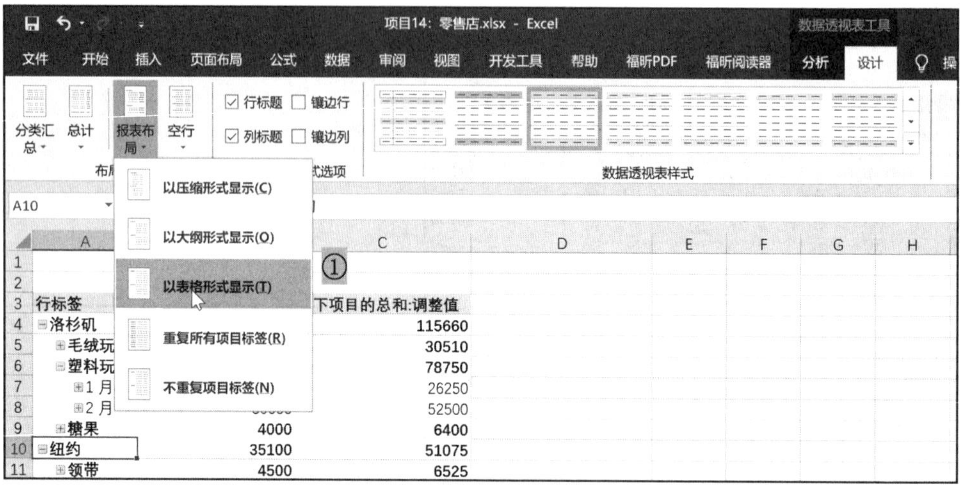

图 3.156　以表格形式显示

（2）在“设计”选项卡“布局”功能区中，选择“空行”命令，在其下拉列表中选择“在每个项目后插入空行”即可，如图 3.157②所示。

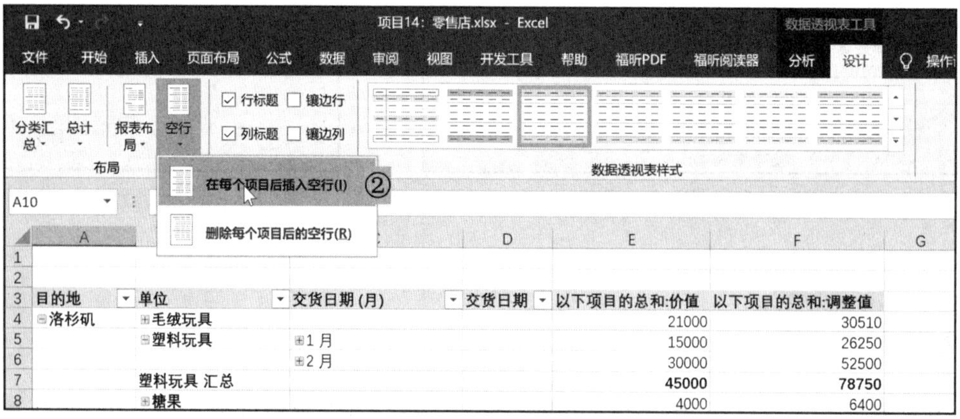

图 3.157　在每个项目后插入空行

（3）保存并关闭文件。

项目十五　制作年末销售摘要文件

项目概述

假设您在深圳微软技术中心的销售部门工作，您正在制作经理开会使用的年末销售摘要文件。该项目下有五个任务。

任务 1

使用样式：通过添加红色底端双边框来修改“我的标题”样式。

一、准备

打开练习文档(\MOS excel 2016\项目 15：销售摘要.xlsx)。

二、注释

在 Excel 中，单元格样式可以为工作表提供特定的显示格式。本任务考查单元格样式的修改，该操作通过实现。

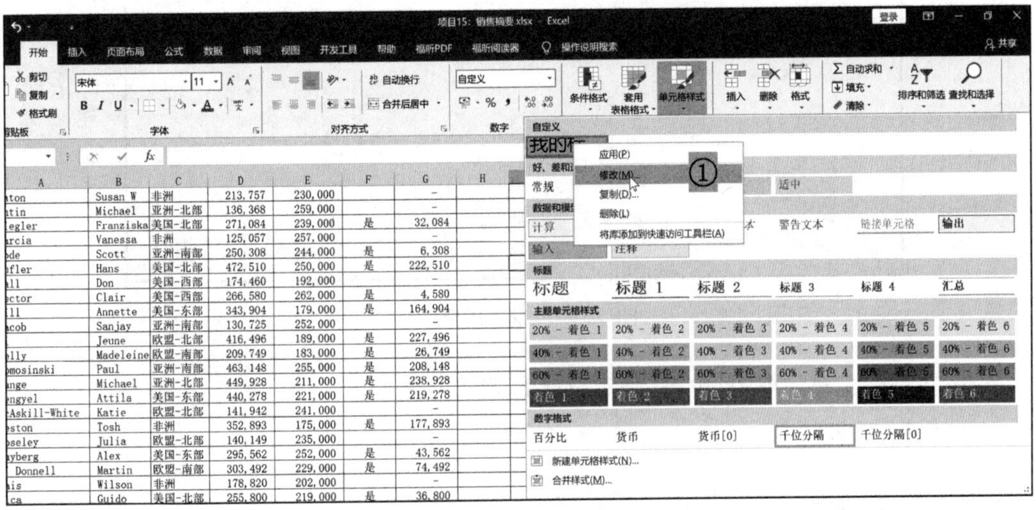

图 3.158　修改单元格样式

三、步骤

(1) 在打开的文档中，选择“开始”选项卡“样式”功能区，单击“单元格样式”命令，在其下拉列表中右击自定义的“我的标题”，在其右键菜单中选择“修改(M)…”命令，如图 3.158①所示。

(2) 在“样式”对话框中，单击“格式”按钮，如图3.159②所示。

(3) 在“设置单元格格式”对话框中，选择“边框”选项卡，设置样式为“双线”，颜色为“标准色红色”，在右侧底端边框位置单击，出现红色双线底端边框即可，如图 3.160③所示。

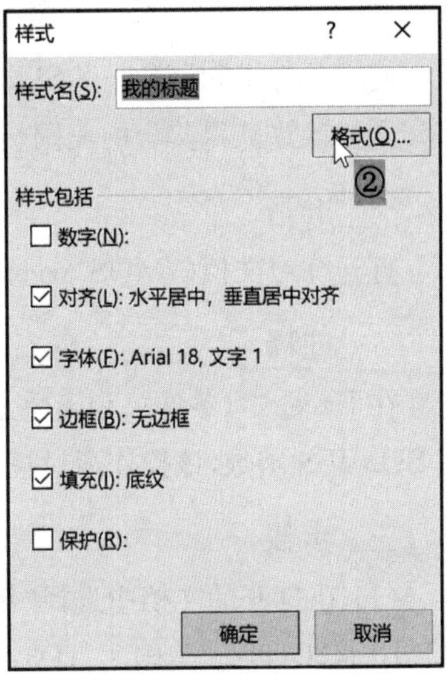

图 3.159　修改样式格式

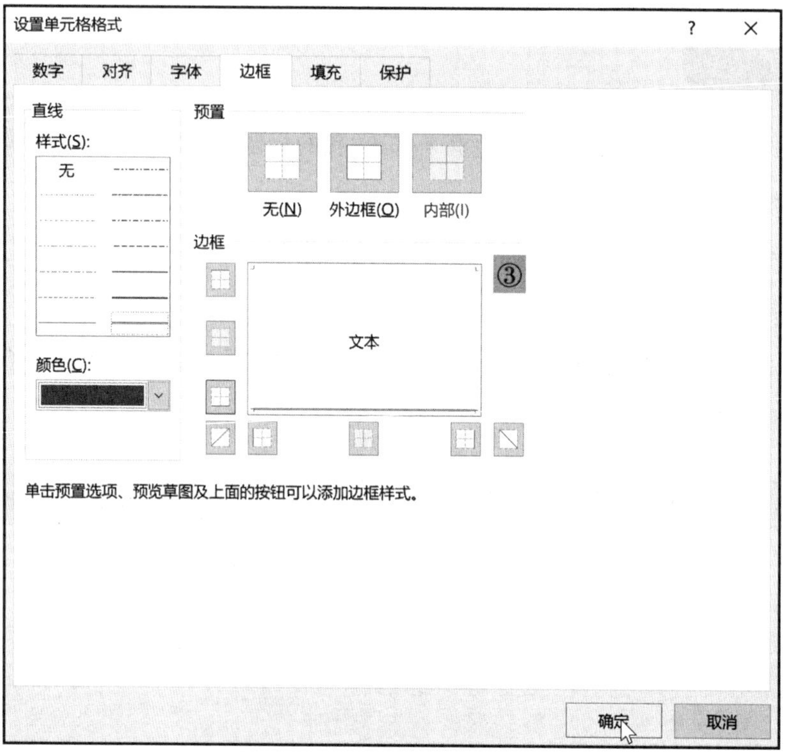

图 3.160　设置边框格式

(4) 在"样式"对话框中，单击"确定"按钮，完成操作。

(5) 保存文件。

任务 2

使用条件求和函数——SUMIF 函数：在"年度销售额"工作表的单元格 L3 中，使用条件求和函数计算获得奖金的美国员工的总销售额。

一、准备

打开练习文档(\MOS excel 2016\项目 15：销售摘要.xlsx)。

二、注释

在 Excel 中，条件求和函数是求符合给定条件的单元格数值的和。本任务考查如何使用 SUMIFS 函数，该操作通过插入函数的方法实现。

三、步骤

(1) 在打开的文档中选择"年度销售额"工作表，选中 L3 单元格，在其中输入公式为"=SUMIF(C3:C52,"美国 * ",D3:D52)"，然后按回车键。

(2) 保存文件。

注　意

本任务与项目十中任务 3 类似，可以进行比较参考。

任务 3

使用查找函数——VLOOKUP 函数：在“年度销售额”工作表的列 H 中，使用 VLOOKUP 函数从“佣金费率”表检索每位员工赚取的佣金费率。不要更改引用列中的任何值。（=VLOOKUP(G3,佣金！ $A$3：$B$10,2,TRUE)）

一、准备

打开练习文档(\MOS excel 2016\项目 15：销售摘要.xlsx)。

二、注释

在 Excel 中，查找函数是一类函数的统称，作用主要用于查找符合条件的数据。VLOOKUP 函数是纵向查找函数，它与 LOOKUP 函数和 HLOOKUP 函数属于一类函数，有着广泛的应用，例如可以用来核对数据，多个表格之间快速导入数据等函数功能；其功能是按列查找，最终返回该列所需查询序列所对应的值。本任务考查如何使用 VLOOKUP 函数，该操作通过插入函数的方法实现。

三、步骤

(1) 在打开的文档中，选择“年度销售额”工作表，选择 H2 单元格，在其中输入公式“=VLOOKUP(G3,佣金！ $A$3：$B$10,2,TRUE”，然后按回车键。

(2) 选中 H2 单元格，将鼠标指针移动到单元格右下角，当鼠标指针变为黑色十字时，即为填充柄，双击填充柄，将公式复制到 H 列所有数据单元格即可。

(3) 保存文件。

注　意

本任务与项目四中任务 2、项目十一中任务 1 类似，可以进行比较参考。

任务 4

定义名称：在“年度销售额”工作表上，将单元格区域 C3：C52 命名为“地区”。名称创建在工作簿范围内。

一、准备

打开练习文档(\MOS excel 2016\项目 15:销售摘要.xlsx)。

二、注释

在 Excel 中,定义名称是指为一个区域、常量值或者数组定义一个名称,在之后使用公式时可以很方便地用所定义的名称代替。本任务考查如何定义名称。

三、步骤

(1) 在打开的文档中选择"年度销售额"工作表,选中 C3:C52 单元格,在工作表的左上方的名称框中输入"地区",并按回车键,即完成操作。

(2) 保存并关闭文件。

注 意

本任务与项目四中任务 5 类似,可以进行比较参考。

任务 5

修改名称:修改工作簿中的名称"销售摘要",使其仅包含单元格区域 K3:L6。(单击公式→名称管理器→选中"销售摘要"→单击"编辑"→将引用位置:=年度销售额! $K$2:$L$6,修改为 =年度销售额! $K$3:$L$6,确定)

一、准备

打开练习文档(\MOS excel 2016\项目 15:销售摘要.xlsx)。

二、注释

在 Excel 中,定义名称是指为一个区域、常量值或者数组定义一个名称,在之后使用公式时可以很方便地用所定义的名称代替。本任务考查如何修改名称。

三、步骤

(1) 在打开的文档中选择"销售摘要"工作表,在"公式"选项卡的"定义的名称"功能区中,选择"名称管理器"命令,如图 3.161①所示。

(2) 在"名称管理器"对话框中,单击选中名称"销售摘要",在其引用位置后的文本框中修改为:"=年度销售额! $K$3:$L$6",并单击"关闭"按钮,如图 3.162②所示。

(3) 在弹出的对话框中单击"是",确认所做的更改,如图 3.163③所示。

(4) 保存并关闭文件。

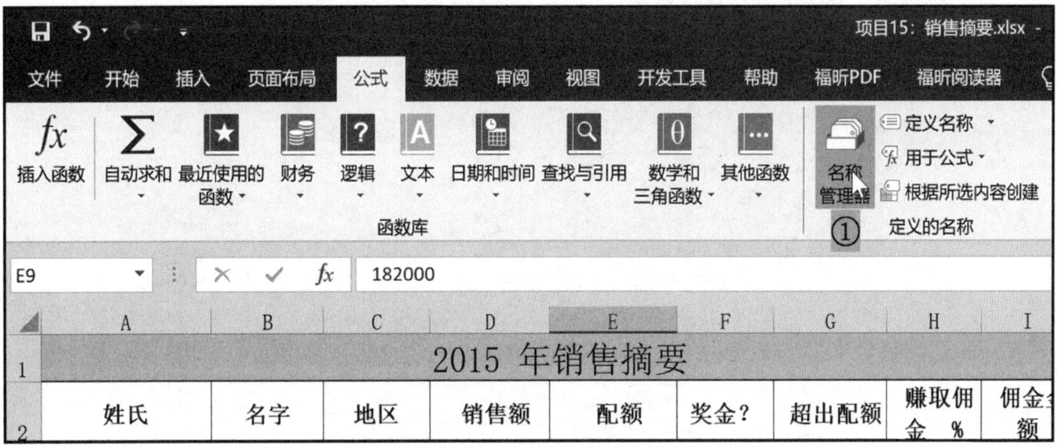

图 3.161　“名称管理器”命令

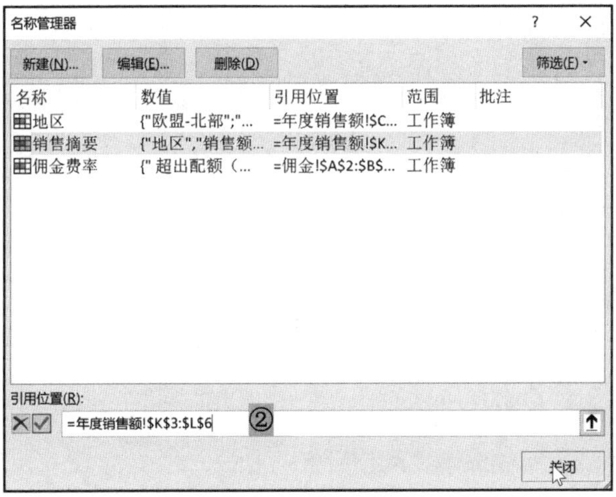

图 3.162　修改引用位置

图 3.163　确认修改

模块四 MOS PowerPoint 2016 Specialist

项目一 创建年度会议演示文稿

项目概述

假设您要为深圳微软技术中心创建年度会议演示文稿。该项目下有七个任务。

任务 1

新建名为“自定义 1”的幻灯片版式，图片占位符位于左侧，文本占位符位于右侧。保留所有默认占位符，适当调整新占位符的大小和位置。

一、准备

打开练习文档(\MOS PPT 2016\项目 1：汽车保险.pptx)。

二、注释

在 PowerPoint 文档中，经常会有多张幻灯片需要使用同一种版式，包括文本、图片、图表、表格、多媒体等内容的排版。如果将需要使用的版式添加到幻灯片母版中，在需要时应用这种版式将会方便很多。本任务考查如何新建幻灯片版式，该操作在视图的幻灯片母版中实现。

三、步骤

(1) 在打开的文档中选择“视图”选项卡，如图 4.1①所示。

(2) 在“视图”选项卡中选择“幻灯片母版”视图，如图 4.1②所示。

(3) 在“幻灯片母版”视图中单击“插入版式”，如图 4.2①所示。

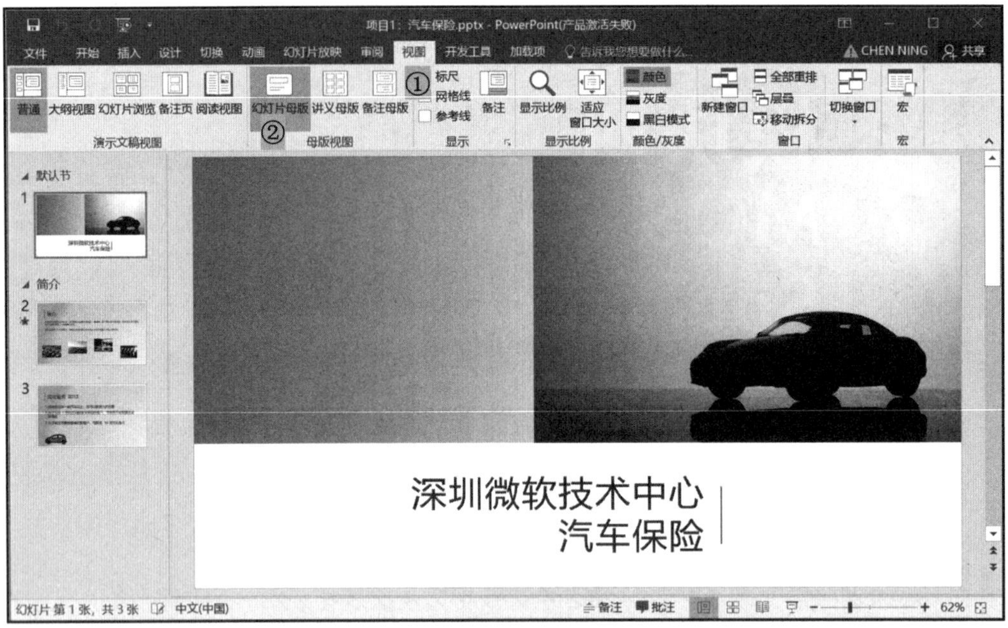

图 4.1　选择幻灯片母版视图

(4) 右击左边缩略图中出现的新的自定义版式(图 4.2②)，在弹出的快捷菜单中选择“重命名版式”菜单命令，如图 4.2③所示。

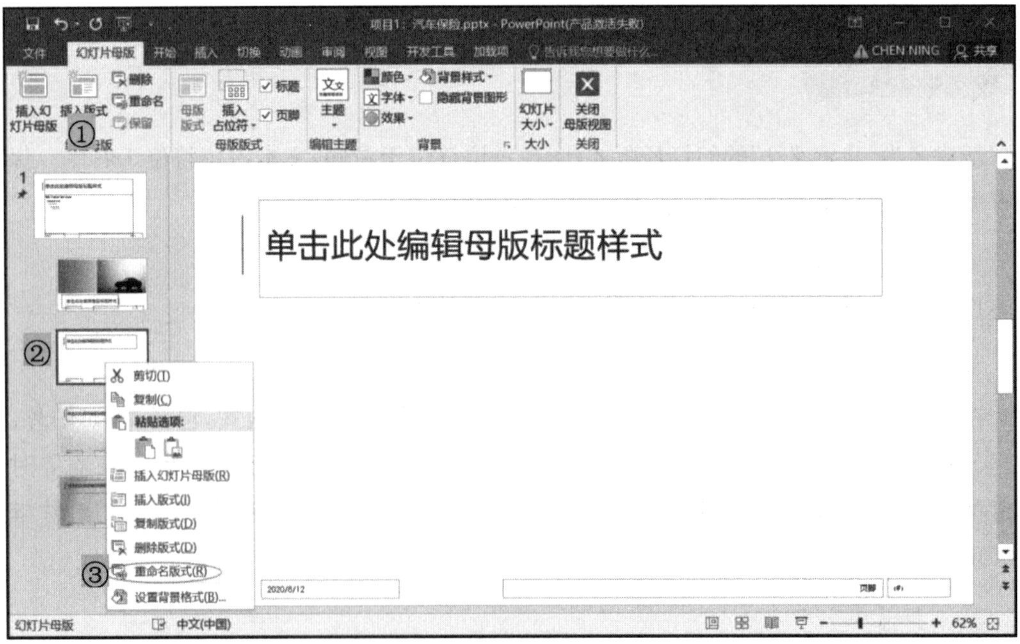

图 4.2　选择重名命版式

(5) 在“重命名版式”对话框中输入版式名称“自定义 1”，单击“重命名”按钮返回“幻灯片母版”视图，如图 4.3④所示。

（6）在“幻灯片母版”视图中单击“插入占位符”（图 4.4⑤），在下拉列表中选择“图片”，如图 4.4⑥所示，这时光标变成“＋”字，拖动鼠标在“自定义 1”版式的幻灯片窗格中绘制图片占位符。

（7）重复同样操作在“自定义 1”版式的幻灯片窗格中绘制文本占位符。

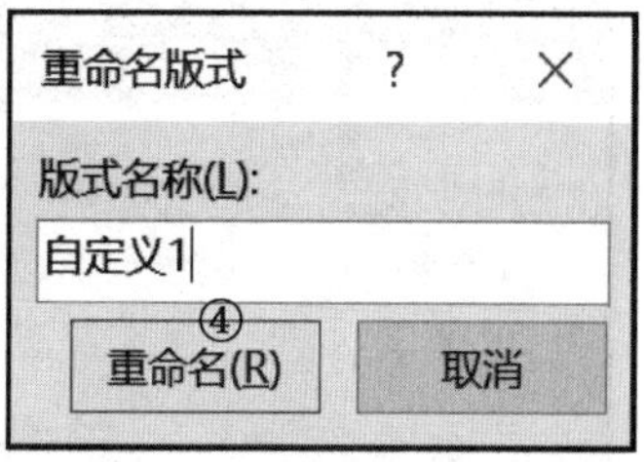

图 4.3　“重命名版式”对话框

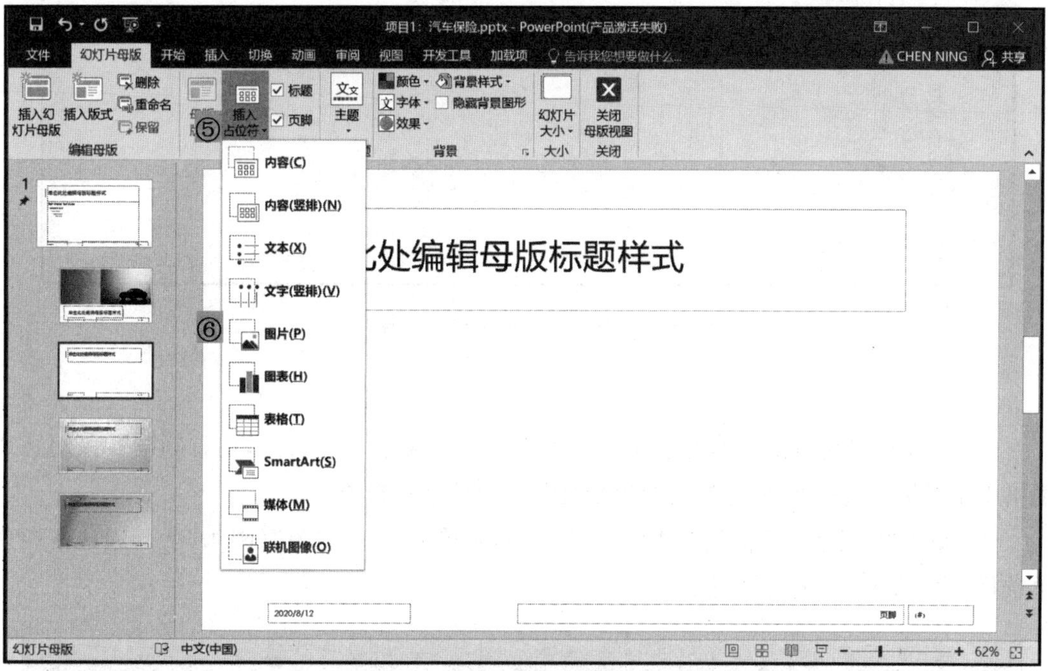

图 4.4　选择图片占位符

（8）保留其他默认占位符，适当调整新占位符的大小和位置，效果如图 4.5 所示。

（9）在“幻灯片母版”视图中单击“关闭母版视图”按钮返回普通视图。

任务 2

排列幻灯片 2 上的图片，使其垂直居中对齐。

一、准备

打开练习文档(\MOS PPT 2016\项目 1：汽车保险.pptx)。

二、注释

本任务考查如何设置幻灯片图片的对齐方式。

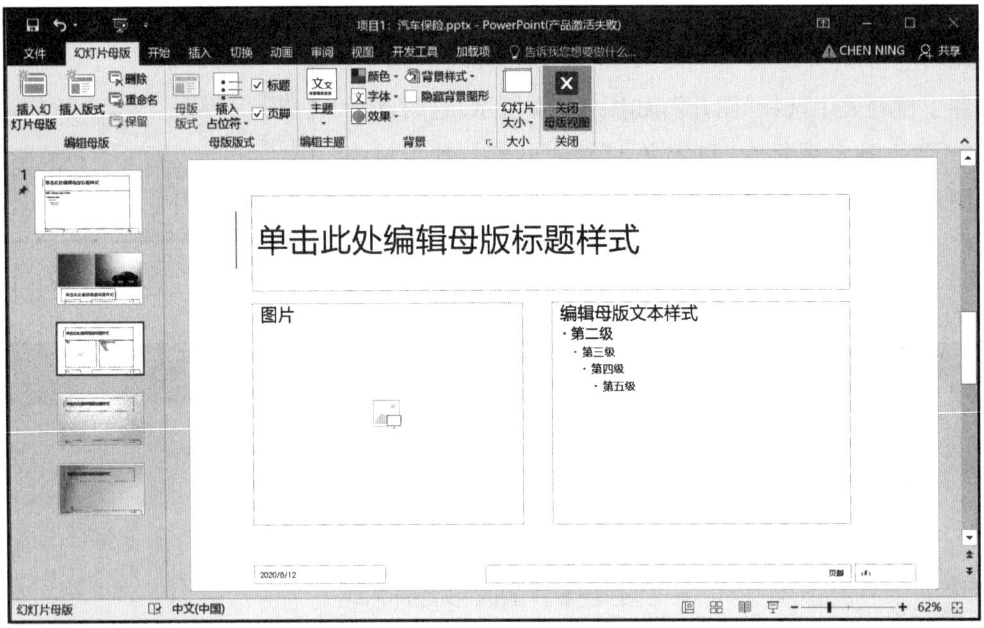

图 4.5　插入图片占位符和文本占位符

三、步骤

(1) 在左侧导航窗格中单击序号 2 的缩略图，选中第 2 张幻灯片，在右侧第 2 张幻灯片窗格中用鼠标框选所有图片，这时会出现“图片工具”格式选项卡。

(2) 单击“图片工具”格式选项卡(图 4.6①)，再单击“对齐对象”(图 4.6②)，通过下拉菜单选择“垂直居中”对齐方式(图 4.6③)。

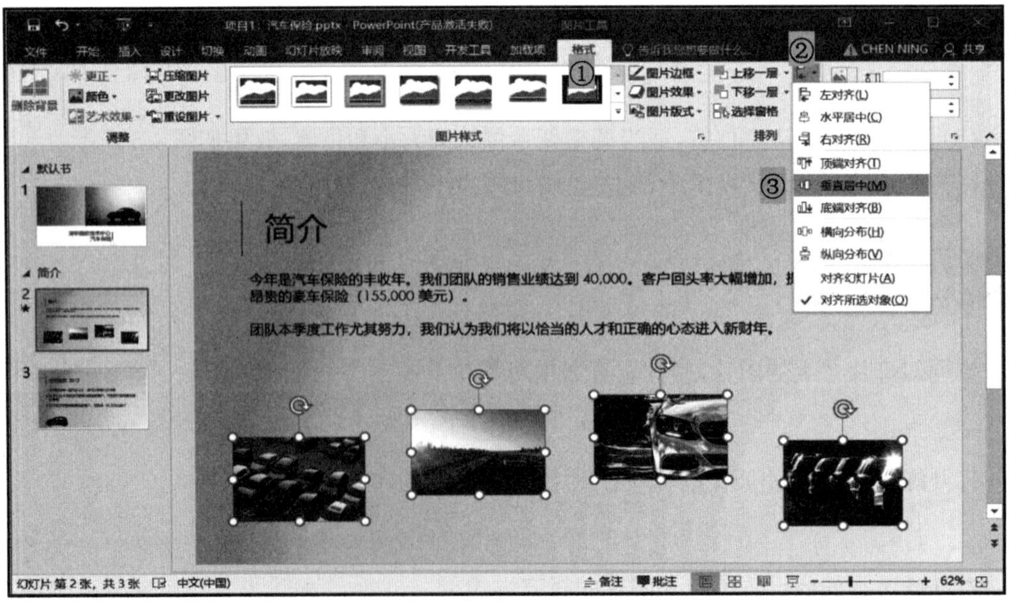

图 4.6　设置图片垂直居中对齐

任务 3

重新排列幻灯片 2 上的图片动画顺序，使其从左向右逐个淡出。

一、准备

打开练习文档(\MOS PPT 2016\项目 1：汽车保险.pptx)。

二、注释

本任务考查如何调整幻灯片图片的动画顺序。

三、步骤

(1) 单击“动画”选项卡(图 4.7①)，再单击“动画窗格”按钮(图 4.7②)打开动画窗格(图 4.7③)。

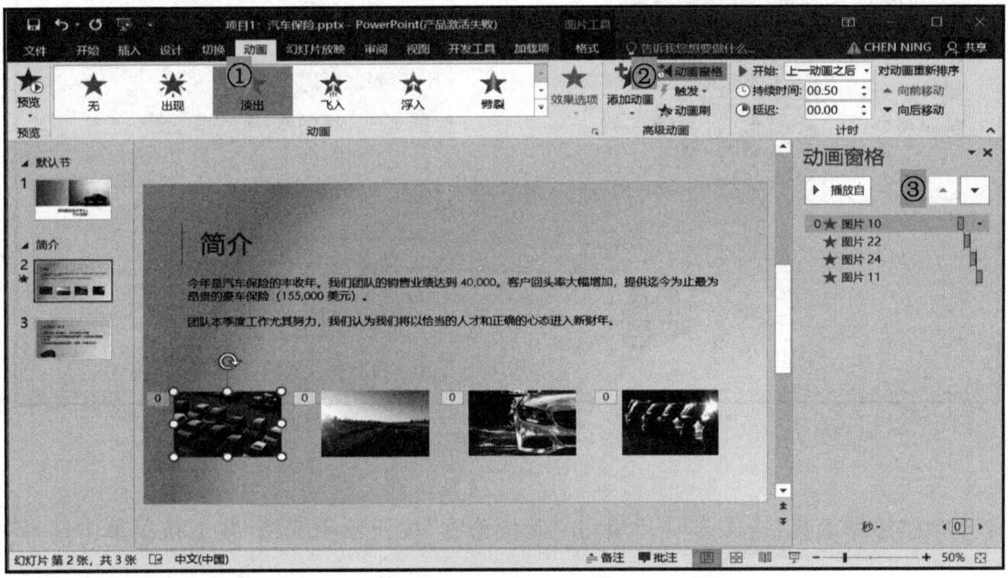

图 4.7　打开动画窗格

(2) 从左到右依次单击幻灯片窗格中的图片，在动画窗格中，通过顺序调整按钮▲▼或者直接拖动图片名称调整图片的动画播放顺序，调整完成后关闭动画窗格。

任务 4

在幻灯片 3 上，将汽车图标颜色更改为“蓝色”，添加“黄色”轮廓。

一、准备

打开练习文档(\MOS PPT 2016\项目 1：汽车保险.pptx)。

二、注释

本任务考查如何调整幻灯片图形的颜色和轮廓。

三、步骤

（1）在左侧导航窗格中单击序号3的缩略图选中第3张幻灯片，在幻灯片窗格中单击选中汽车图标，此时会出现“绘图工具”格式选项卡。

（2）单击“绘图工具”格式选项卡，单击“形状填充”按钮，在下拉菜单中选择“蓝色”，如图4.8所示。

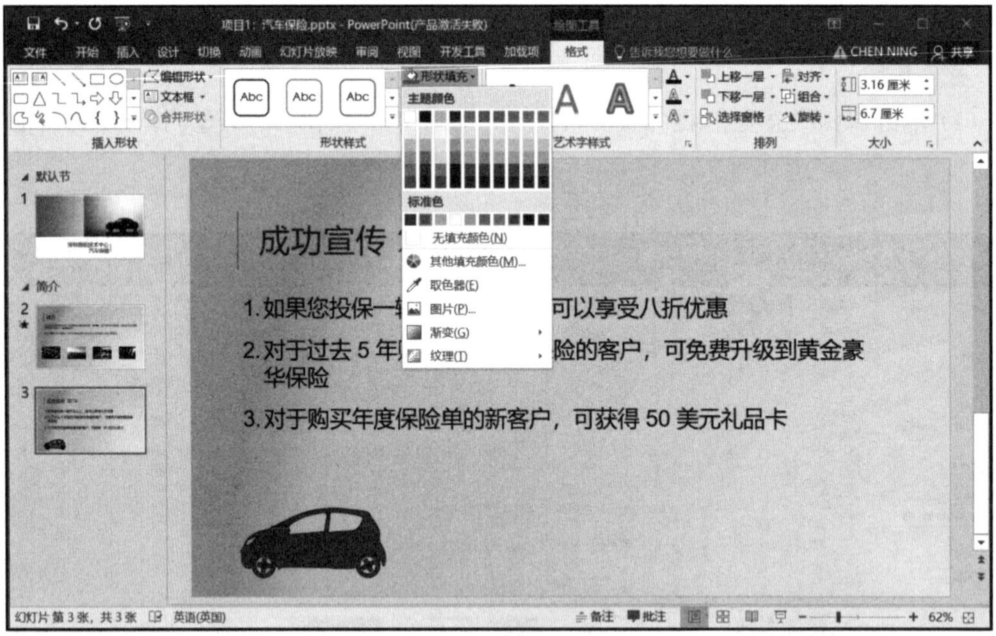

图4.8　更改汽车图标颜色

（3）在“绘图工具”格式选项卡，单击“形状轮廓”按钮

，在下拉菜单中选择“黄色”。

注意

选择颜色时一定要核对色块名称与任务要求是否完全一致。

任务5

在幻灯片3上，为汽车图标添加动画，使其从右侧飞入。

一、准备

打开练习文档(\MOS PPT 2016\项目 1:汽车保险.pptx)。

二、注释

本任务考查如何给幻灯片图形添加动画效果。

三、步骤

(1) 在左侧导航窗格中单击序号 3 的缩略图选中第 3 张幻灯片,单击选择“动画”选项卡(图 4.9①),在动画预览框中选择“飞入”(图 4.9②)。

(2) 单击“效果选项”按钮(图 4.9③),在下拉菜单选择“自右侧”(图 4.9④)。

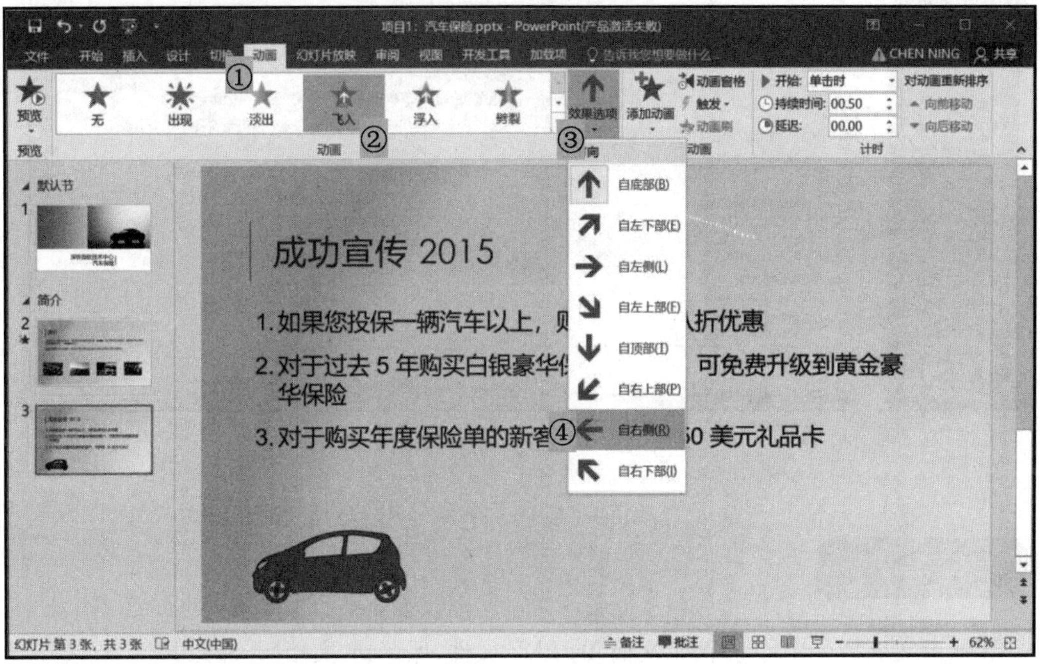

图 4.9　设置汽车图标动画效果

任务 6

将打印选项配置为仅打印“简介”节。

一、准备

打开练习文档(\MOS PPT 2016\项目 1:汽车保险.pptx)。

二、注释

本任务考查如何设置演示文稿特定位置打印。

三、步骤

(1) 单击“文件”选项卡,在左边导航栏单击“打印”进入演示文稿打印设置,如图 4.10①所示。

(2) 在打印设置区域中单击“打印全部幻灯片”按钮(图 4.10②),再选择“节”列表中的“简介”(图 4.10③)。

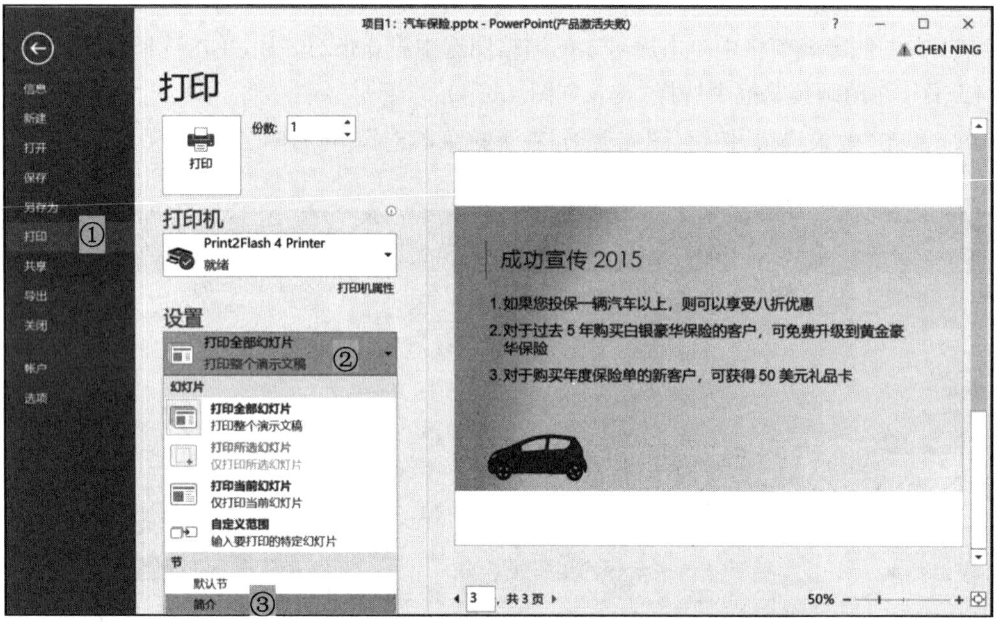

图 4.10 “简介”节打印设置

任务 7

将演示文稿另存为名为“演示文稿”的 PDF 文件,保存到“文档”文件夹中。

一、准备

打开练习文档(\MOS PPT 2016\项目 1:汽车保险.pptx)。

二、注释

本任务考查演示文稿的保存设置。

三、步骤

(1) 在“文件”选项卡左边导航栏单击“另存为”,选择“浏览”打开“另存为”对话框,如图 4.11①所示。

(2) 在“另存为”对话框中,选择“文档”位置(图 4.11②、③),然后在文件名文本框中输入“演示文稿”(图 4.11④),在保存类型文本框中选择“PDF(*.pdf)”(图 4.11⑤),最后单击“保存”按钮进行保存(图 4.11⑥)。

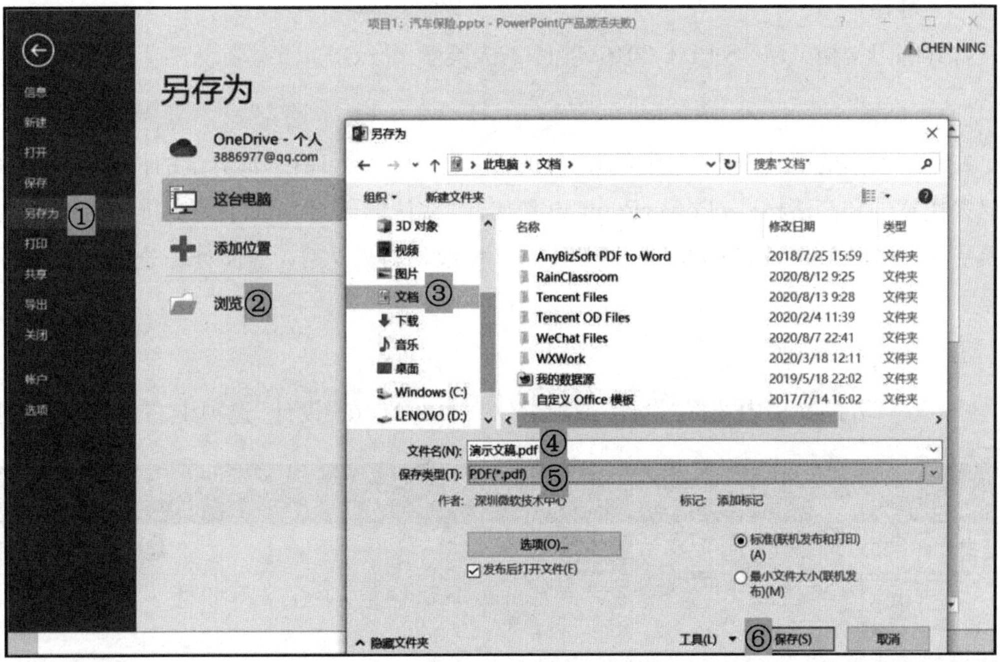

图 4.11　演示文稿另存为设置

注 意

整个项目完成后需注意保存。

项目二　制作总结报告演示文稿

项目概述

假设您是深圳微软技术中心的研究助理，您要制作某项目的总结报告。该项目下有八个任务。

任务 1

将幻灯片大小更改为“20.32 厘米”宽和“27.94 厘米”高。缩放内容，以确保适合新幻灯片。

一、准备

打开练习文档(\MOS PPT 2016\项目 2:人类学.pptx)。

二、注释

在早期版本的 PowerPoint 中,幻灯片的长宽比为 4∶3,现在,世界上的许多电视和视频都已采用宽屏和高清格式,PowerPoint 也是如此,默认的幻灯片大小是宽屏(16∶9),为了达到更好的放映效果,用户可以根据实际需求更改幻灯片大小,本任务考查幻灯片大小的调整。

三、步骤

(1) 在打开的文档中选择“设计”选项卡(图 4.12①),在“设计”选项卡右边单击“幻灯片

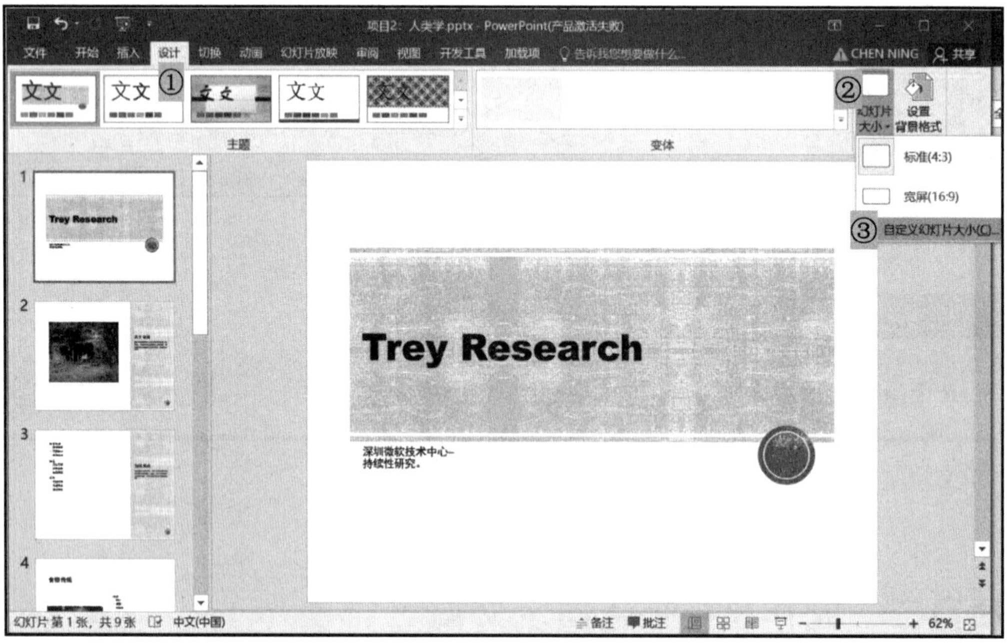

图 4.12　选择自定义幻灯片大小菜单命令

大小”按钮(图 4.12②),在下拉菜单中选择“自定义幻灯片大小(C)…”(图 4.12③),这时会弹出自定义“幻灯片大小”对话框。

(2) 在“幻灯片大小”对话框中,设置宽度为“20.32 厘米”,高度为“27.94 厘米”,如图 4.13 所示,单击“确定”按钮后会弹出另一个对话框,在该对话框中选择“确保适合”缩略图或按钮完成设置,如图 4.14 所示。

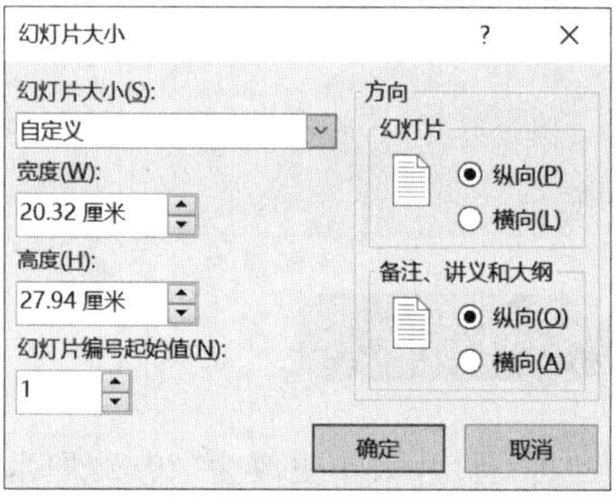

图 4.13　自定义幻灯片大小

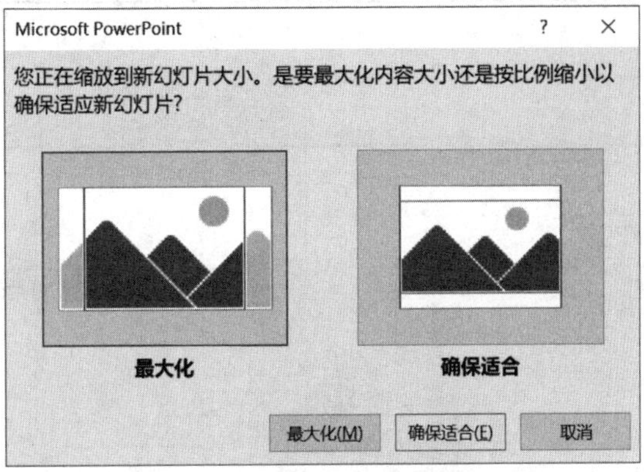

图 4.14　缩放幻灯片确保合适

任务 2

创建名为“审核”的自定义幻灯片放映，仅包含幻灯片 1、2、3、4、5、7、8 和 9。

一、准备

打开练习文档(\MOS PPT 2016\项目 2：人类学.pptx)。

二、注释

同样的一份演示文稿，由于演讲的场合、现场的听众不同，需要讲解的内容也往往会不尽相同。这时便可以利用 PowerPoint 提供的“自定义放映”功能对所要演讲的内容进行个性化定制。本任务考查演示文稿的幻灯片自定义放映设置。

三、步骤

(1) 在打开的文档中选择“幻灯片放映”选项卡(图 4.15①)，在选项卡中单击“自定义幻灯片放映”按钮下的“自定义放映(W)…”菜单(图 4.15②)，这时会弹出“自定义放映”对话框(图 4.15③)。

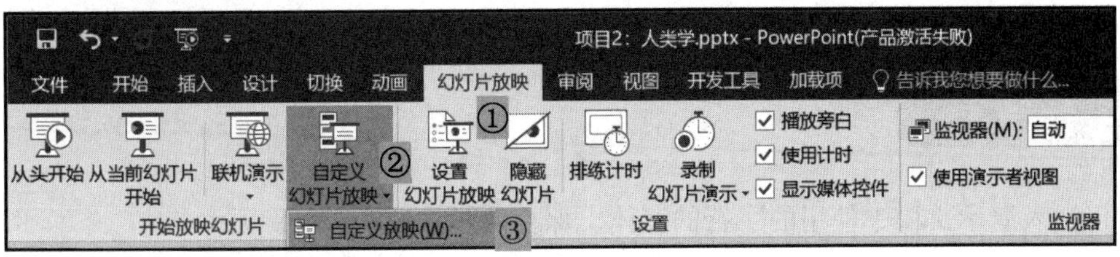

图 4.15　选择自定义放映菜单命令

(2) 在“自定义放映”对话框中单击“新建”按钮(图 4.16①)后出现“定义自定义放映”对话框，设置幻灯片放映名称为“审核”(图 4.16②)，在左边窗格勾选幻灯片 1、2、3、4、5、7、8 和 9 (图 4.16③)，单击“添加”按钮至右边窗格(图 4.16④)，然后单击“确定”按钮(图 4.16⑤)。

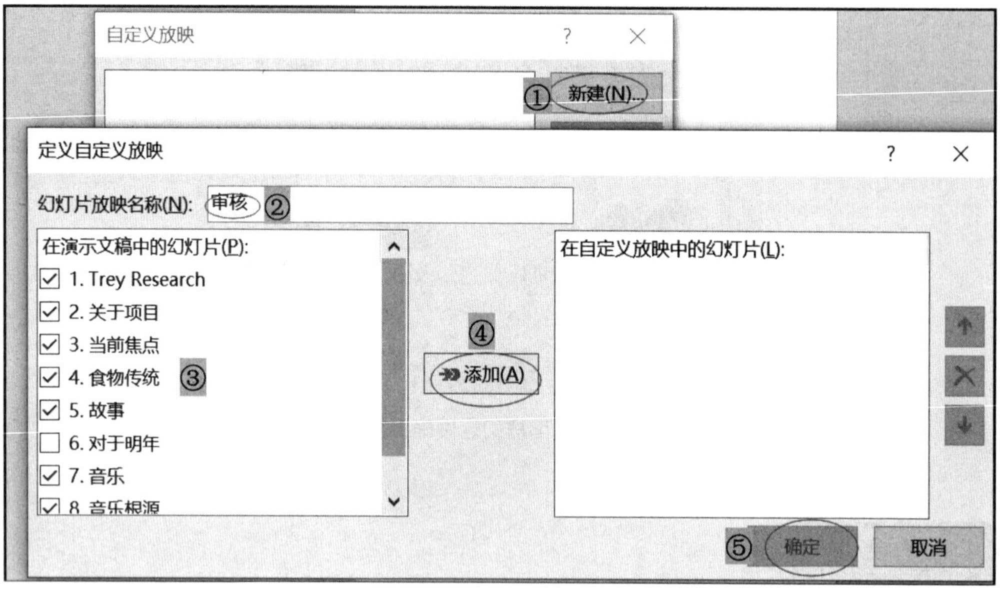

图 4.16 定义自定义放映幻灯片

(3) 返回"自定义放映"对话框，文本框中会出现刚刚定义的幻灯片放映名称，这时单击"关闭"按钮完成设置，如图 4.17 所示。

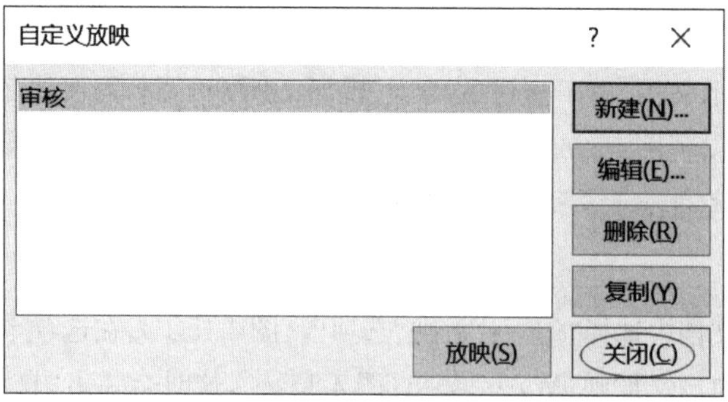

图 4.17 关闭"自定义放映"对话框

任务 3

仅嵌入演示文稿中使用的字符的字体。保存演示文稿。

一、准备

打开练习文档(\MOS PPT 2016\项目 2:人类学.pptx)。

二、注释

在演讲时如果因为播放演示文稿的设备上没有原来设计演示文稿时那些相应的字体，

会导致系统无法识别，最后会以默认的宋体或黑体来代替，这样就大大影响了演讲的效果。其实可以将字体嵌入到 PowerPoint 演示文稿中，这样哪怕不携带相应的字体，幻灯片也依然不会丢失任何字体。本任务考查演示文稿的字体嵌入操作。

三、步骤

（1）在打开的文档中选择“文件”选项卡，单击“选项”命令打开“PowerPoint 选项”对话框。

（2）在左边窗格单击“保存”（图 4.18①），在右边保存窗格最下方选择“将字体嵌入文件”→“仅嵌入演示文稿中使用的字符”（图 4.18②、③），然后单击“确定”按钮（图 4.18④）。

图 4.18 将字体嵌入文件

（3）返回演示文稿普通视图，单击“保存”按钮完成文件保存。

任务 4

在幻灯片 9 上，配置音频剪辑，以自动播放音频。演示过程中隐藏图标。

一、准备

打开练习文档(\MOS PPT 2016\项目 2:人类学.pptx)。

二、注释

本任务考查演示文稿音频设置。

三、步骤

(1) 在普通视图左边窗格选择第 9 张幻灯片(图 4.19①),在右边窗格第 9 张幻灯片编辑区中选择喇叭图标(图 4.19②),这时会出现音频工具选项卡,单击“播放”标签(图 4.19③)进入幻灯片播放设置功能区,在开始文本框中选择“自动”(图 4.19④),并勾选“放映时隐藏”(图 4.19⑤)。

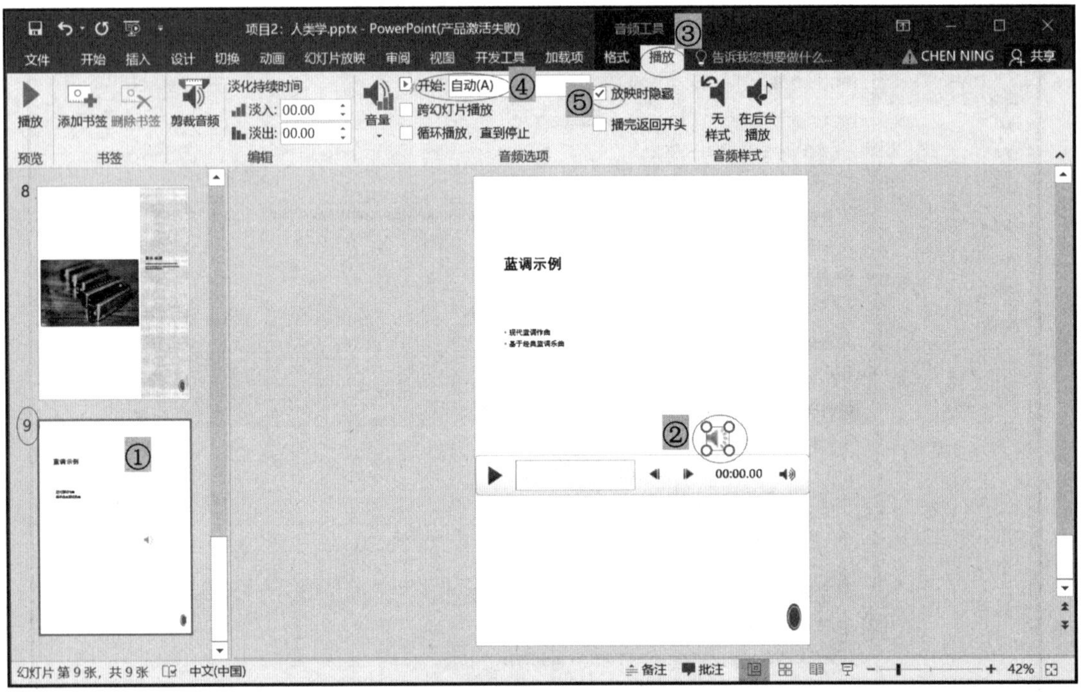

图 4.19 幻灯片音频播放设置

(2) 完成设置后单击空白处退出编辑。

任务 5

在幻灯片 6 上,从“文档”文件夹中的“收入.xlsx”文件添加表格。

一、准备

打开练习文档(\MOS PPT 2016\项目 2:人类学.pptx),确认“文档”文件夹中存在“收入.xlsx”文件。

二、注释

本任务考查在幻灯片中插入表格操作。

三、步骤

(1) 通过左边窗格切换选择第 6 张幻灯片(图 4.20①)后,选择“插入”选项卡(图 4.20②),单击“对象”按钮(图 4.20③)打开“插入对象”对话框,选择“由文件创建”(图 4.20④),单击“浏览”按钮(图 4.20⑤),在出现的“浏览”对话框左边窗格选择“文档”(图 4.20⑥),右边窗格选择项目 2 的素材“收入.xlsx”(图 4.20⑦),最后单击“确定”按钮(图 4.20⑧)。

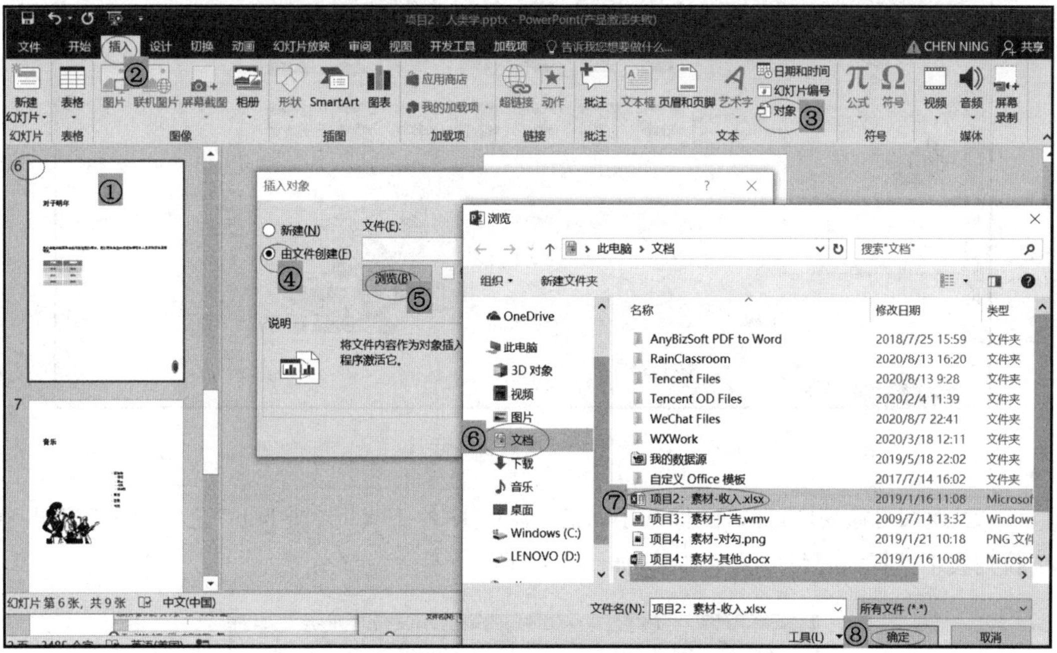

图 4.20　插入由文件创建的表格

(2) 返回上一级“插入对象”对话框,按“确定”按钮完成表格插入。

(3) 适当调整表格位置。

任务 6

在幻灯片 7 上,对图像应用“圆形对角,白色”样式和“塑封”的艺术效果。

一、准备

打开练习文档(\MOS PPT 2016\项目 2:人类学.pptx)。

二、注释

本任务考查对幻灯片中图像的设置。

三、步骤

(1) 通过左边窗格切换选择第 7 张幻灯片(图 4.21①)后,在右边幻灯片编辑区中选择图像(图 4.21②),出现"图片工具"选项卡后,展开所有图片样式,选择"圆形对角,白色"样式(图 4.21③)。

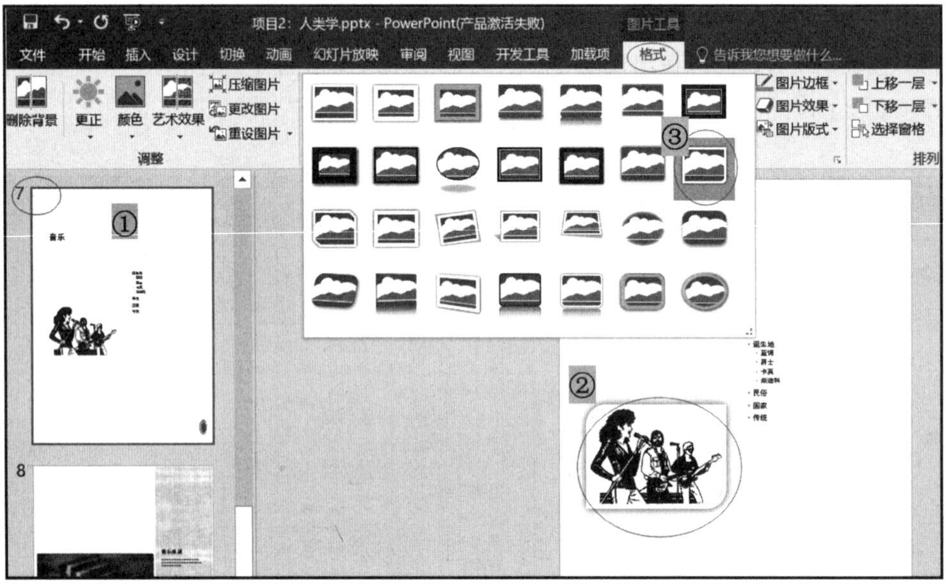

图 4.21 设置图像样式

(2) 返回普通视图,保持图像选中状态,单击"图片工具"选项卡下"艺术效果"按钮,在下拉列表中选择"塑封"的艺术效果,如图 4.22 所示。

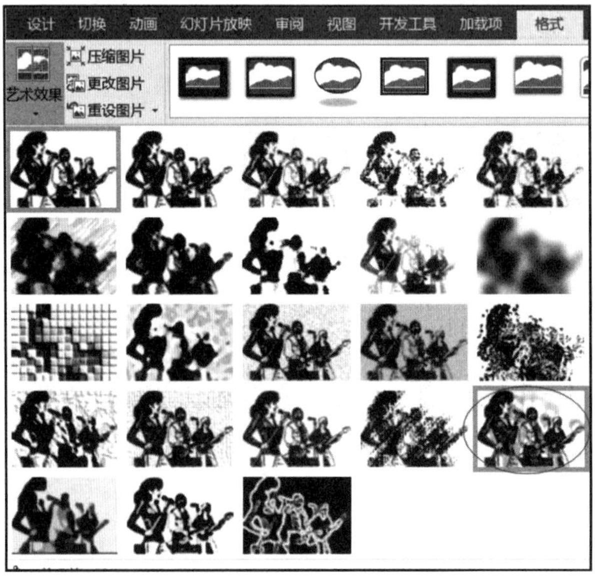

图 4.22 图像艺术效果设置

任务7

更改文件属性，标题为“人类学”。

一、准备

打开练习文档(\MOS PPT 2016\项目 2：人类学.pptx)。

二、注释

本任务考查对文件属性的设置。

三、步骤

选择“文件”选项卡进入文件信息查看界面(图 4.23①)，在右侧属性栏目下，在标题对应的文本框中输入“人类学”(图 4.23②)后完成设置。

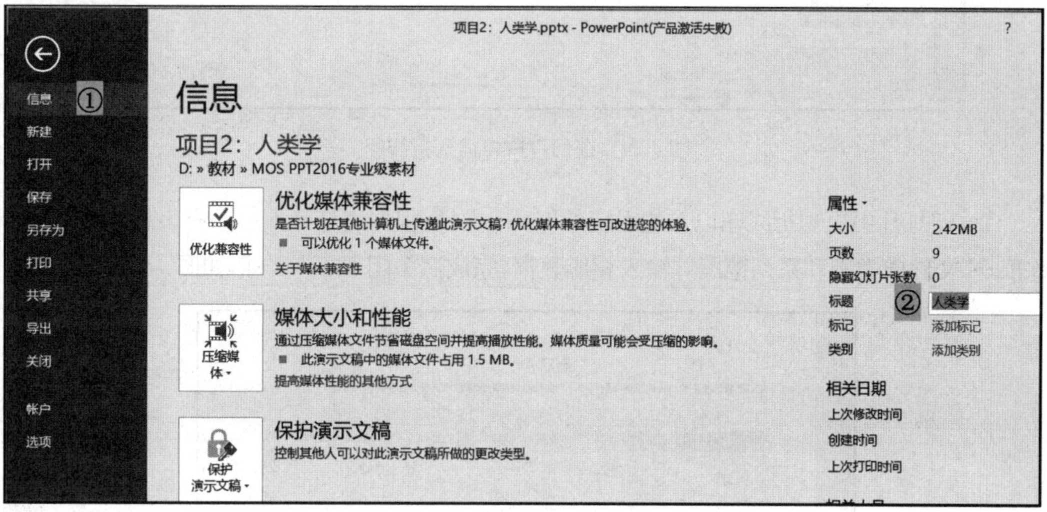

图 4.23　文件属性的标题更改

任务8

使用幻灯片 6 中表格提供的数字在幻灯片上创建“折线图”。将年份作为“类别”，将新客户数量作为“系列”，并输入“新客户”作为系列名称。如需要可适当调整图表大小。

一、准备

打开练习文档(\MOS PPT 2016\项目 2：人类学.pptx)。

二、注释

本任务考查对幻灯片中表格调整的操作。

三、步骤

(1) 返回普通视图左边窗格选择第 6 张幻灯片(图 4.24①),选择“插入”选项卡(图 4.24②),单击“图表”按钮(图 4.24③)后弹出“插入图表”对话框,选择“折线图”(图 4.24④、⑤),单击“确认”按钮返回普通视图。

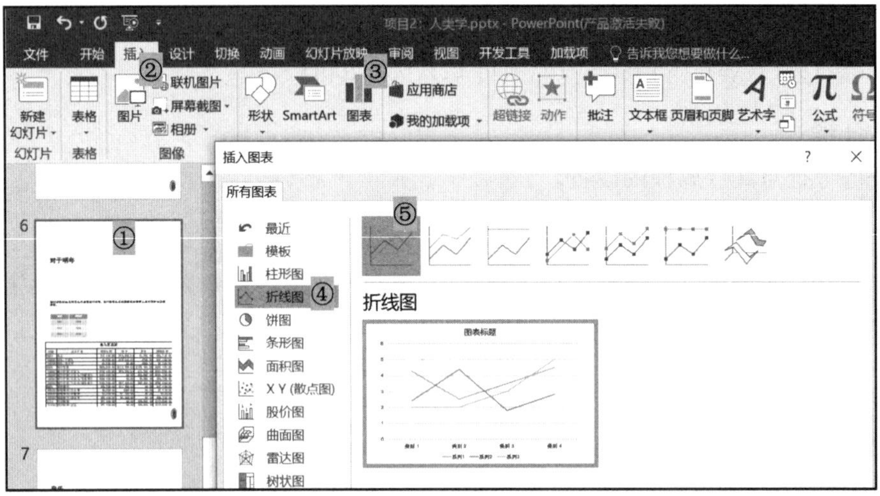

图 4.24　在幻灯片中插入折线图

(2) 幻灯片中出现折线图以及相对应的 Excel 文件,根据幻灯片 6 中原有表格中的数据调整 Excel 文件中类别和系列范围并输入相应数据,完成后关闭 Excel 文件,如图 4.25 所示。

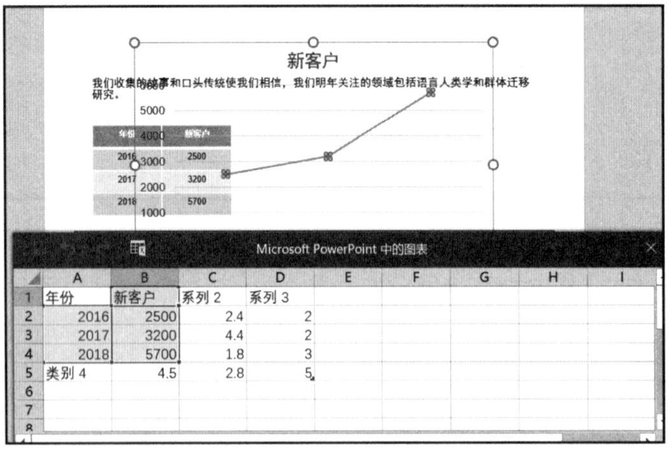

	A	B	C	D	E	F	G	H	I
1	年份	新客户	系列 2	系列 3					
2	2016	2500	2.4	2					
3	2017	3200	4.4	2					
4	2018	5700	1.8	3					
5	类别 4	4.5	2.8	5					
6									
7									

图 4.25　根据已有表格数据修改折线图数据

(3) 返回普通视图下适当调整折线图大小和位置。

注 意

整个项目完成后需注意保存。

项目三　制作在线演示文稿

项目概述

假设深圳微软技术中心聘请您完成其在线内容。您要制作在线演示文稿，宣布新产品的样式。该项目下有八个任务。

任务 1

在幻灯片 2 上，将“香甜可口”组合对象置于底层。

一、准备

打开练习文档(\MOS PPT 2016\项目 3：纸杯蛋糕.pptx)。

二、注释

本任务考查如何调整幻灯片中的对象排列层次。

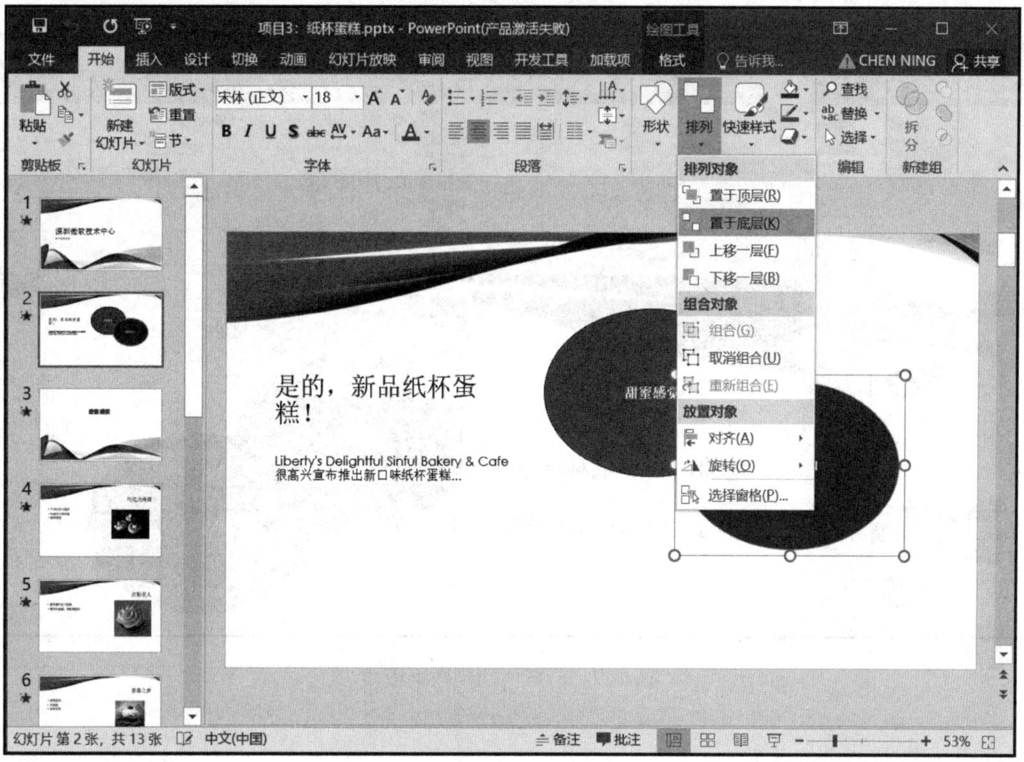

图 4.26　设置组合对象置于底层

三、步骤

（1）在打开的文档中通过普通视图左边窗格选择幻灯片2，在右边窗格中选中“香甜可口”的组合对象，这时会出现“绘图工具”格式选项卡。

（2）单击“排列”按钮，选择排列对象下的“置于底层”菜单命令，完成设置后点击空白处退出编辑，如图4.26所示。

任务2

将所有幻灯片的切换效果设定为“自底部”。

一、准备

打开练习文档(\MOS PPT 2016\项目3：纸杯蛋糕.pptx)。

二、注释

本任务考查幻灯片切换的设置。

三、步骤

选择“切换”选项卡(图4.27①)，单击“效果选项”按钮，在下拉菜单中选择“自底部”命令(图4.27②)，然后单击“全部应用”按钮(图4.27③)完成所有幻灯片切换效果设置。

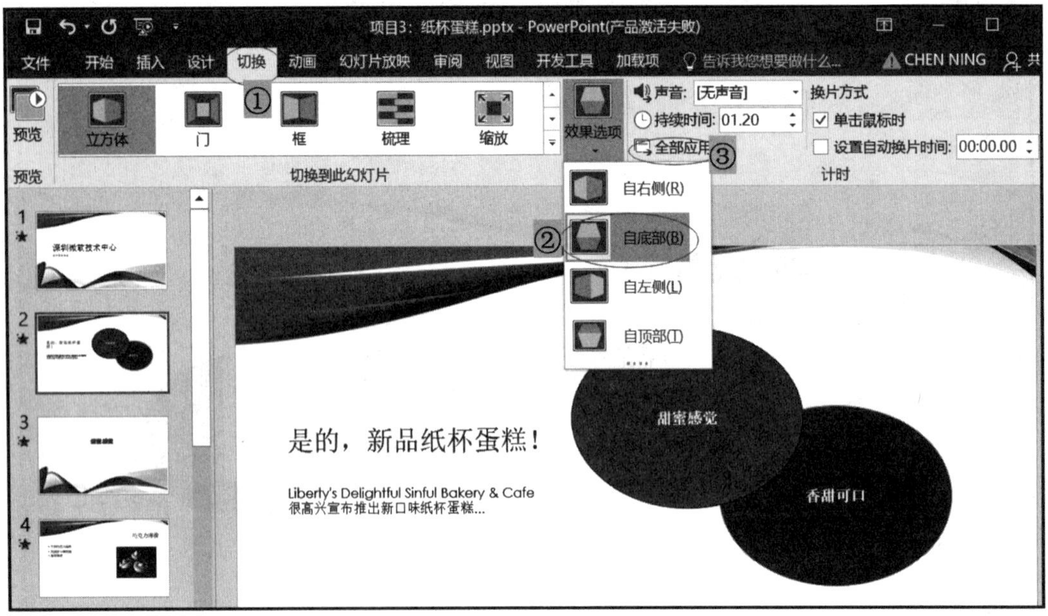

图4.27　幻灯片切换效果设置

任务 3

在幻灯片 10 上，对文本“艺术字”应用“图案填充—深紫，个性色 3，窄横线，内部阴影”的艺术字样式。

一、准备

打开练习文档(\MOS PPT 2016\项目 3:纸杯蛋糕.pptx)。

二、注释

本任务考查幻灯片中艺术字的设置。

三、步骤

通过普通视图左边窗格选择幻灯片 10，在右边窗格选择艺术字文本，单击“绘图工具”格式选项卡，然后单击“快速样式”按钮，在下拉列表中选择“图案填充—深紫，个性色 3，窄横线，内部阴影”的艺术字样式，如图 4.28 所示。

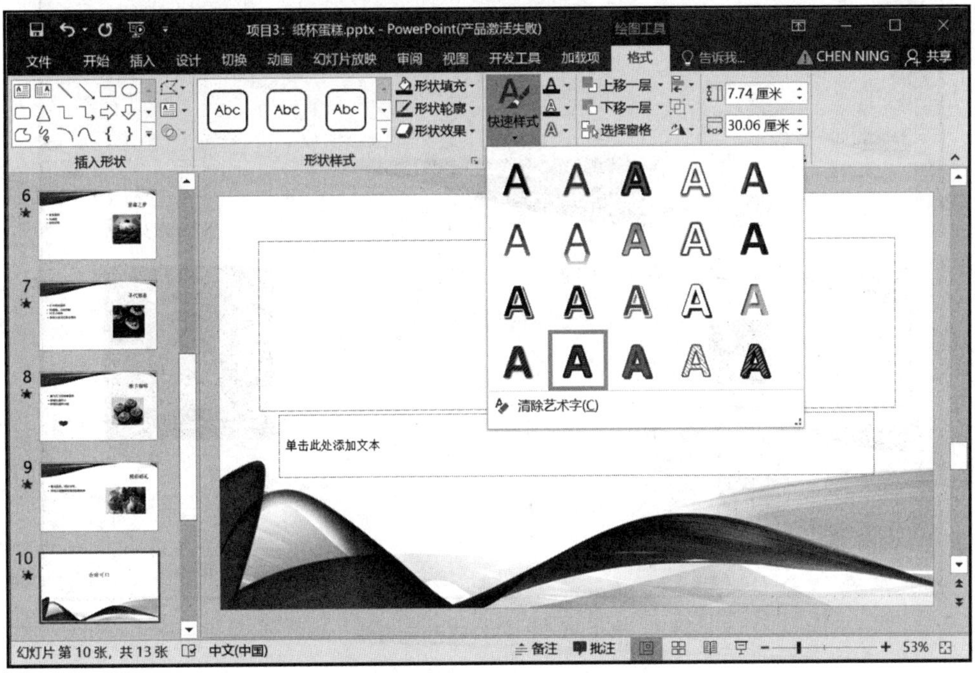

图 4.28　艺术字样式设置

注 意

选择艺术字样式时可以把鼠标停留在样式实例上，实例对应的样式名称就会显示出来，根据任务要求选择艺术字样式。

任务 4

移动“核桃太妃糖”幻灯片到“摩卡咖啡”和“精彩婚礼”幻灯片之间。

一、准备

打开练习文档(\MOS PPT 2016\项目 3:纸杯蛋糕.pptx)。

二、注释

本任务考查幻灯片的移动。

三、步骤

通过普通视图左边窗格选择“核桃太妃糖”幻灯片(幻灯片 12),用鼠标拖拽到“摩卡咖啡”(幻灯片 8)和“精彩婚礼”幻灯片(幻灯片 9)之间,效果如图 4.29 所示。

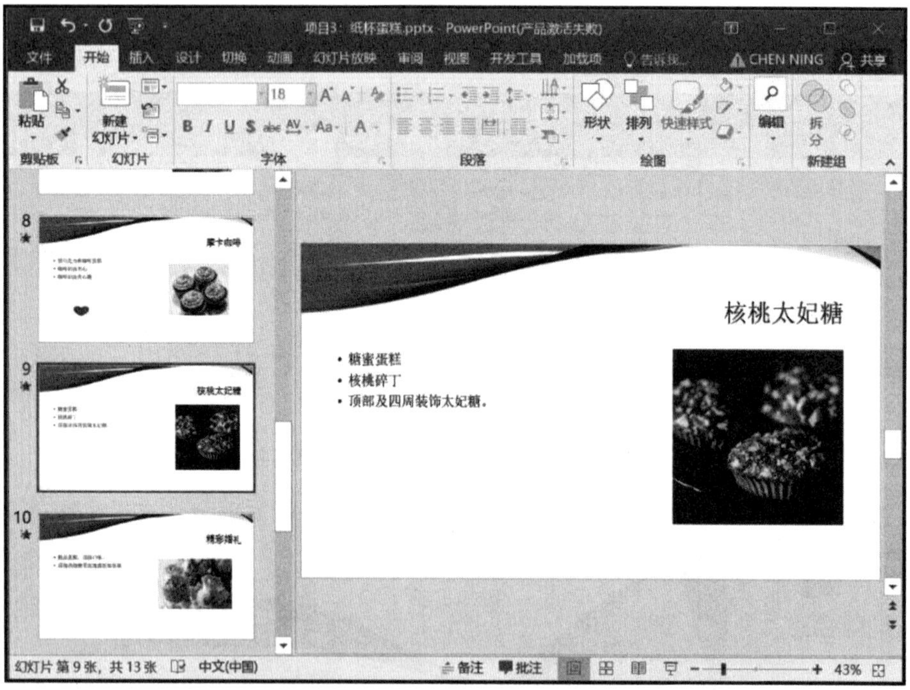

图 4.29　幻灯片移动后效果

任务 5

在幻灯片 13 上,修改图表中的数据为左侧表格的数据。

一、准备

打开练习文档(\MOS PPT 2016\项目 3:纸杯蛋糕.pptx)。

二、注释

本任务考查幻灯片图表数据的修改。

三、步骤

(1) 在普通视图左边窗格选择幻灯片 13(图 4.30①),在右边窗格选中图表,右击图表(图 4.30②),在弹出的快捷菜单中选择“编辑数据”(图 4.30③)。

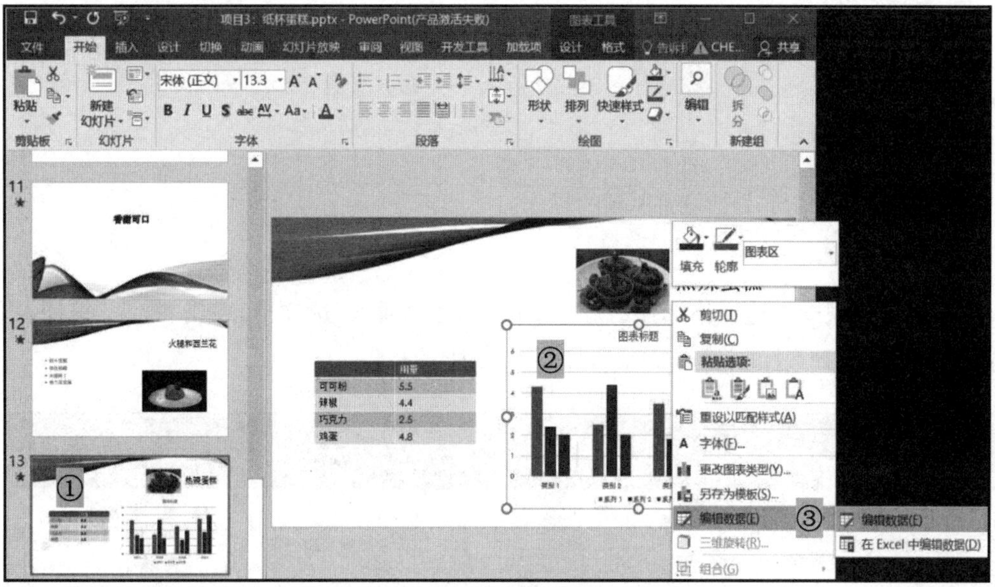

图 4.30　选择“编辑数据”命令

(2) 在弹出的 Excel 文件中根据幻灯片左侧表格数据进行图表数据区域和数值的修改,修改完成后关闭 Excel 文件,如图 4.31 所示。

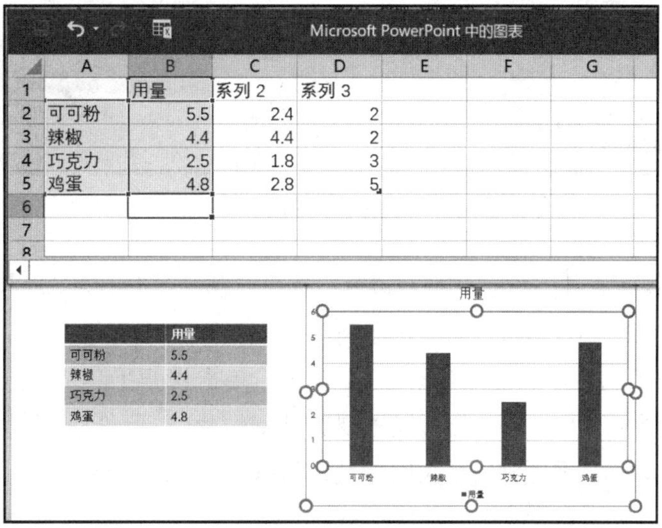

图 4.31　修改图表数据

任务 6

在幻灯片 10 上，从“视频”文件夹中添加视频“广告.wmv”。修改其位置，使其到幻灯片（左上角）的垂直和水平距离都是“5.08 厘米”。

一、准备

打开练习文档(\MOS PPT 2016\项目 3：纸杯蛋糕.pptx)，确认“广告.wmv”在“视频”文件夹中。

二、注释

本任务考查在幻灯片中添加视频的操作。

三、步骤

（1）在普通视图左边窗格选择幻灯片 10，切换到“插入”选项卡，单击“视频”按钮，再从下拉列表中选择“PC 上的视频(P)...”，如图 4.32 所示。

图 4.32　选择插入 PC 上的视频

（2）在“插入视频文件”对话框中，左边窗格选择“视频”(图 4.33①)，右边窗格选择要插入的视频文件(图 4.33②)，单击“插入”按钮确认操作(图 4.33③)。

（3）选中新插入幻灯片的视频对象(图 4.34①)，单击视频工具格式选项卡的大小任务面板展开按钮(图 4.34②)，找到位置设置视频到幻灯片(左上角)的垂直和水平距离都是“5.08 厘米”(图 4.34③)，设置完成后关闭“设置视频格式”任务窗格。

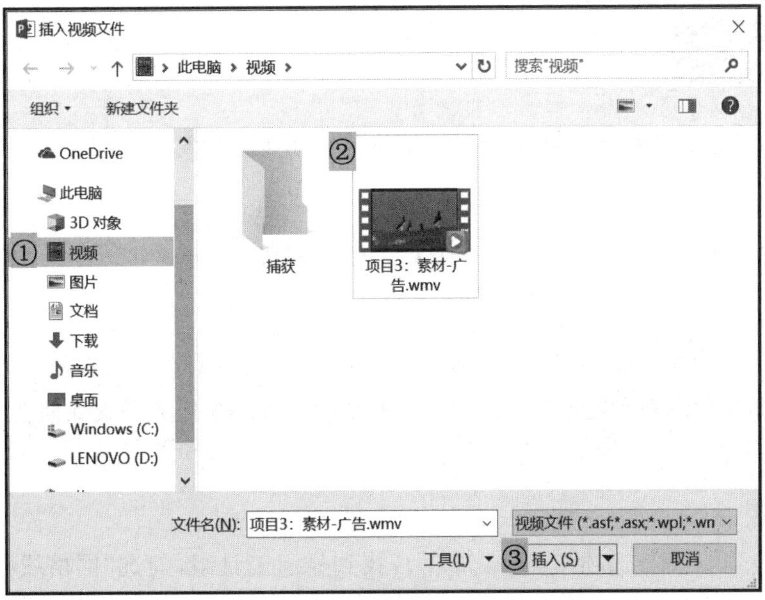

图 4.33　选择要插入幻灯片的视频文件

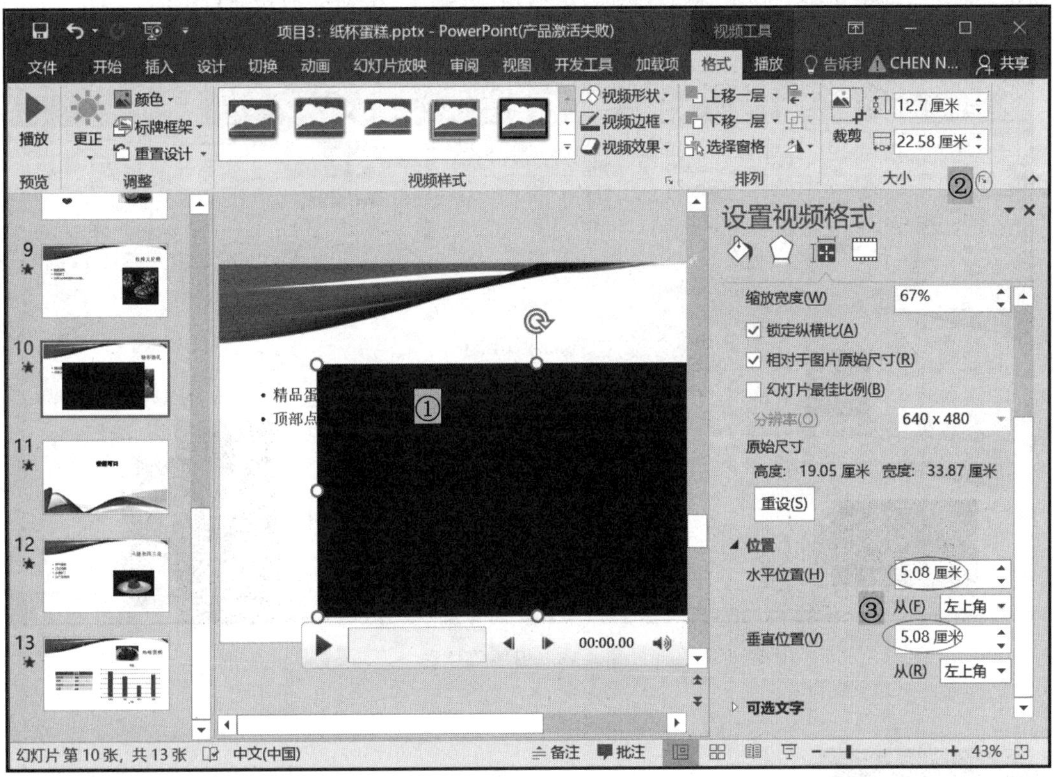

图 4.34　设置视频在幻灯片中的位置

任务 7

将 PowerPoint 配置为显示网格线，沿网格线自动对齐对象。

一、准备

打开练习文档(\MOS PPT 2016\项目 3：纸杯蛋糕.pptx)。

二、注释

PPT 中时常有很多图形以及文本框内容，为了使幻灯片看起来更加精致美观，可以通过显示网格线和参考线来实现各种幻灯片元素的精确对齐。本任务考查如何在幻灯片中显示网格线。

三、步骤

(1) 切换到“视图”选项卡(图 4.35①)，找到显示工具组，勾选“网格线”选项(图 4.35②)，这时幻灯片会显示网格线。

(2) 单击显示工具组右下角扩展按钮↘(图 4.35③)，在弹出的“网格和参考线”对话框中勾选“对象与网格对齐”选项(图 4.35④)，最后单击“确定”按钮完成设置(图 4.35⑤)。

图 4.35　设置网格线

任务 8

在幻灯片 8 上，重新调整心形大小，使其变为两倍大小，形状的纵横比保持不变。

一、准备

打开练习文档(\MOS PPT 2016\项目 3:纸杯蛋糕.pptx)。

二、注释

本任务考查如何调整幻灯片中形状的大小。

三、步骤

(1) 在普通视图左边窗格选中幻灯片 8,右边窗格中选中心形形状,右击心形,在弹出的快捷菜单中选择“大小和位置”命令,如图 4.36 所示。

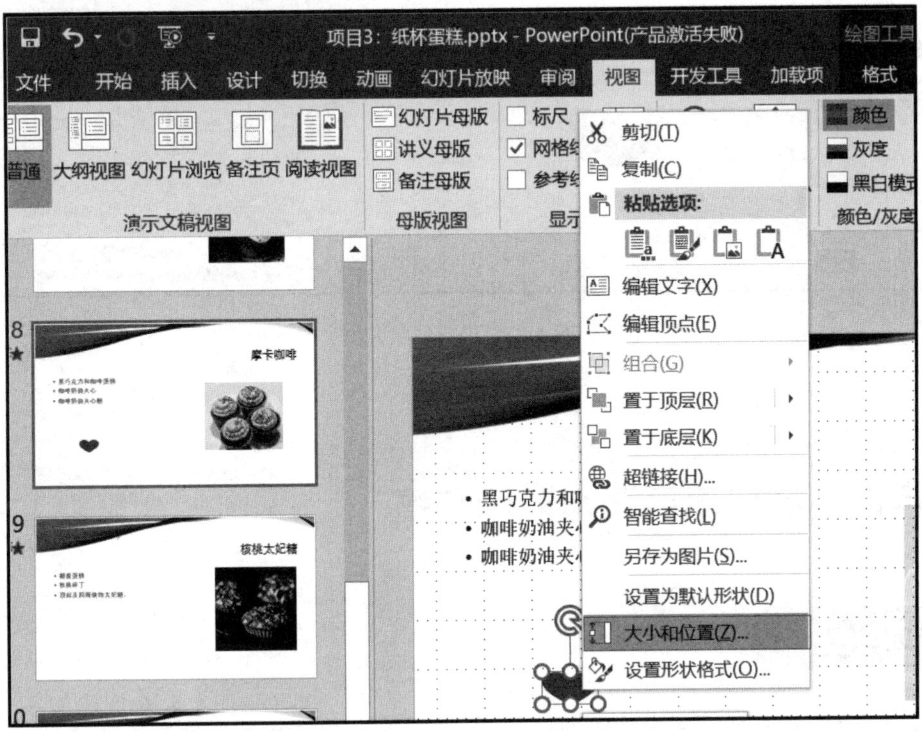

图 4.36 选择"大小和位置"菜单命令

(2) 在右侧出现的“设置形状格式”任务面板中勾选“锁定纵横比”,然后将缩放高度修改为“200%”,设置完成后关闭该任务面板,如图 4.37 所示。

注 意

整个项目完成后需注意保存。

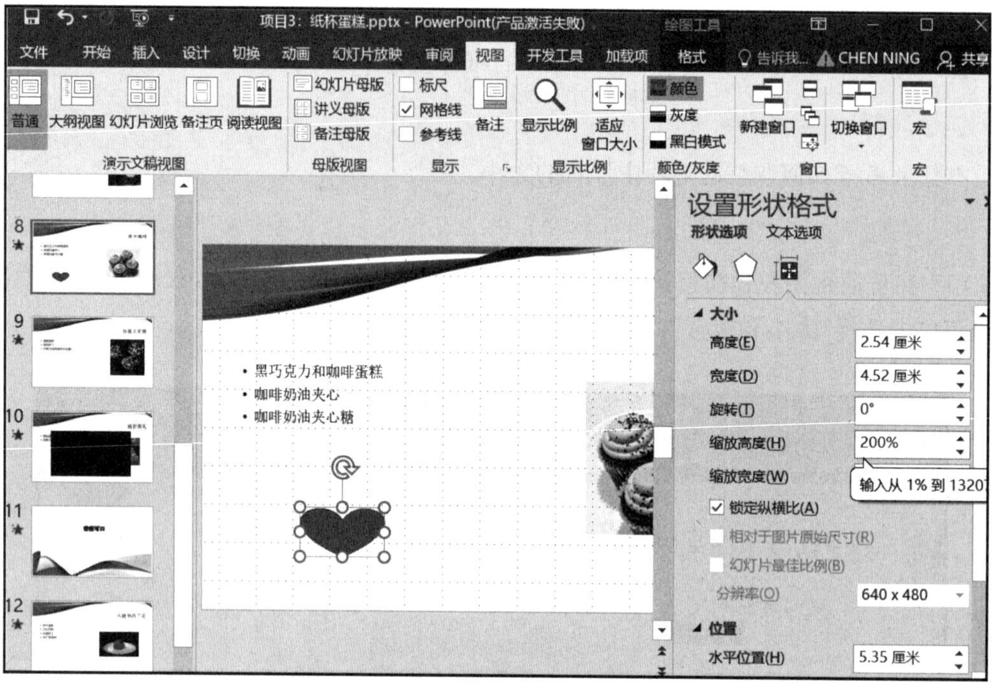

图 4.37　设置形状大小

项目四　制作项目谈判演示文稿

项目概述

假设您要为深圳微软技术中心制作演示文稿，帮助其进行第二阶段项目谈判。该项目下有八个任务。

任务 1

在演示文稿末尾添加新幻灯片，来源为“文档”文件夹中的“其他.docx”文件大纲。

一、准备

打开练习文档(\MOS PPT 2016\项目 4：资金.pptx)，确认“其他.docx”文件在“文档”文件夹中。

二、注释

如果要根据现有报告或其他分级显示的文档制作演示文稿，则可以通过将文档插入

PowerPoint 中来使用分级显示的文档大纲结构。当在演示文稿中插入并使用 Word(.doc、.docx)、文本文件(.txt)或 RTF 格式(.rtf)文件中的大纲时,演示文稿中的文本根据原始概述文档或文件中设置的标题样式设置格式。如果源文件不包含标题样式(例如,它是一个只包含纯文本的文本文件),则 PowerPoint 会根据源文件中的段落的文本创建大纲。当插入 HTML 文档中的大纲文本时,标题及其位置与 HTML 文档中保持相同。但是,所有文本都出现在幻灯片上的一个文本框中。本任务考查根据其他程序已有文件创建演示文稿幻灯片。

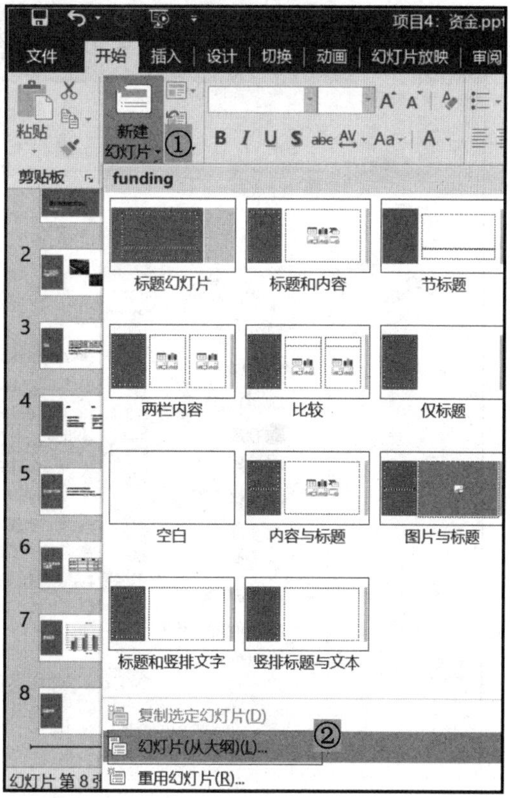

图 4.38 选择从大纲新建幻灯片

三、步骤

(1) 在普通视图左边导航窗格单击最后空白处定位插入点为演示文稿末尾,单击“新建幻灯片”按钮(图 4.38①),在下拉菜单中选择“幻灯片(从大纲)(L)…”命令(图 4.38②)。

(2) 在弹出的“插入大纲”对话框中,左边导航窗格选择文档位置(图 4.39①),右边窗格根据任务要求选择“项目 4:素材-其他”文档(图 4.39②),单击“插入”按钮完成操作(图 4.39③),完成本操作后会在插入点后面出现多张来自文件大纲的新幻灯片。

任务 2

将幻灯片 7 上的图表更改为“三维面积图”。

一、准备

打开练习文档(\MOS PPT 2016\项目 4:资金.pptx)。

二、注释

本任务考查幻灯片中图表类型的更改。

三、步骤

(1) 在左边导航窗格选中幻灯片 7(图 4.40①),右边幻灯片 7 的编辑窗格选中图表,这时会出现图表工具选项卡,单击“设计”显示图表工具设计选项卡(图 4.40②)。

(2) 单击“更改图表类型”按钮,弹出“更改图表类型”对话框,如图 4.40③所示。

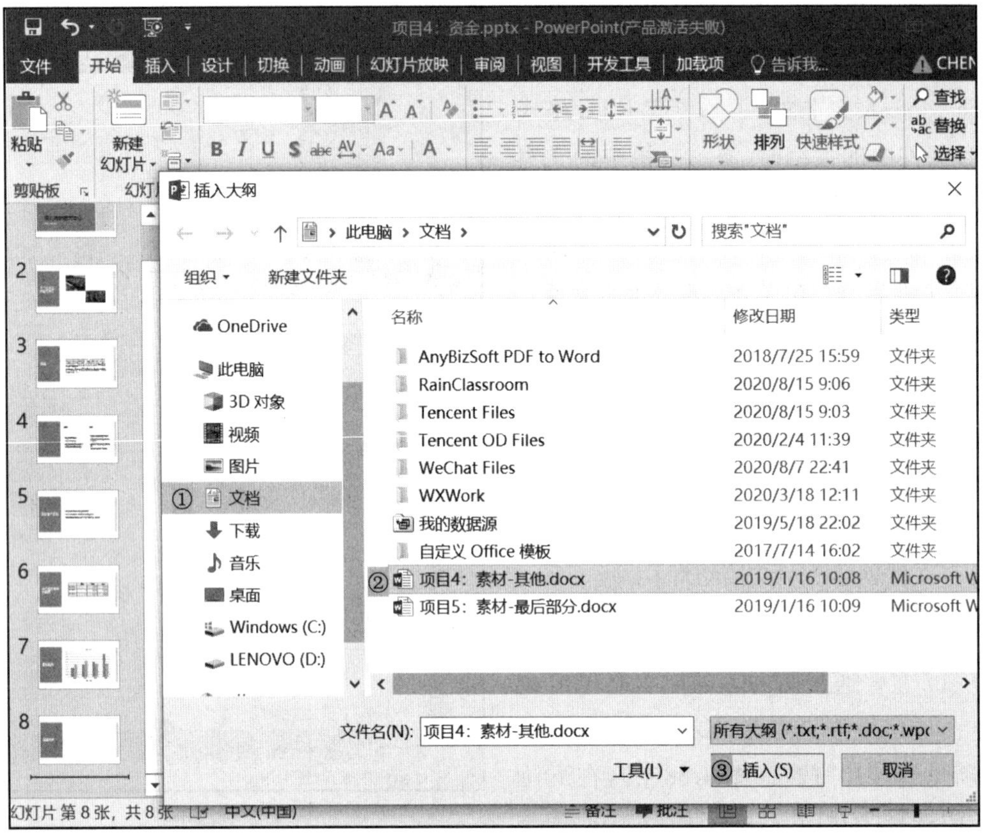

图 4.39 选择其他文档作为新幻灯片来源

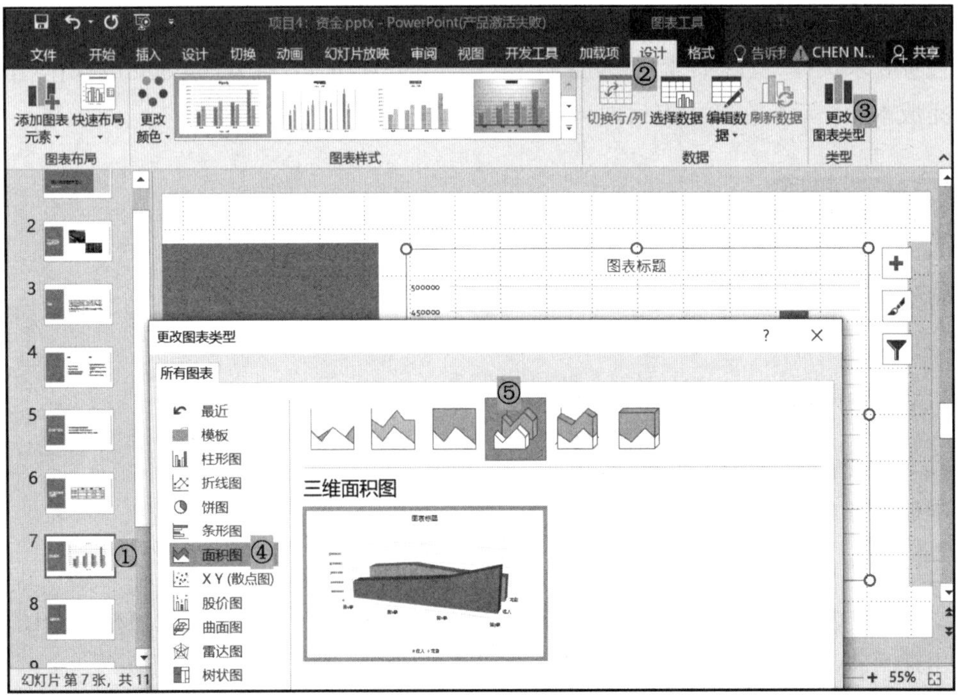

图 4.40 更改图表类型

(3) 在左边导航栏选择“面积图”(图 4.40④),右边缩略图中选择“三维面积图”(图 4.40⑤),然后按“确定”按钮或者回车键完成设置。

补 充

本任务快捷操作是通过右击图表,在弹出的快捷菜单中选择“更改图表类型”命令打开“更改图表类型”对话框进行设置。

任务 3

隐藏演示文稿中的批注。

一、准备

打开练习文档(\MOS PPT 2016\项目 4:资金.pptx)。

二、注释

本任务考查演示文稿中的批注设置。

三、步骤

单击演示文稿审核选项卡后,单击“显示批注”按钮,在下拉菜单中取消显示标记(就是把显示标记前面的“√”去掉),如图 4.41 所示。

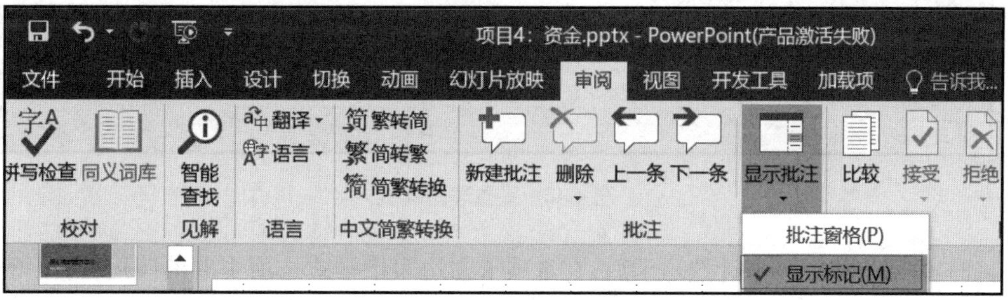

图 4.41　隐藏批注操作

任务 4

在幻灯片 6 上,对表格应用“中度样式 2—强调 3”的样式,修改表格样式,取消镶边行,应用镶边列。

一、准备

打开练习文档(\MOS PPT 2016\项目 4:资金.pptx)。

二、注释

本任务考查幻灯片中表格的样式修改。

三、步骤

(1) 在左边导航窗格选择幻灯片 6(图 4.42①),右边编辑窗格选择幻灯片 6 的表格,这时候会出现表格工具,单击表格工具设计选项卡(图 4.42②),单击“表格样式”下拉按钮后,在列表中选择“中度样式 2－强调 3”的样式(图 4.42③)。

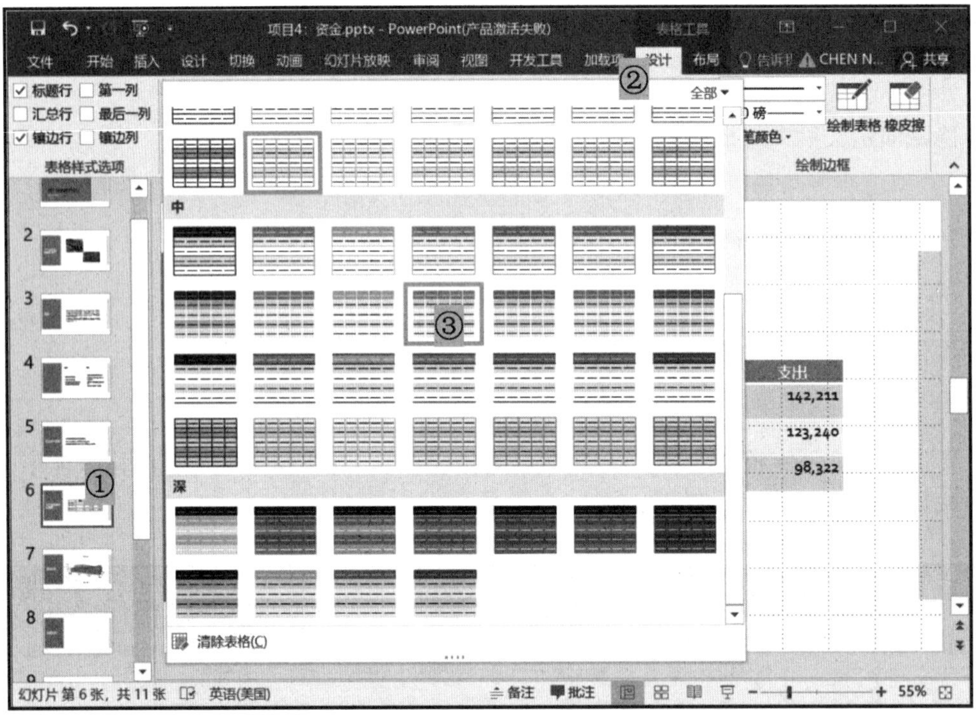

图 4.42　更改表格样式

(2) 返回表格工具设计选项卡后,在选项卡左边表格样式选项中取消镶边行(把镶边行前面的“√”去掉),应用镶边列(勾选镶边列),如图 4.43 所示。

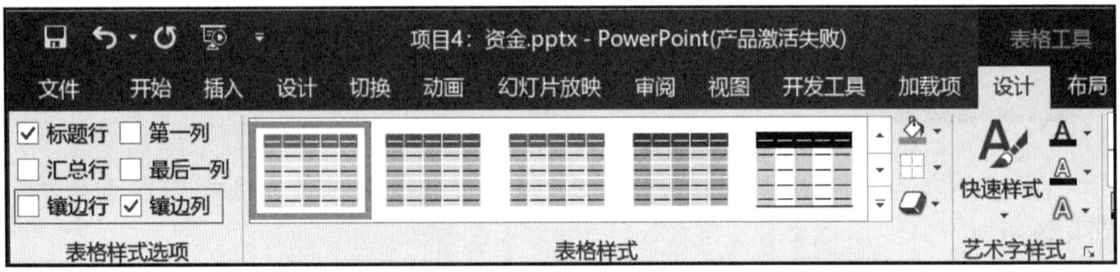

图 4.43　表格样式选项修改

任务 5

在第 3 页上，增加内容为“深圳微软技术中心”的脚注。

一、准备

打开练习文档(\MOS PPT 2016\项目 4:资金.pptx)。

二、注释

本任务考查幻灯片中脚注的添加。

三、步骤

(1) 在左边导航窗格选择幻灯片 3(图 4.44①)，单击“插入”选项卡(图 4.44②)后单击“页眉和页脚”按钮打开“页眉和页脚”对话框。

(2) 勾选页脚，在其下方文本框中输入“深圳微软技术中心”(图 4.44③)，单击“应用”按钮完成设置(图 4.44④)。

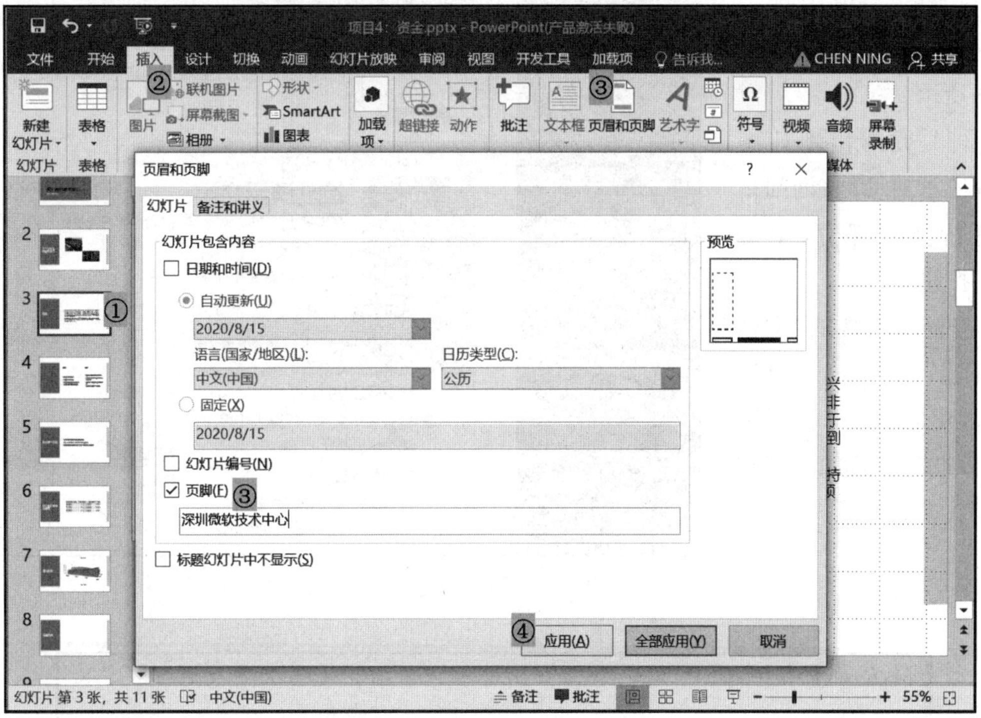

图 4.44　添加脚注操作

注 意

对特定幻灯片添加页眉页脚单击“应用”按钮，“全部应用”按钮则是为所有幻灯片添加页眉页脚。

任务 6

检查文档,删除幻灯片外的内容。

一、准备

打开练习文档(\MOS PPT 2016\项目 4:资金.pptx)。

二、注释

本任务考查演示文稿的检查操作,除了幻灯片外内容,批注和注释、文档属性和个人信息、内容加载项、备注、不可见的幻灯片内容等都可以通过检查文档的操作进行删除。

三、步骤

(1) 单击"文件"选项卡进入显示信息面板,然后单击"检查问题"按钮,在下拉菜单中选择"检查文档"命令,如图 4.45 所示。

(2) 此时出现如图 4.46 所示对话框,询问是否进行文件保存,单击"是"按钮。

(3) 在出现的"文档检查器"对话框中勾选"幻灯片外内容",然后单击"检查"按钮,如图 4.47 所示。

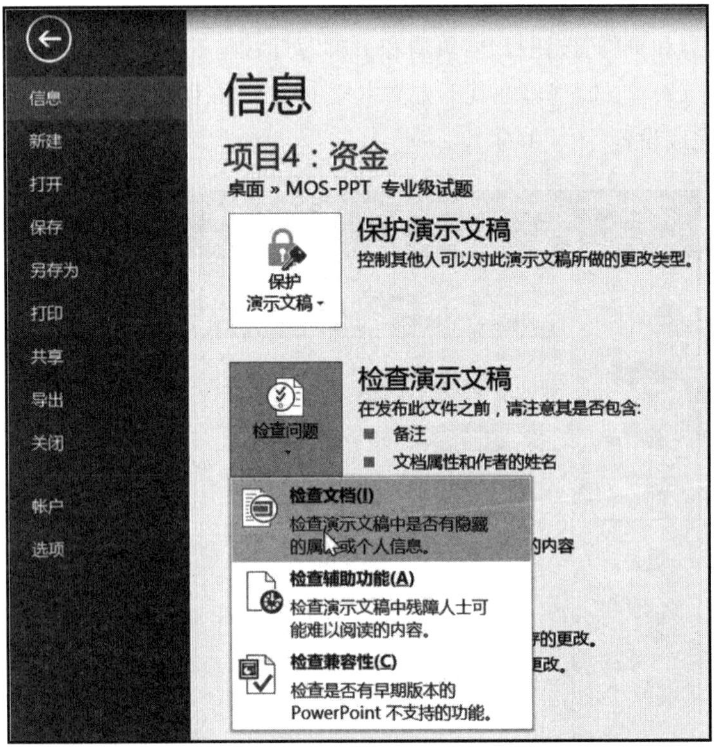

图 4.45 检查文档

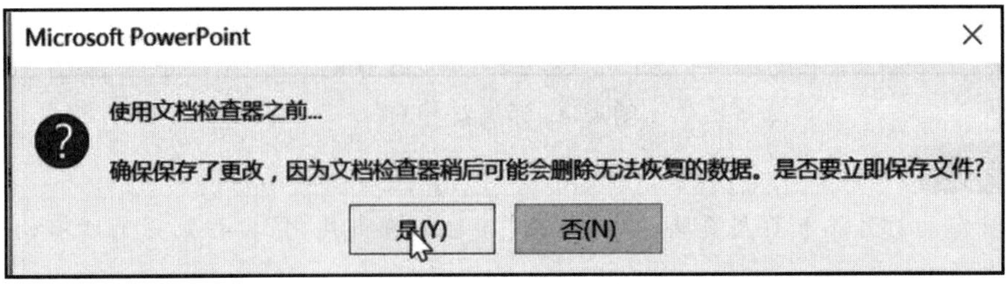

图 4.46 确认保存文件

（4）在审阅检查结果中找到“幻灯片外内容”，单击“全部删除”按钮，最后单击“关闭”按钮完成设置，如图 4.48 所示。

图 4.47　检查幻灯片外内容

图 4.48　删除幻灯片外内容

任务 7

将“幻灯片母版”的顶层项目符号更改为实用图片文件夹中的“对勾.png”文件。

一、准备

打开练习文档(\MOS PPT 2016\项目 4:资金.pptx),确认“对勾.png”文件在图片文件夹中。

二、注释

本任务考查幻灯片的项目符号更改。

三、步骤

(1) 单击“视图”选项卡,再单击“幻灯片母版”,在该视图左边导航窗格选择本演示文稿所使用的幻灯片母版,在右边编辑窗格中选择使用顶层项目符号的文本,如图 4.49 所示。

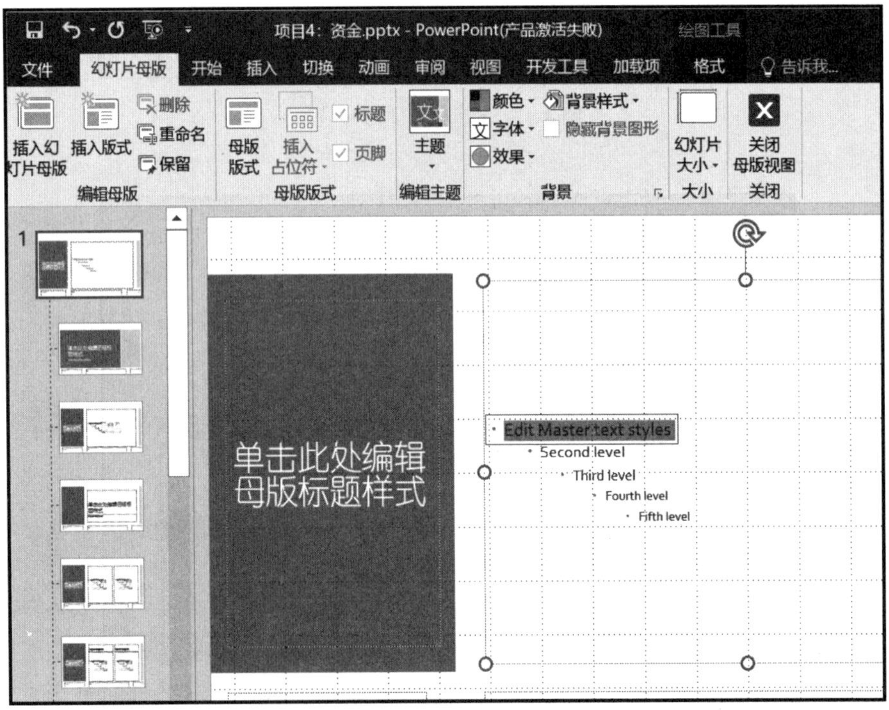

图 4.49　选择应用顶层项目符号的文本

(2) 切换到“开始”选项卡(图 4.50①),单击项目符号下拉按钮,选择“项目符号和编号”菜单命令(图 4.50②),在弹出的“项目符号和编号”对话框的下方单击“图片”按钮(图 4.50③)。

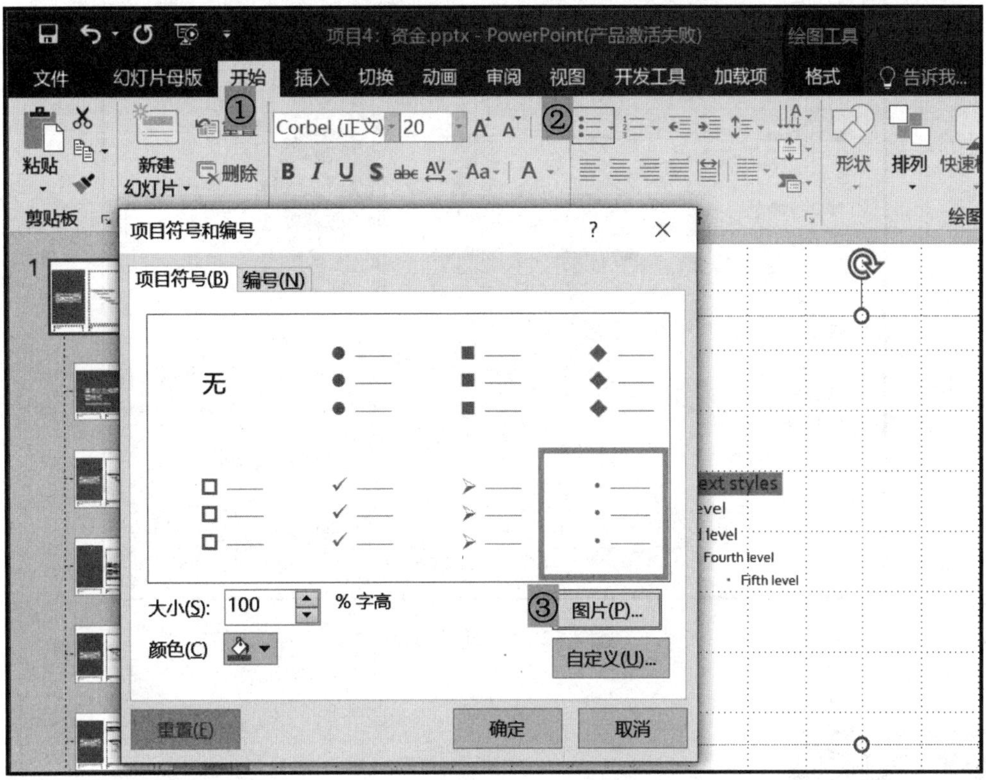

图 4.50　选择图片项目符号

(3) 这时会出现“插入图片”对话框，选择“从文件”浏览，如图 4.51 所示。

(4) 在弹出的“插入图片”对话框中左边窗格选择“图片”文件夹，右边窗格选中本任务指定的素材文件“项目 4：素材-对勾.png”，然后单击“插入”按钮，如图 4.52 所示。

(5) 切换回幻灯片母版视图，单击“关闭母版视图”按钮。

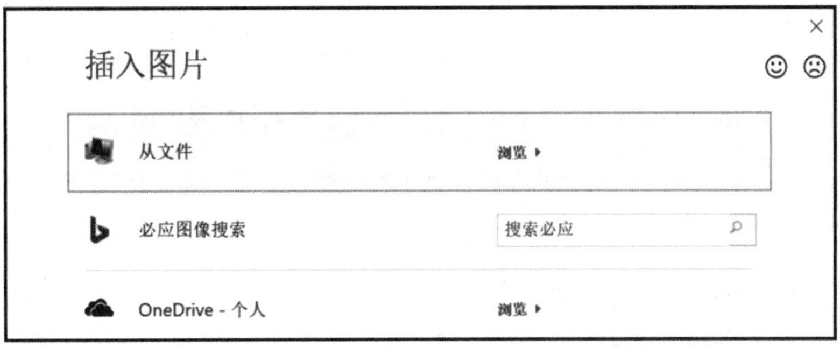

图 4.51　从文件插入图片

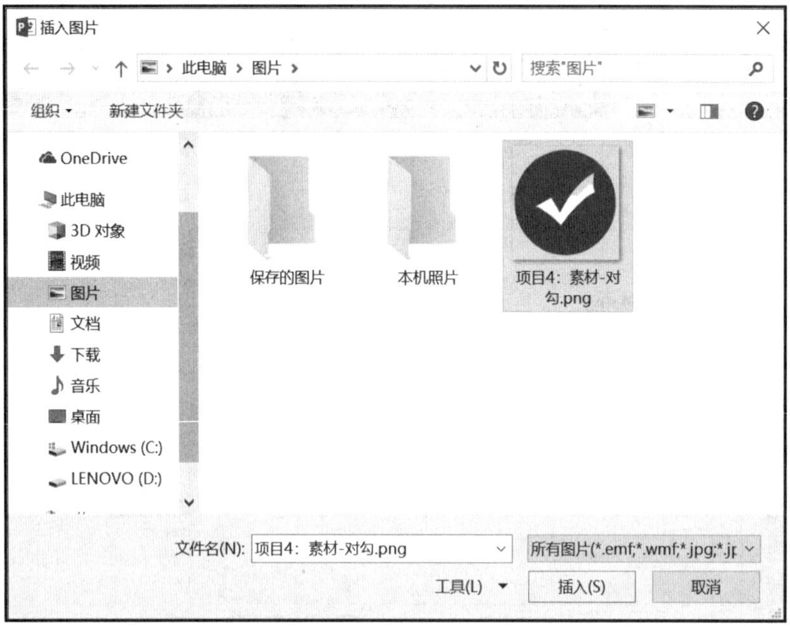

图 4.52　选择图片素材

任务 8

在幻灯片 5 上，将项目符号列表更改为以两列显示。

一、准备

打开练习文档(\MOS PPT 2016\项目 4：资金.pptx)。

二、注释

本任务考查幻灯片的段落分列显示设置。

三、步骤

在左边导航窗格选择幻灯片 5(图 4.53①)，在右边幻灯片 5 编辑窗格中选中文本区域(图 4.53②)，单击段落下拉按钮后在下拉菜单中选择"两列"的菜单命令(图 4.53③)。

注 意

(1) 本任务完成后仍然一列显示是因为列表内容太少，无须两列显示，当内容增多超出一列范围便会呈两列显示。

(2) 整个项目完成后需注意保存。

图 4.53　项目符号列表两列显示

项目五　制作促销演示文稿

项目概述

假设您在深圳微软技术中心销售团队工作，现在需要制作演示文稿，以吸引潜在客户。该项目下有八个任务。

任务 1

在演示文稿末尾添加新幻灯片，内容来自“文档”文件夹中的“最后部分.docx”文件大纲。

一、准备

打开练习文档(\MOS PPT 2016\项目 5：拍卖会.pptx)。

二、注释

本任务与项目四的任务 1 类似,考查根据其他程序已有文件创建演示文稿幻灯片。

三、步骤

(1) 在普通视图左边导航窗格单击最后空白处定位插入点为演示文稿末尾(图 4.54①),单击“新建幻灯片”按钮(图 4.54②),在下拉菜单中选择“幻灯片(从大纲)…”命令。

(2) 在弹出的“插入大纲”对话框中,左边导航窗格选择文档位置(图 4.54③),右边窗格根据任务要求选择文件“项目 5:素材-最后部分.docx”(图 4.54④),单击“插入”按钮完成操作(图 4.54⑤),完成后会在插入点后面出现多张来自文件大纲的新幻灯片。

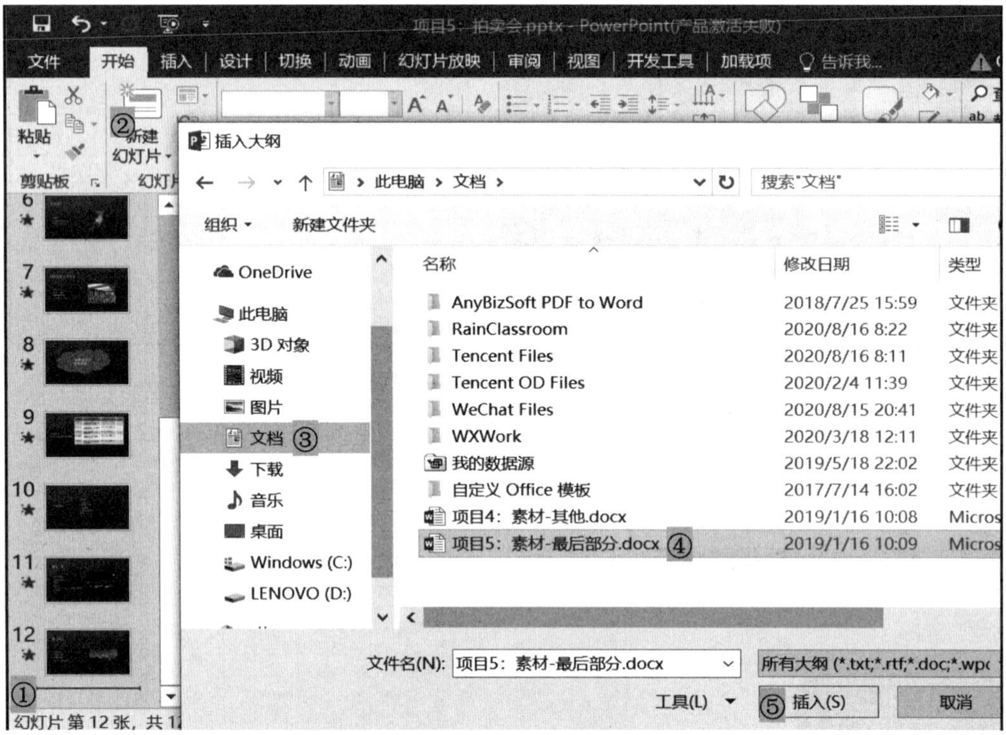

图 4.54　通过文件大纲新建幻灯片

任务 2

设置“讲义母版”,将左侧页脚的内容修改为“草稿”。

一、准备

打开练习文档(\MOS PPT 2016\项目 5:拍卖会.pptx)。

二、注释

本任务考查演示文稿讲义母版的设置。

三、步骤

(1) 在打开的文档中选择“视图”选项卡，再单击“讲义母版”按钮，依次如图 4.55①、②所示。

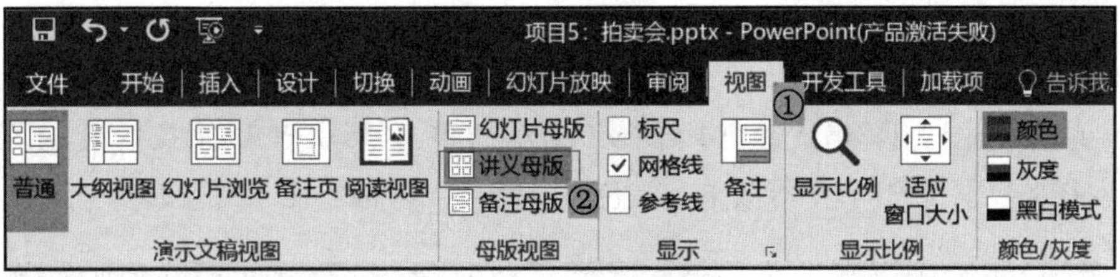

图 4.55　选择讲义母版

(2) 在讲义母版中找到左下角页脚占位符，修改其内容为“草稿”，然后关闭讲义母版返回普通视图，依次如图 4.56①、②所示。

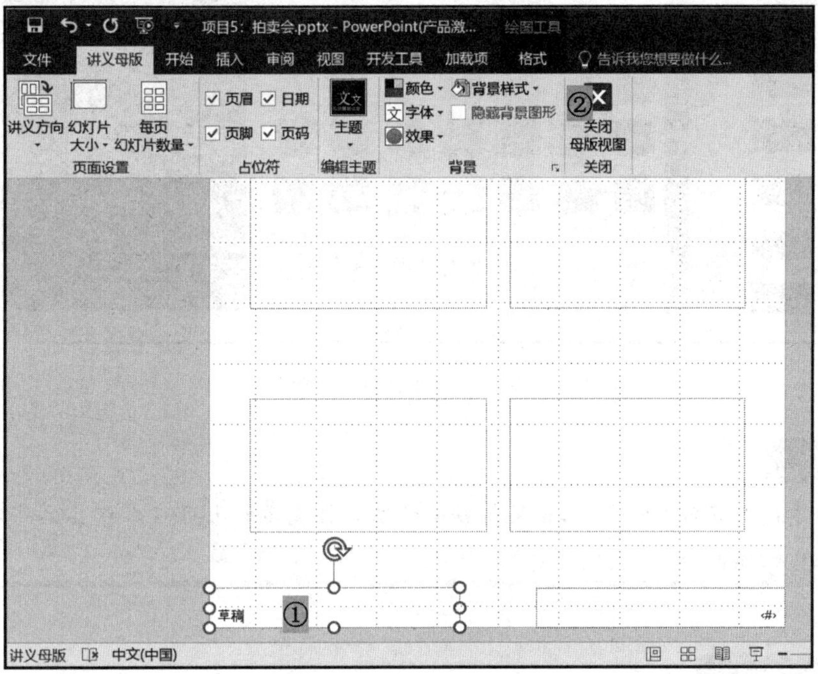

图 4.56　修改讲义母版页脚内容

任务 3

在幻灯片 8 上，对“云形”应用“中等效果—红色，强调颜色 1”样式。

一、准备

打开练习文档(\MOS PPT 2016\项目 5：拍卖会.pptx)。

二、注释

本任务考查幻灯片中图形样式的设置。

三、步骤

(1) 在普通视图左边导航窗格选择幻灯片 8，右边幻灯片编辑区单击选中云形，这时会出现“绘图工具”。

(2) 单击“绘图工具”格式选项卡(图 4.57①)，再单击“形状样式”下拉按钮，在下拉列表中选中本任务要求设置的“中等效果—红色，强调颜色 1”样式(图 4.57②)。

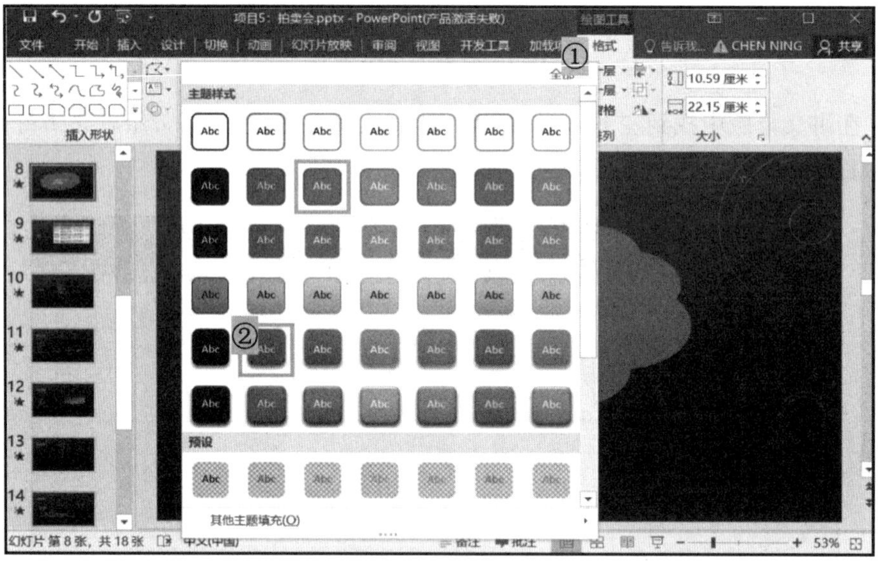

图 4.57 形状样式设置

注 意

每种样式都有固定的名字，把鼠标稍微停留在样式示例上可以看到其名字，须按任务要求选择具体样式。

任务 4

在幻灯片 9 上，删除标题为“内部人士”的表列，在“威利小吃”和“完美无缺”之间插入两个空行。

一、准备

打开练习文档(\MOS PPT 2016\项目 5：拍卖会.pptx)。

二、注释

本任务考查幻灯片中文本段落的删改。

三、步骤

(1) 在左边导航窗格选择幻灯片 9，右边幻灯片编辑区内，将光标定位到表格的“内部人士”列任意区域，此时出现“表格工具”，单击其“布局”选修卡，单击“删除”按钮，在下拉菜单中选择“删除列”命令，如图 4.58 所示。

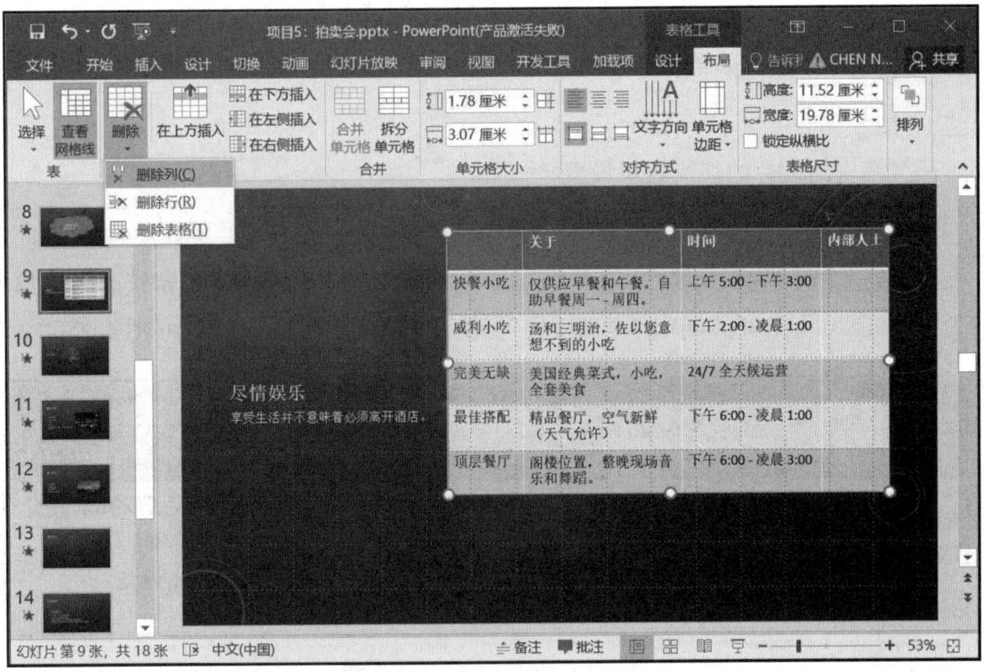

图 4.58 删除特定列

(2) 再将光标定位到“威利小吃”行任意位置，单击两次“在下方插入”按钮，完成特定位置插入空行操作，如图 4.59 所示。

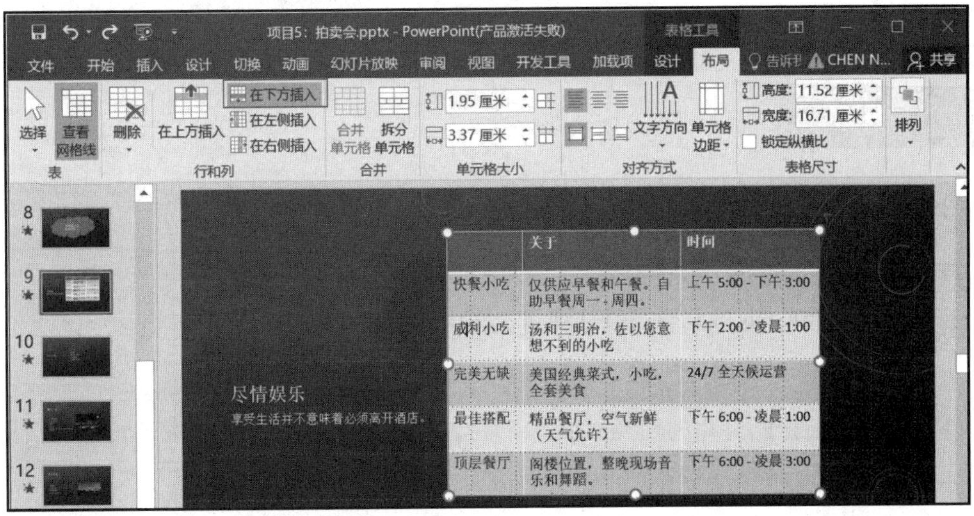

图 4.59 在特定位置插入空行

任务 5

将所有幻灯片的切换“持续时间”设置为“3 秒”,“声音”设置为“无声音”。

一、准备

打开练习文档(\MOS PPT 2016\项目 5:拍卖会.pptx)。

二、注释

本任务考查幻灯片的切换效果设置。

三、步骤

在打开的文档中选择“切换”选项卡(图 4.60①),在计时工具组中设置持续时间为“3 秒”,声音为“无声音”(图 4.60②),单击“全部应用”将该设置应用到所有幻灯片中(图 4.60③)。

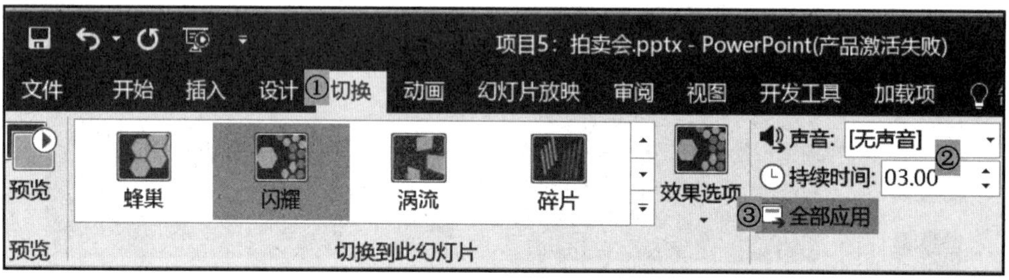

图 4.60 设置幻灯片切换效果

注 意

持续时间以秒为基本单位,如果要给所有幻灯片设置同样切换效果,可以全选幻灯片后进行设置,也可以在当前幻灯片设置后单击“全部应用”按钮。

任务 6

在幻灯片 1 和 2 之间添加“帘式”切换。

一、准备

打开练习文档(\MOS PPT 2016\项目 5:拍卖会.pptx)。

二、注释

本任务考查特定幻灯片的切换添加。

三、步骤

(1) 在普通视图左边导航窗格选择幻灯片 2,选择“切换”选项卡,单击切换到此幻灯片样式下拉按钮，如图 4.61 所示。

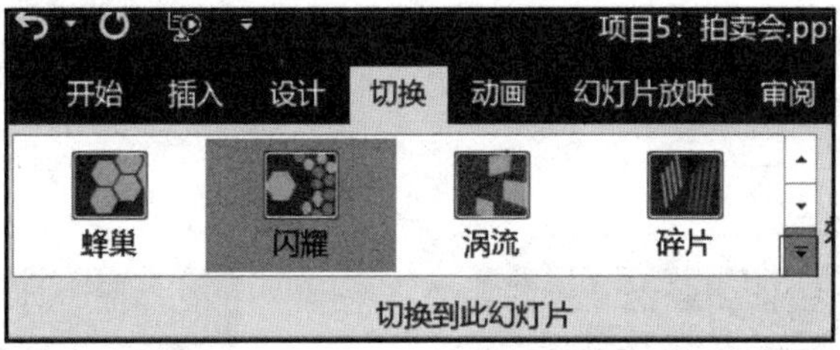

图 4.61　单击切换样式下拉按钮

(2) 在下拉列表中选择“帘式”切换效果，如图 4.62 所示。

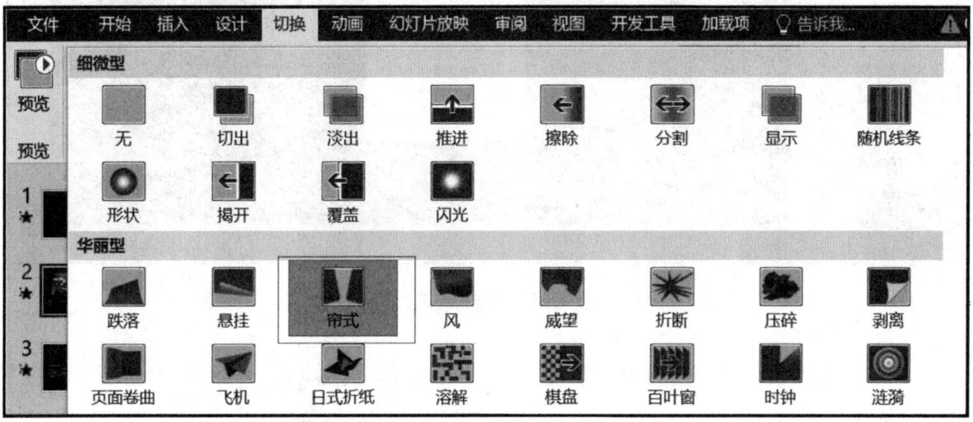

图 4.62　选择切换样式

任务 7

在幻灯片 6 上，为文本添加“擦除”的进入动画，以便幻灯片放映时第一段文字立即从顶部进入，后面每段文字在前一段文字出现 1 秒后自顶部进入。

一、准备

打开练习文档(\MOS PPT 2016\项目 5：拍卖会.pptx)。

二、注释

本任务考查如何为幻灯片的元素添加动画效果。

三、步骤

(1) 在普通视图左边导航窗格选择幻灯片 6，在幻灯片 6 的编辑区中选中文本部分(图 4.63①)，单击“动画”选项卡(图 4.63②)，单击动画样式下拉按钮，在下拉列表中选择“擦除”效果，然后单击“效果选项”下拉按钮，选择“自顶部”(图 4.63③)，在计时工具组中设置“开始”为

“与上一动画同时”(图 4.63④)。

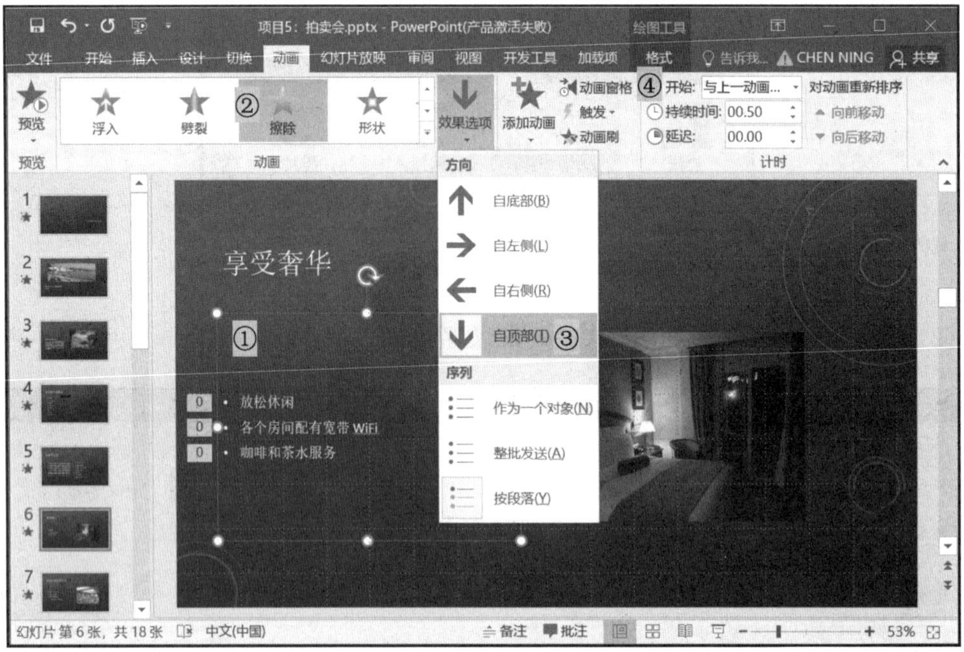

图 4.63 动画效果设置

(2) 单击“动画窗格”按钮打开动画窗格，展开所有文本段落，单击选择第 2 段，设置“延迟:1 秒”，单击选择第 3 段，设置“延迟:2 秒”，设置完关闭动画窗格，如图 4.64 所示。

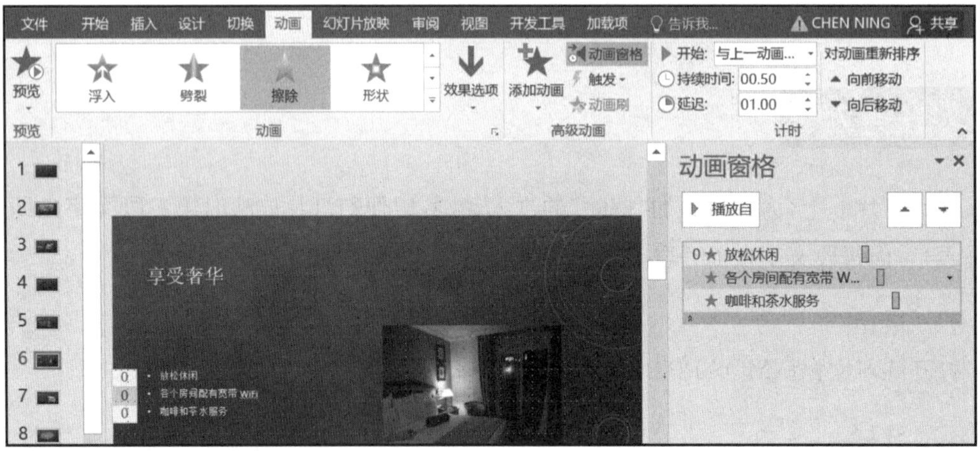

图 4.64 动画延时设置

任务 8

对幻灯片 4 应用“两栏内容”版式。

一、准备

打开练习文档(\MOS PPT 2016\项目 5:拍卖会.pptx)。

二、注释

幻灯片的版式是 PowerPoint 软件中的一种常规排版的格式。通过幻灯片版式的应用可以对文字、图片等更加合理简洁地完成布局。本任务考查幻灯片的版式应用。

三、步骤

在左边导航窗格选择幻灯片 4,单击“开始”选项卡,单击“版式”下拉按钮,在下拉列表选择“两栏内容”版式,如图 4.65 所示。

图 4.65　幻灯片版式设置

至此,整个项目完成,保存演示文稿。

项目六　制作公司展示演示文稿

项目概述

假设您在深圳微软技术中心营销部工作,您要制作演示文稿,在公司循环放映。该项目下有八个任务。

任务 1

在幻灯片 4 上裁剪视频，使显示区域的开始位置从左侧边界开始向右偏移“3.81 厘米”。

图 4.66 选择“设置视频格式”命令

一、准备

打开练习文档(\MOS PPT 2016\项目 6：有机食品.pptx)。

二、注释

本任务考查幻灯片中视频的格式设置。

三、步骤

(1) 在普通视图左边导航窗格选择幻灯片 4，在幻灯片编辑区右击视频，打开快捷菜单并选中“设置视频格式”菜单命令，如图 4.66 所示。

(2) 在“设置视频格式”任务窗格中展开“裁剪”工具组，然后在“偏移量 X(X)”的文本框中输入“3.81 厘米”，完成设置后关闭“设置视频格式”任务窗格，如图 4.67 所示。

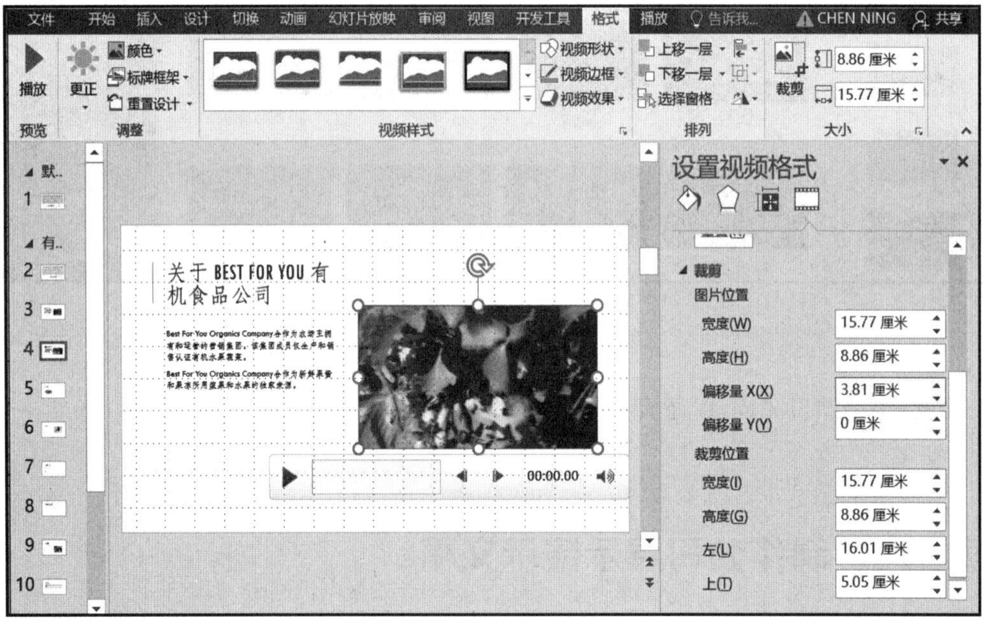

图 4.67 设置视频偏移量

注 意

本任务的裁剪设置是通过视频格式任务窗格设置偏移量，不要直接使用裁剪按钮设置，偏移量 X(X)负值是右侧边界开始向左偏移，正值是左侧边界开始向右偏移；偏移量 Y(Y)负值是下方边界开始向上偏移，正值是上方边界开始向下偏移。

任务 2

配置第 4 页的视频，播放从“00:00.500”到“00:01.500”。

一、准备

打开练习文档(\MOS PPT 2016\项目 6:有机食品.pptx)。

二、注释

本任务考查幻灯片中视频的播放时间设置。

三、步骤

在完成上一任务后，保持幻灯片 4 中视频选中状态，在上方选中视频工具“播放”选项卡(图 4.68①)，在“播放”选项卡中单击“剪裁视频”按钮(图 4.68②)，打开“剪裁视频”对话框，在开始时间文本框中输入“00:00.500”，在结束时间文本框中输入“00:01.500”(图 4.68③、④)，然后单击“确定”按钮(图 4.68⑤)，完成设置后点击视频外区域退出视频编辑。

图 4.68 设置视频播放时间

任务3

在幻灯片5上，为“星形：二十四角(二十四角星)”形状添加“圆形扩展”的动作路径动画。

一、准备

打开练习文档(\MOS PPT 2016\项目6：有机食品.pptx)。

二、注释

PowerPoint中提供了一种相当精彩的动画功能，它允许你在一幅幻灯片中为某个对象指定一条移动路线，这在PowerPoint中被称为“动作路径”。使用“动作路径”能够为你的演示文稿增加非常有趣的效果。例如，你可以让一个幻灯片对象跳动着把观众的眼光引向所要突出的重点。本任务考查幻灯片中元素的动作路径设置。

三、步骤

(1) 在普通视图左边导航窗格单击选中幻灯片5，在幻灯片5编辑区选中“星形：二十四角(二十四角星)”形状，切换到“动画”选项卡，单击“添加动画”按钮，在下拉菜单中选择“其他动作路径(P)...”命令，依次如图4.69①、②、③所示。

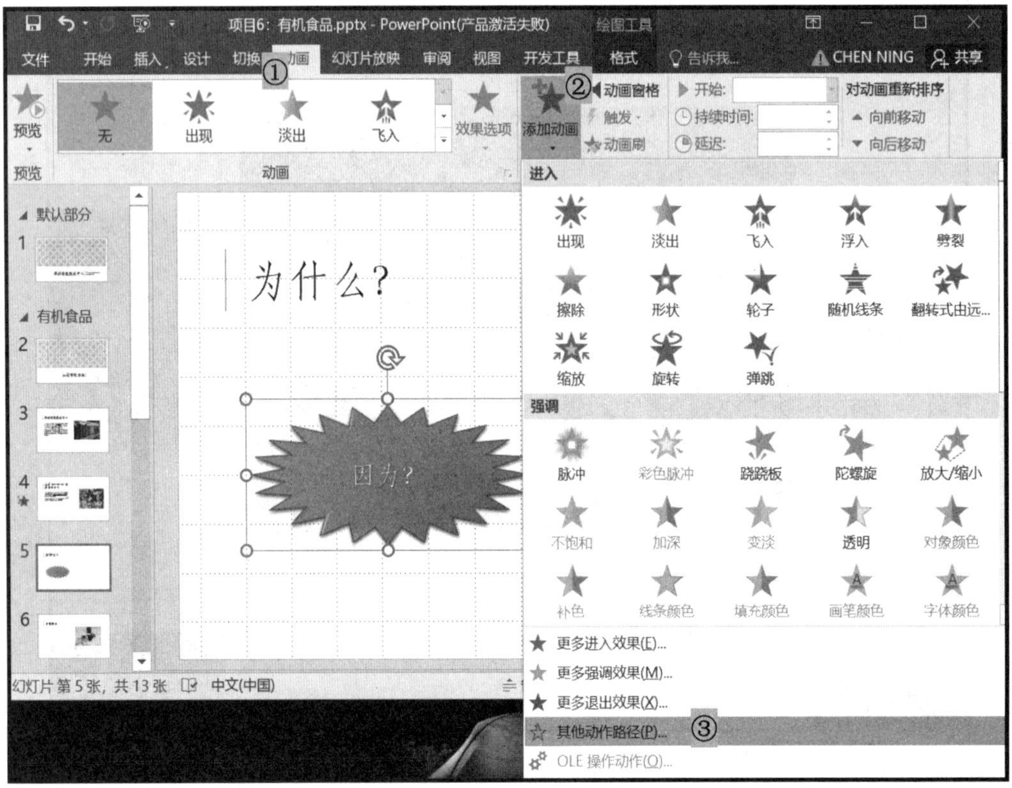

图4.69 选择动作路径菜单命令

（2）在“添加动作路径”对话框中，根据任务要求选中“圆形扩展”，单击“确定”按钮完成设置，依次如图 4.70①、②所示。

任务 4

将“媒体”占位符添加到“全幻灯片媒体”版式。位置在标题占位符下方。将左侧和右侧边缘与标题占位符对齐。

一、准备

打开练习文档(\MOS PPT 2016\项目 6：有机食品.pptx)。

二、注释

幻灯片的版式是 PowerPoint 软件中的一种常规排版的格式。通过幻灯片版式的应用可以对文字、图片等更加合理简洁地完成布局。调整版式通常在幻灯片母版视图下进行设置。本任务考查幻灯片中版式的调整。

三、步骤

（1）选择“视图”→“幻灯片母版”切换到幻灯片母版视图下，在左边导航窗格中通过滚动条查找并选择“全幻灯片媒体版式”，如图 4.71 所示。

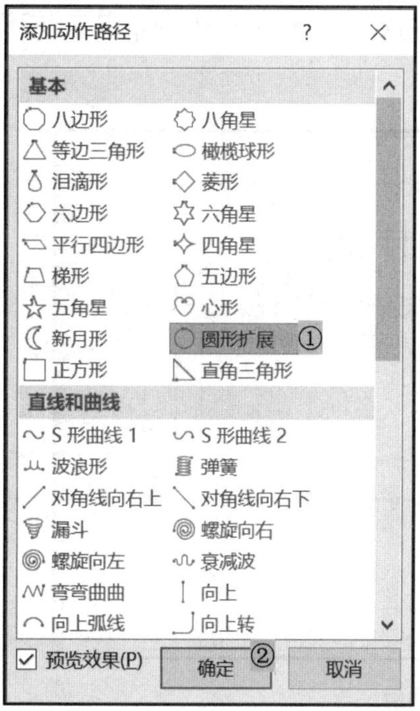

图 4.70　选中“圆形扩展”动作路径

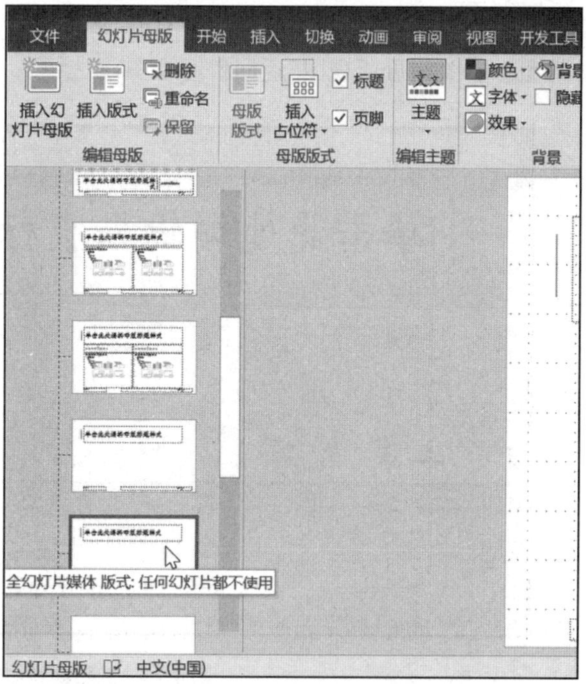

图 4.71　选择“全幻灯片媒体版式”

（2）单击插入占位符下拉按钮，在下拉列表中选中“媒体”，如图 4.72 所示。

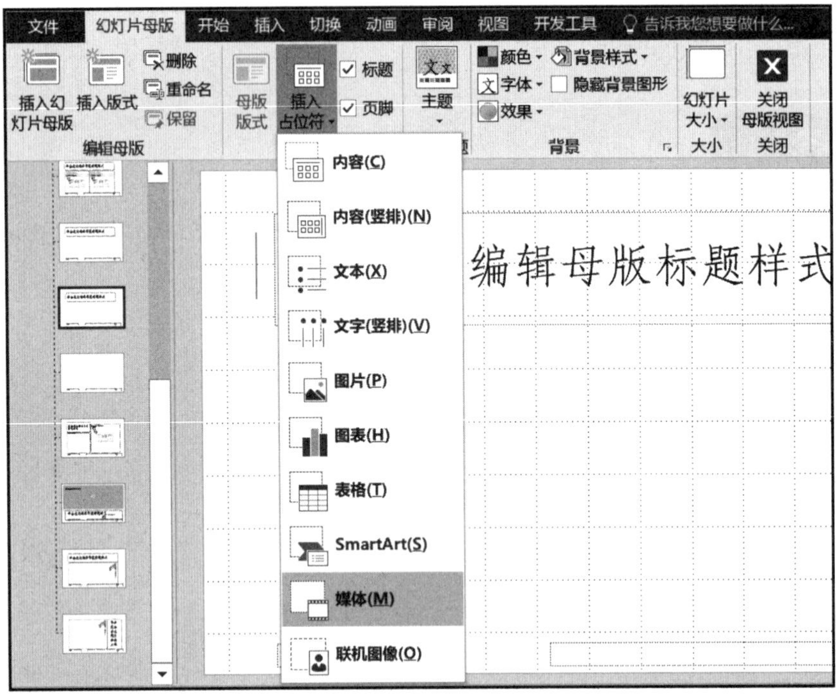

图 4.72　选中媒体占位符

(3) 拖拽鼠标在标题占位符下方绘制媒体占位符，并通过鼠标调整媒体占位符的左侧边缘和右侧边缘，使其与标题占位符对齐，如图 4.73 所示，调整完成后关闭，通过单击"幻灯片母版"→"关闭母版视图"返回普通视图。

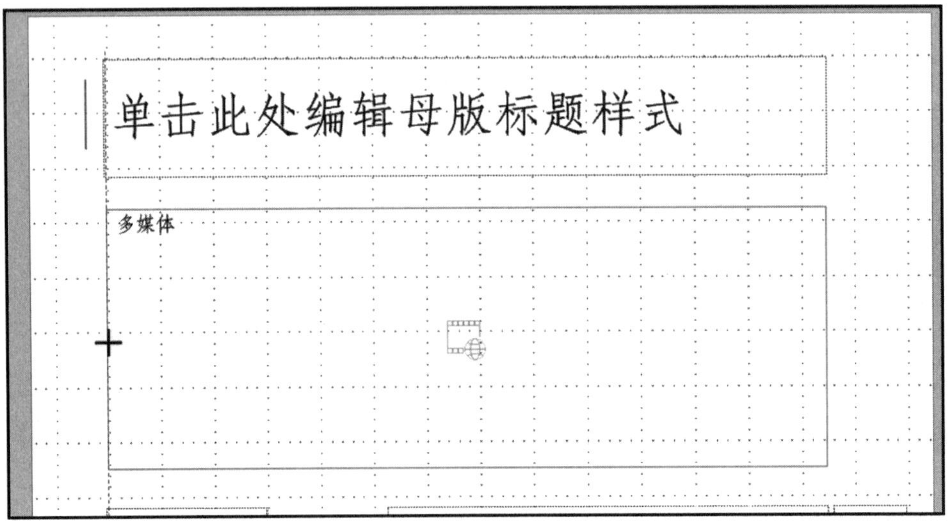

图 4.73　调整媒体占位符边缘

注意

调整占位符边缘时可以通过智能参考线来确认对齐与否。

任务 5

复制幻灯片 12。

一、准备

打开练习文档(\MOS PPT 2016\项目 6:有机食品.pptx)。

二、注释

本任务考查幻灯片的复制。

三、步骤

在普通视图左边导航窗格选择幻灯片 12,右击幻灯片 12,在快捷菜单中选中“复制幻灯片”命令完成操作,如图 4.74 所示。

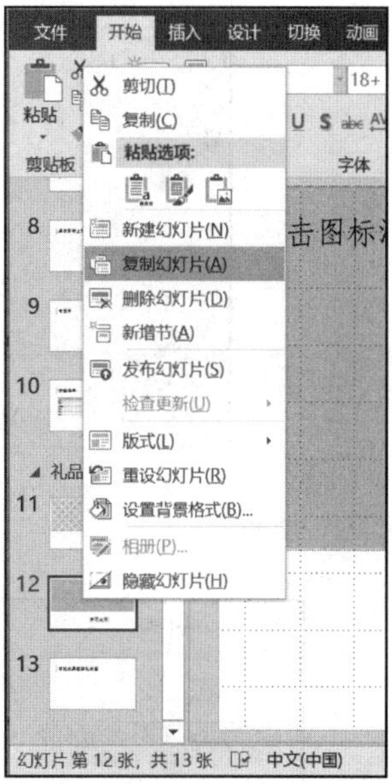

图 4.74 复制幻灯片

任务 6

在幻灯片 7 上,将“果酱列表”转换为“垂直图片重点列表”SmartArt 图形。

一、准备

打开练习文档(\MOS PPT 2016\项目 6:有机食品.pptx)。

二、注释

将文本、列表转换为 SmartArt 图形是将现有幻灯片转换为专业设计的插图的快速方法。例如,通过一次单击,可以将日程幻灯片转换为 SmartArt 图形。可以从许多内置布局中进行选择,从而快速、轻松、有效地传达消息或想法。本任务考查如何将列表转换为 SmartArt 图形。

三、步骤

(1) 在普通视图左边导航窗格单击选中幻灯片 7,在编辑区选择标题下方的文本列表,单击段落工具组右下角“转换为 SmartArt 图形”按钮,在下拉列表中选择“其他 SmartArt 图形(M)...”命令,如图 4.75 所示。

(2) 在“选择 SmartArt 图形”对话框中找到本任务要求设置的“垂直图片重点列表”,单击“确定”按钮完成设置,如图 4.76 所示。

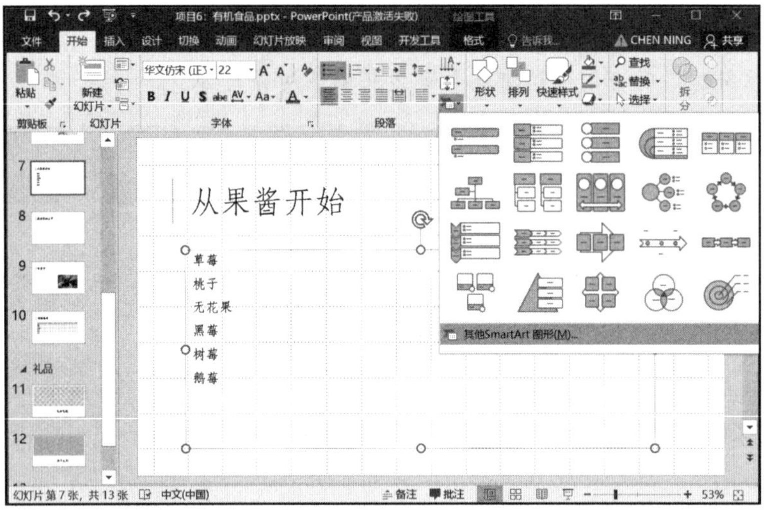

图 4.75　选择转换为“其他 SmartArt 图形”菜单命令

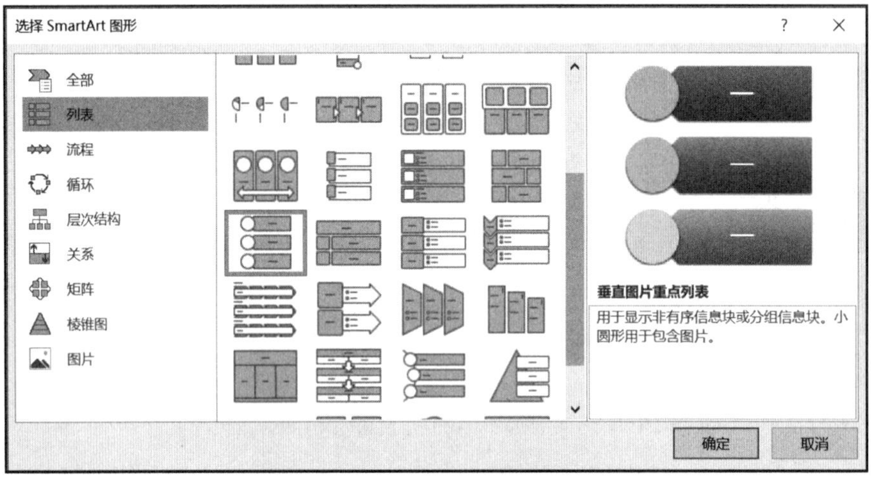

图 4.76　选择“垂直图片重点列表”

任务 7

压缩文件中的媒体文件为互联网质量。

一、准备

打开练习文档(\MOS PPT 2016\项目 6:有机食品.pptx)。

二、注释

如果演示文稿里面插入了过多图片和视频，那必然会导致文件体积变大，影响放映流畅度。目前网络上很多高质量的视频文件基本上都是经过压缩的文件。本任务考查如何进行文件媒体文件的压缩。

三、步骤

单击“文件”选项卡，在文件信息下，单击“压缩媒体”，在其下拉列表中选中“互联网质量”，压缩后关闭压缩对话框并单击返回，如图 4.77 所示。

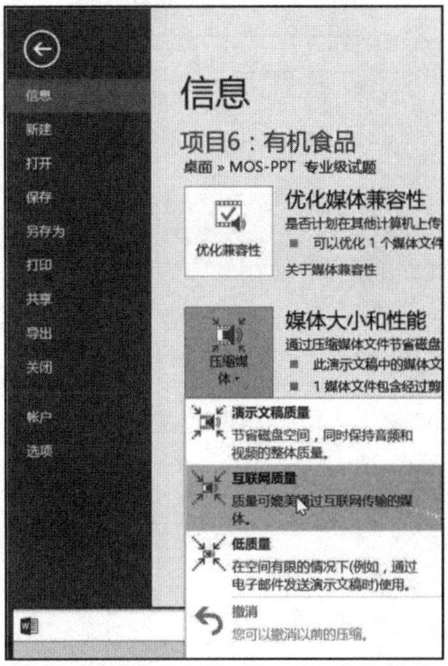

图 4.77 压缩媒体为互联网质量

任务 8

从讲义页眉中删除日期占位符。

一、准备

打开练习文档(\MOS PPT 2016\项目 6:有机食品.pptx)。

二、注释

本任务考查如何进行页眉的删改。

三、步骤

通过“视图”→“讲义母版”切换到讲义母版视图下，选中右上角的日期占位符，按键盘“Delete”键删除，完成设置后关闭母版视图返回普通视图，如图 4.78 所示。

注 意

整个项目完成后须注意保存。

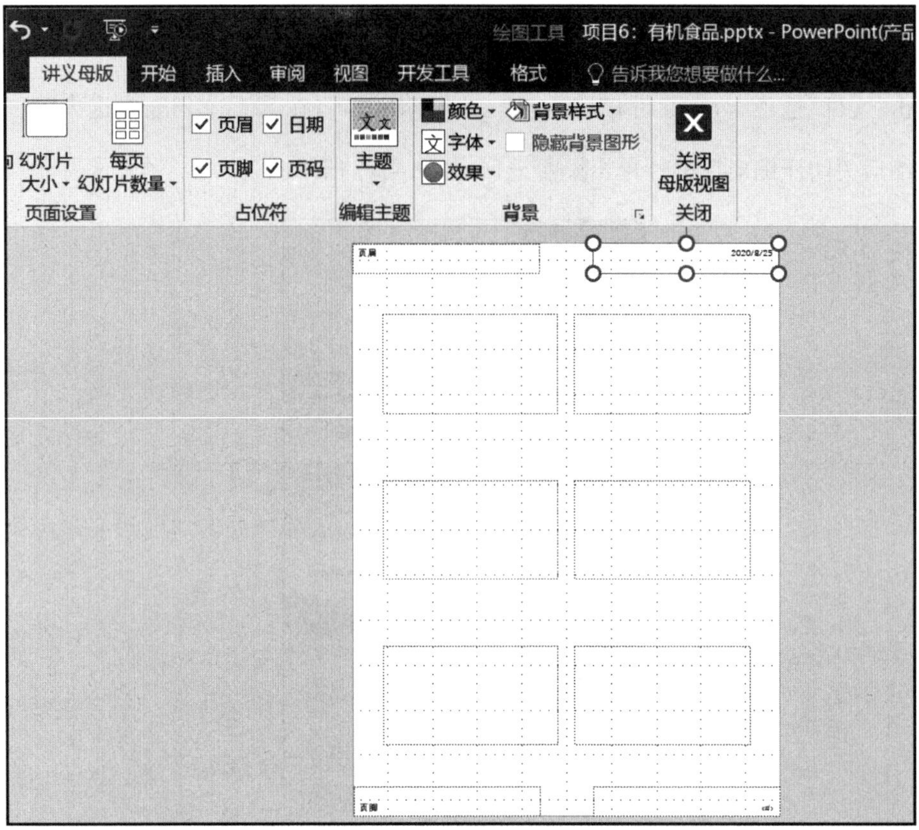

图 4.78 删除讲义母版日期占位符

项目七 制作宣传演示文稿

项目概述

假设您受雇于深圳微软技术中心，现要制作新的宣传材料。该项目下有九个任务。

任务 1

删除标题为“国家增长”的幻灯片 8。

一、准备

打开练习文档(\MOS PPT 2016\项目 7：进口.pptx)。

二、注释

本任务考查幻灯片版式的删除操作。

三、步骤

在普通视图左边导航窗格单击选中幻灯片 8，右击幻灯片 8，在快捷菜单中选中“删除幻灯片”命令，如图 4.79 所示，或者按键盘“Delete”键进行幻灯片删除。

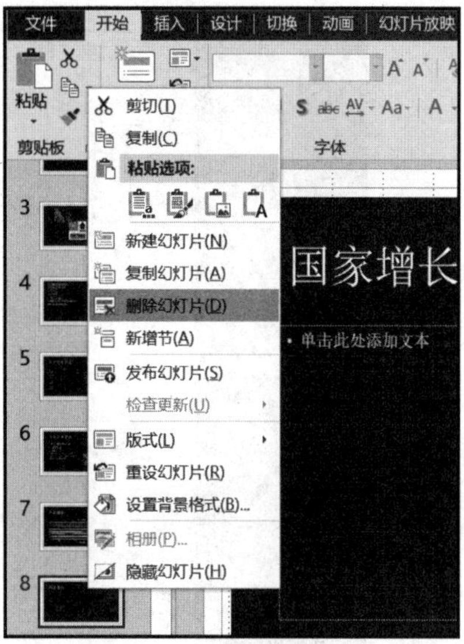

图 4.79　删除幻灯片

任务 2

将打印选项配置为打印五份演示文稿，每页三张幻灯片。打印完第一页所有副本之后，再打印第二页的所有副本。

一、准备

打开练习文档(\MOS PPT 2016\项目 7：进口.pptx)

二、注释

本任务考查演示文稿的打印设置。

三、步骤

单击“文件”选项卡，在文件导航窗格单击“打印”(图 4.80①)，在打印设置区域中调整打印份数为“5”(图 4.80②)。设置幻灯片：“讲义(每页 3 张幻灯片)”“取消排序 1,1,1　2,2,2　3,3,3”(图 4.80③、④)，完成设置后单击返回。

任务 3

在幻灯片 3 上，将“您是指咖啡，是吗?”文本与文本框顶端对齐，并应用“双删除线”效果。

一、准备

打开练习文档(\MOS PPT 2016\项目 7：进口.pptx)。

二、注释

本任务考查幻灯片中的文本设置。

三、步骤

(1) 在普通视图左边导航窗格单击选中幻灯片 3，在幻灯片编辑区选中“您是指咖啡，是

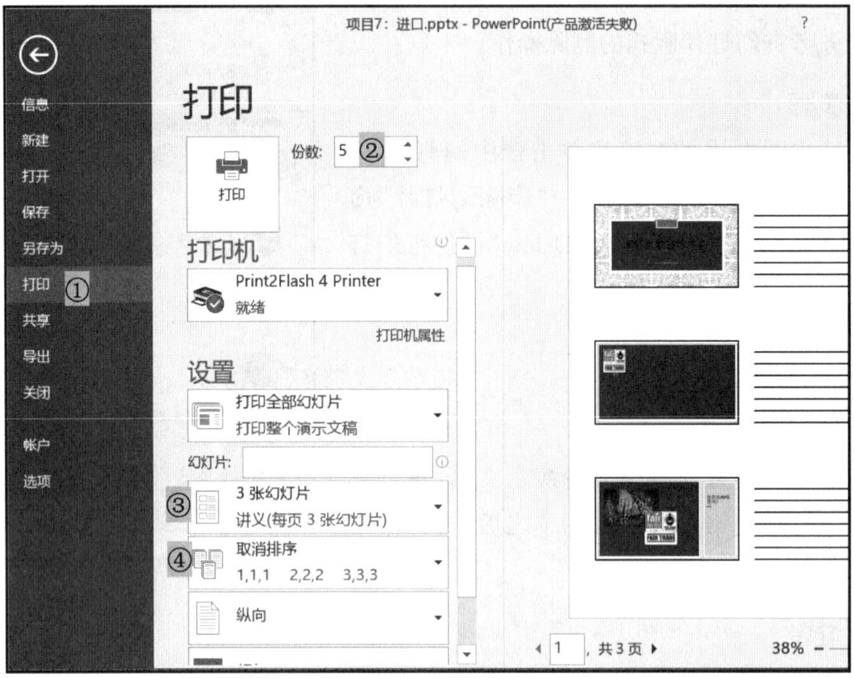

图 4.80　演示文稿打印设置

吗?”文本占位符，右击在快捷菜单中选择“设置形状格式”命令，在“设置形状格式”任务窗格上方单击“文本选项”，在“文本选项”下单击“文本框”(图 4.81①)，然后选择垂直对齐方式为“顶端对齐”(图 4.82②)，设置完成后关闭“设置形状格式”任务窗格。

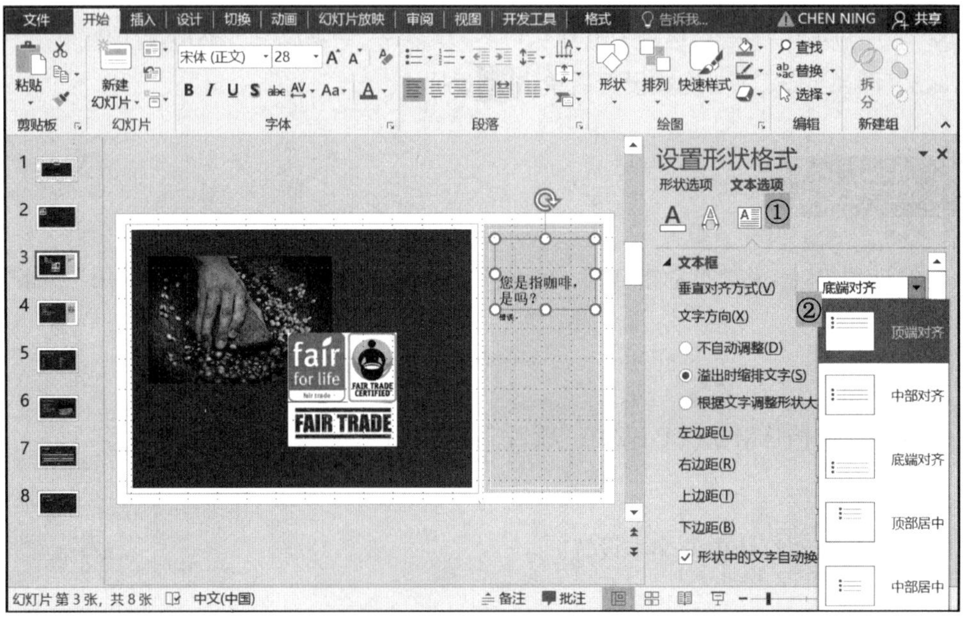

图 4.81　设置文本框垂直对齐方式

（2）选中文本“您是指咖啡，是吗？”，单击字体工具组右下角扩展按钮，在“字体”对话框中勾选“双删除线”，如图 4.82 所示，然后单击“确定”按钮完成设置。

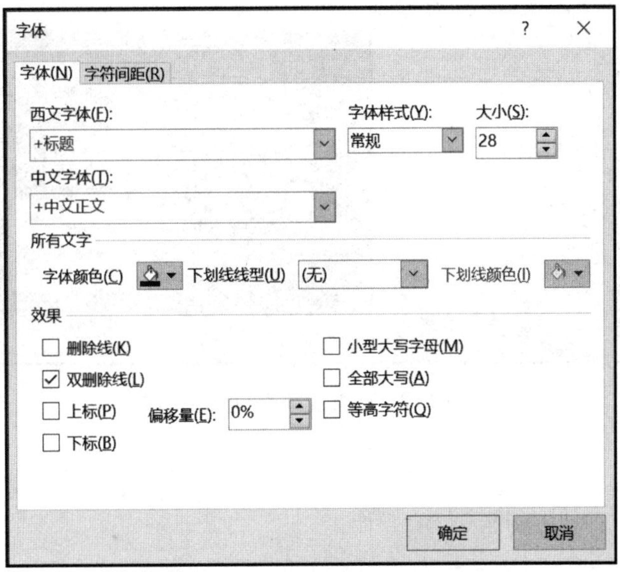

图 4.82　字体双删除线效果设置

任务 4

在幻灯片 3 上，组合所有图片。

一、准备

打开练习文档(\MOS PPT 2016\项目 7：进口.pptx)。

二、注释

本任务考查幻灯片中的图片组合设置。

三、步骤

在幻灯片 3 编辑区中，通过鼠标框选幻灯片 3 左侧所有图片，右击选中区域弹出快捷菜单，在快捷菜单中单击组合命令的子命令“组合”完成设置，如图 4.83 所示。

任务 5

在幻灯片 7 上的图表样式更改为“样式 13”，将颜色更改为“单色－颜色 7”。

一、准备

打开练习文档(\MOS PPT 2016\项目 7：进口.pptx)。

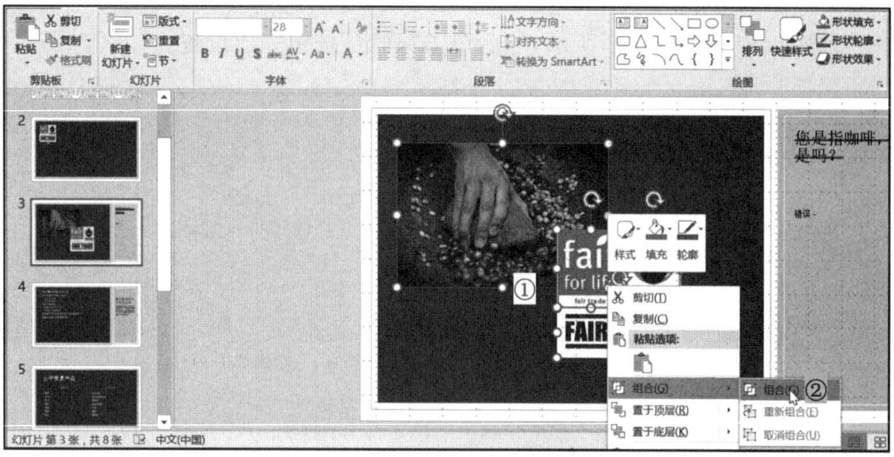

图 4.83　幻灯片图片的组合设置

二、注释

本任务考查幻灯片中的图表修改操作。

三、步骤

(1) 在普通视图左边导航窗格单击选中幻灯片 7，在幻灯片编辑区选中图表，单击图表工具设计选项卡，在图表样式下拉列表中选择“样式 13”，依次如图 4.84①、②所示。

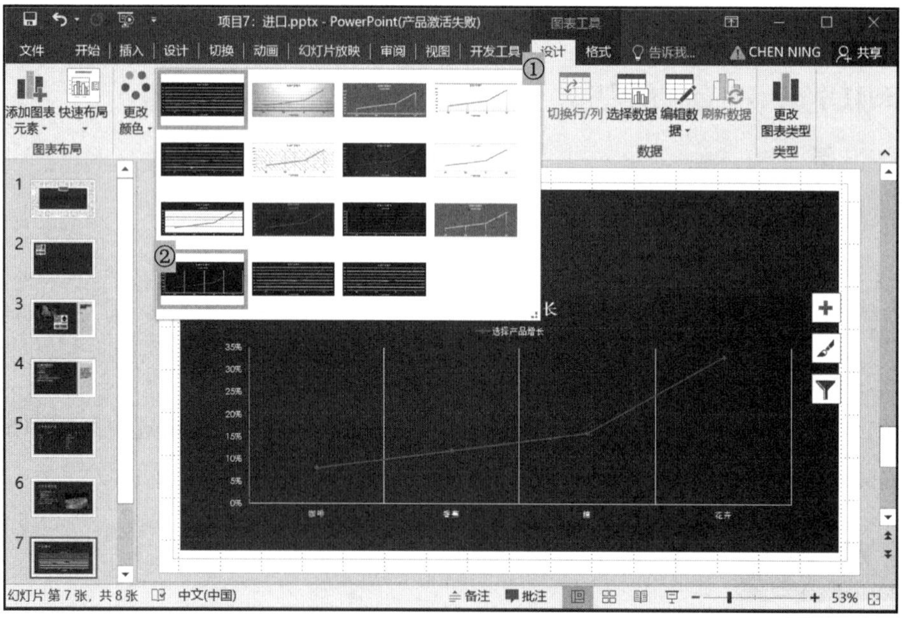

图 4.84　图表样式设置

(2) 单击“更改颜色”展开下拉列表，选中“单色一颜色 7”，如图 4.85 所示。

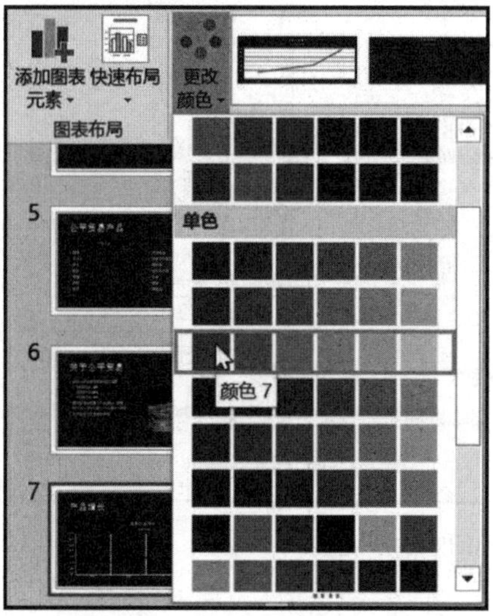

图 4.85 更改图表颜色

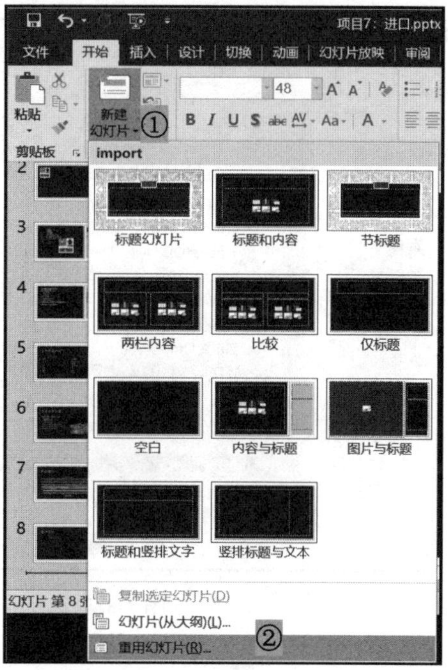

图 4.86 选择重用幻灯片

任务 6

将“文档”文件夹“资料.pptx”中所有的幻灯片按顺序添加到演示文稿的末尾。

一、准备

打开练习文档(\MOS PPT 2016\项目 7：进口.pptx)，确认“资料.pptx”在“文档”文件夹中。

二、注释

本任务考查演示文稿幻灯片的添加操作。

三、步骤

(1) 在普通视图左边导航窗格单击最后一张幻灯片末尾以定位插入点到演示文稿的末尾，单击开始选项卡中“新建幻灯片”按钮，在下拉列表中选择“重用幻灯片(R)...”命令，依次如图 4.86①、②所示。

(2) 在重用幻灯片任务窗格中，通过“浏览”→“浏览文件...”打开“浏览”对话框，在对话框左侧窗格选择“文档”位置，右侧窗格选择本任务所要求插入的素材文件“项目 7：素材-资料.pptx”，然后单击“打开”按钮，依次如图 4.87①～④所示。

(3) 在如图 4.88 所示的外部文件幻灯片预览窗格中，依次单击来自其他文件的幻灯片，将这些幻灯片依次插入到本演示文稿幻灯片末尾，完成设置后关闭“重用幻灯片”任务栏。

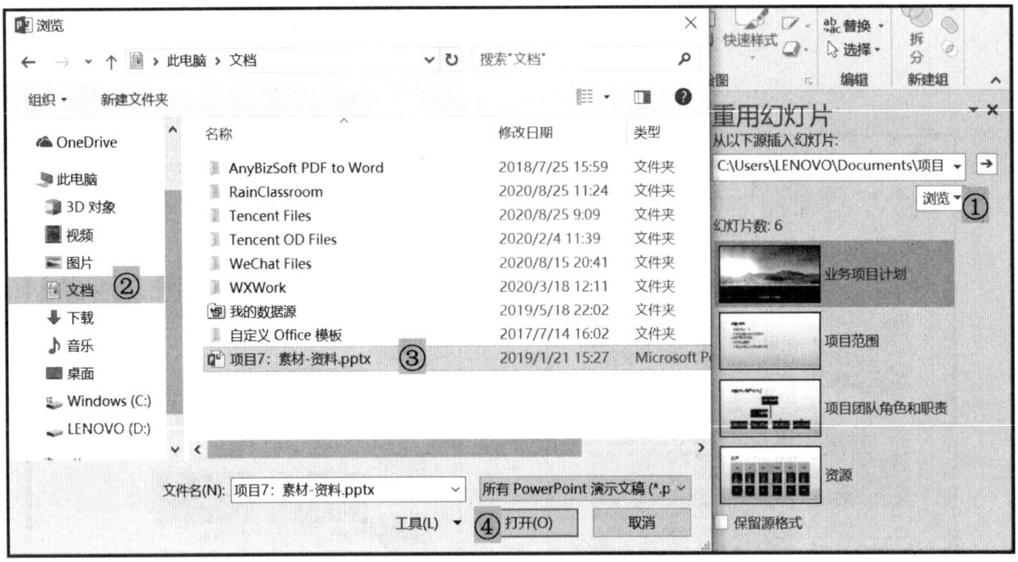

图 4.87　选择需要插入的幻灯片来源文件

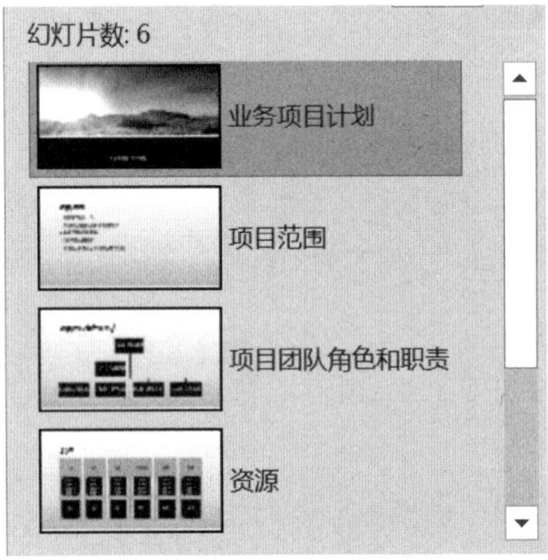

图 4.88　外部文件幻灯片预览

任务 7

将对“幻灯片母版”应用“离子会议室”主题，字体为“Arial”。

一、准备

打开练习文档(\MOS PPT 2016\项目 7：进口.pptx)。

二、注释

本任务考查演示文稿幻灯片母版的修改操作。

三、步骤

（1）通过“视图”→“幻灯片母版”切换到幻灯片母版视图，在左侧窗格选择所有幻灯片使用的母版，然后单击上方“主题”展开下拉列表，选择“离子会议室”主题，依次如图 4.89①、②、③所示。

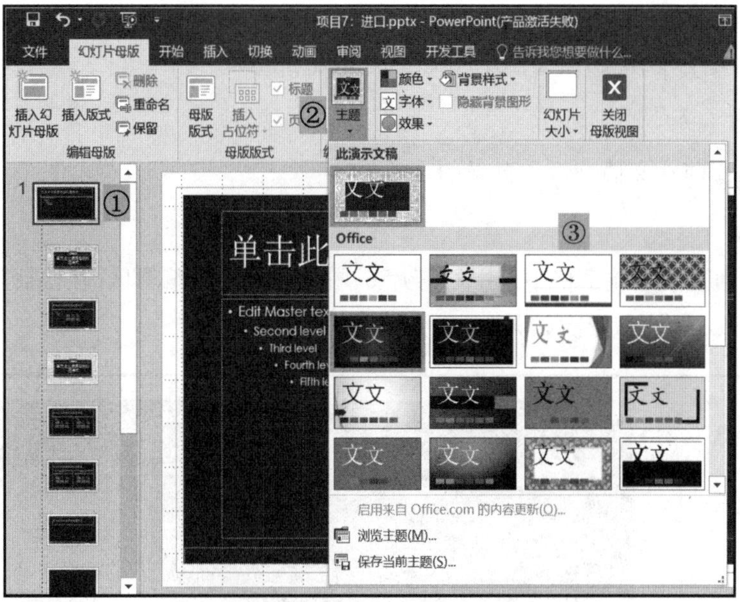

图 4.89　选择幻灯片母版主题

（2）在选项卡中单击“字体”下拉箭头，在其下拉列表中选中“Arial”，完成设置后关闭幻灯片母版返回普通视图，如图 4.90 所示。

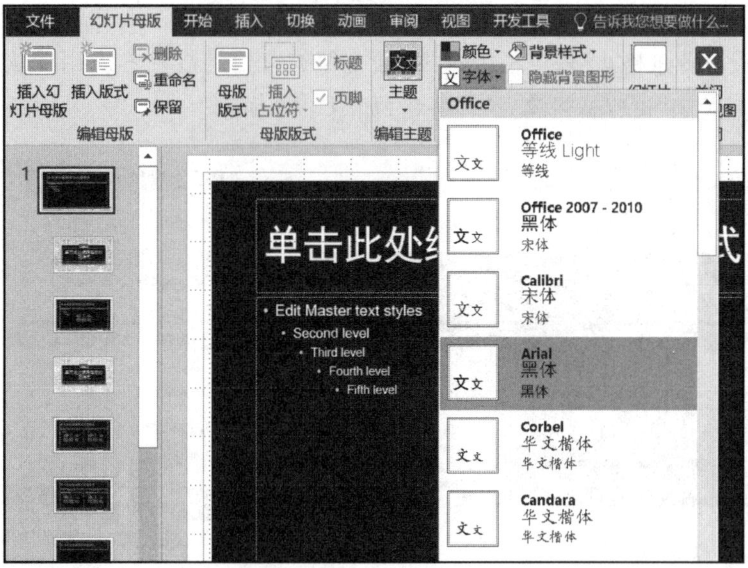

图 4.90　选择幻灯片母版字体

任务 8

对幻灯片 6 应用默认的“渐变填充”背景。

一、准备

打开练习文档(\MOS PPT 2016\项目 7:进口.pptx)。

二、注释

本任务考查演示文稿幻灯片背景的设置。

三、步骤

(1) 在普通视图导航窗格中选中幻灯片 6,右击幻灯片 6 编辑区,在快捷菜单中选中“设置背景格式(B)...”命令,依次如图 4.91①、②所示。

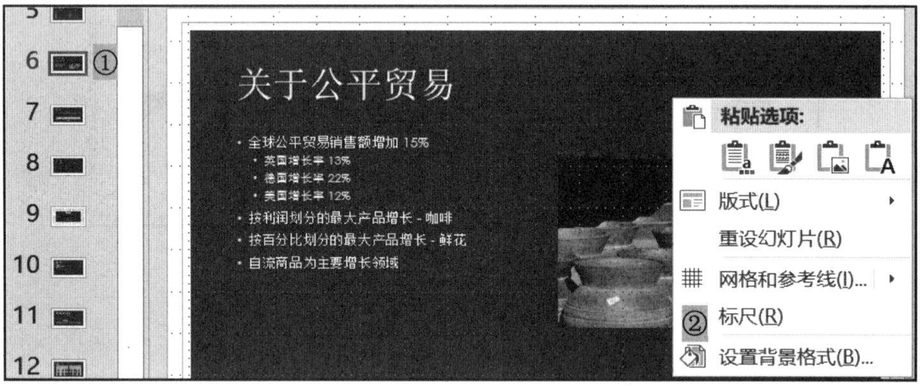

图 4.91 选择“设置背景格式”命令

(2) 在“设置背景格式”任务栏中选中“渐变填充”,给幻灯片 6 应用默认的渐变填充背景,完成设置后关闭“设置背景格式”任务栏,如图 4.92 所示。

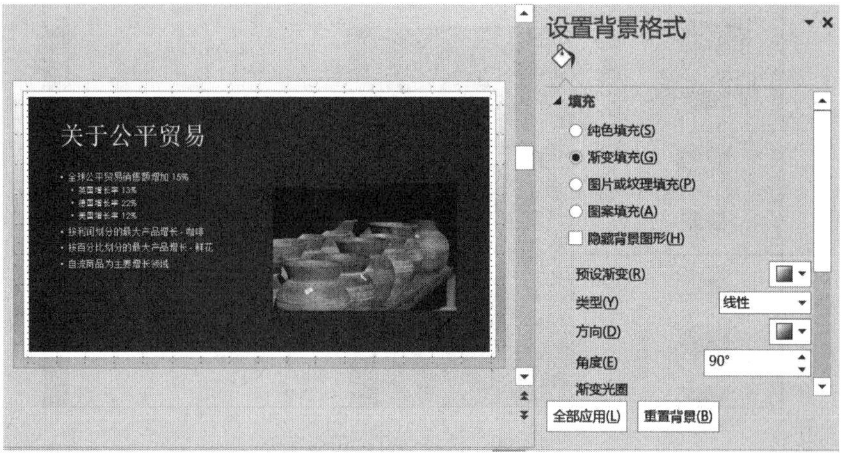

图 4.92 应用默认的渐变填充背景

任务 9

在幻灯片 1 上，将底行文本的字符间隔更改为“很松”(加宽 6 磅)，并应用文本阴影。

一、准备

打开练习文档(\MOS PPT 2016\项目 7：进口.pptx)。

二、注释

本任务考查演示文稿幻灯片文本的设置。

三、步骤

(1) 在普通视图导航窗格中选中幻灯片 1，在幻灯片编辑区选中底行文本，单击字体工具组右下角扩展按钮，在打开的“字体”对话框中选中“字符间距”选项卡，设置间距“加宽”、度量值“6 磅”，然后单击“确定”按钮，如图 4.93 所示。

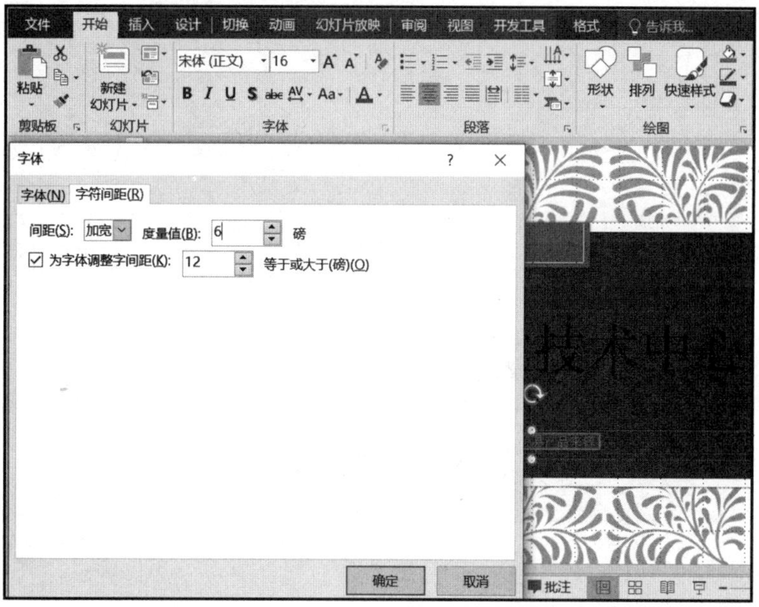

图 4.93　幻灯片字符间距设置

(2) 保持文本选中状态，单击字体工具组中的文字阴影按钮，为文本应用阴影效果。

注 意

完成项目后注意保存。

模块五
MOS Outlook 2016

项目 管理 Outlook

项目概述

Outlook 的功能很多，可以用它来收发电子邮件、管理联系人信息、安排日程、分配任务。假设您是某企业员工，需要通过 Outlook 的电子邮件、日历、联系人和任务等工具提高生产力，高效工作。该项目下有 35 个任务。

任务 1

在“收件箱”中找到“传单模板”邮件，将邮件以文本文件的形式保存到“文档”文件夹，使用默认文件名。

一、准备

配置好虚拟环境，运行 Outlook 程序。

二、注释

本任务主要考查设置 Outlook 邮件的相关操作。

三、步骤

(1) 在左侧导航窗格单击“收件箱”，在中间收件箱内容列表中选中“传单模板”邮件，再单击右侧传单模板下拉箭头，在下拉菜单中选择“打开”，依次如图 5.1①、②、③所示。

注 意

也可以通过右击邮件,在快捷菜单中直接进行“另存为”操作。

(2) 打开邮件后单击左上角“文件”选项卡,然后单击“另存为”,在“另存为”对话框中保存位置为“文档”,保存类型“纯文本”,文件名默认,单击“保存”按钮完成设置,依次如图 5.2 ①、②、③、④所示。

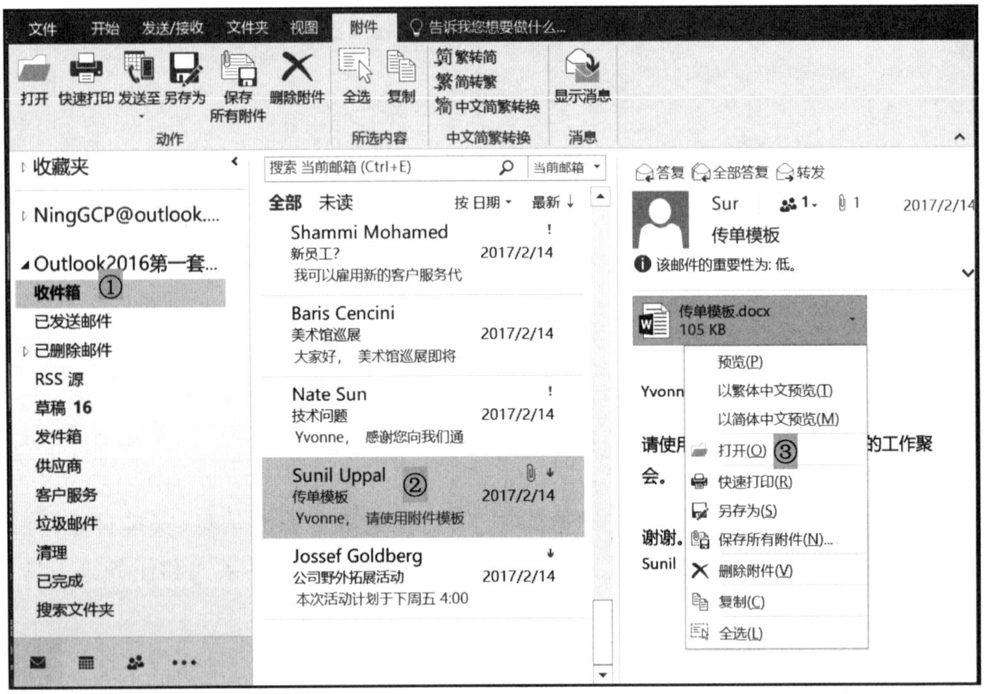

图 5.1 打开“传单模板”邮件

任务 2

将“传单模板”邮件在今明两天标记为“不要转发”,不要设置提醒。

一、准备

配置好虚拟环境,运行 Outlook 程序。

二、注释

本任务主要考查 Outlook 邮件的相关操作。

三、步骤

(1) 选中“传单模板”邮件,单击切换到“开始”选项卡,单击邮件上方“后续标志”下拉箭

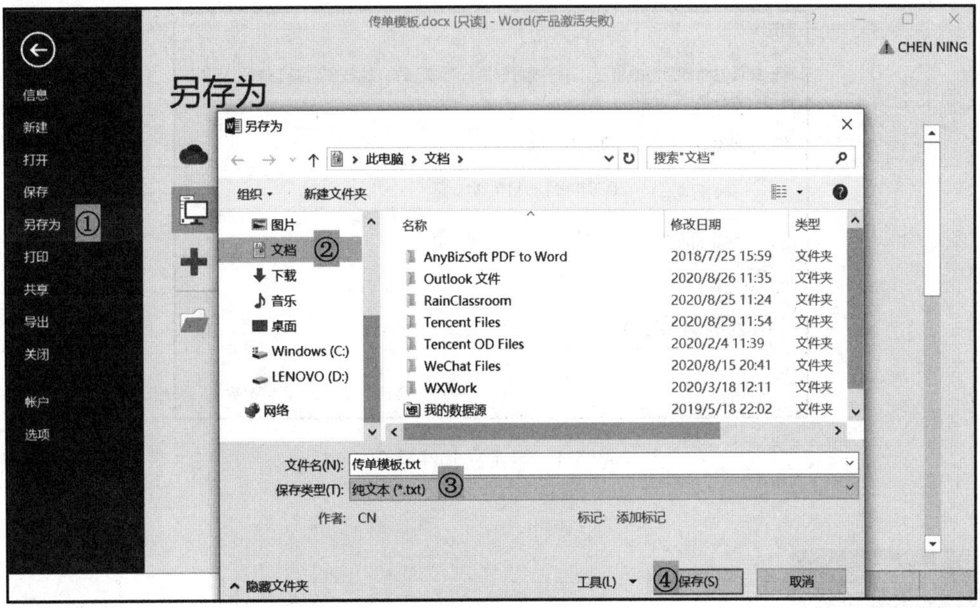

图 5.2　另存为文本文档

头，在下拉菜单中选择“自定义(C)...”，依次如图 5.3①、②所示。

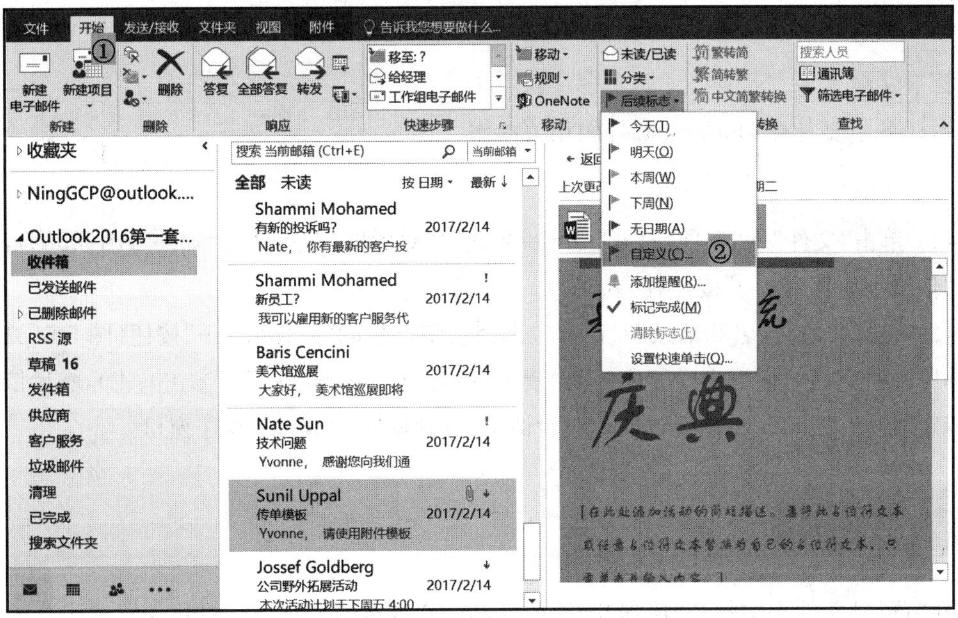

图 5.3　选择邮件后续标志自定义

(2) 在打开的“自定义”对话框中设置标志为“不要转发”，开始日期为“今天”，截止日期为“明天”，不要框选“提醒”，单击“确定”按钮完成设置，依次如图 5.4①～⑤所示。

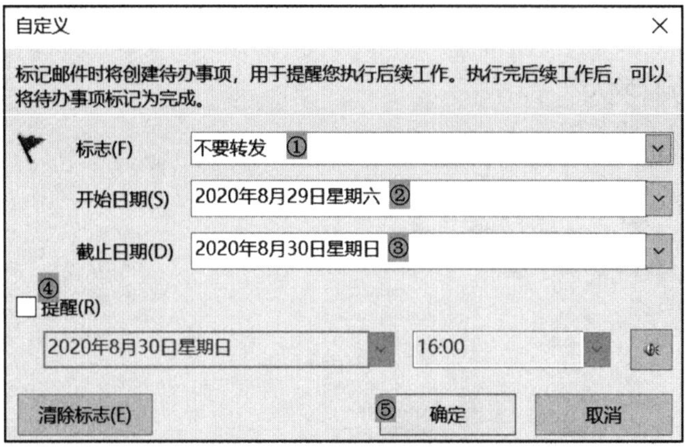

图 5.4　自定义邮件标记

任务 3

配置 Outlook，将新电子邮件消息的默认字体设置为“紫色，14 磅，Candara”。

一、准备

配置好虚拟环境，运行 Outlook 程序。

二、注释

本任务主要考查 Outlook 邮件的相关操作。

三、步骤

(1) 单击“文件”→“选项”打开“Outlook 选项”对话框，左边选择“邮件”(图 5.5①)，右边单击“信纸和字体(F)…”按钮(图 5.5②)。

(2) 在打开的“签名和信纸”对话框中选择新邮件栏的“字体(E)…”按钮(图 5.6①)打开“字体”对话框，在对话框中设置字体为“紫色，14 磅，Candara”(图 5.6②、③、④)，然后依次单击“确定”按钮(图 5.6⑤)逐级返回上级对话框，直到返回 Outlook 程序窗口。

任务 4

在“草稿”文件夹中打开“流程开发”消息，应用“基本(时尚)”样式集，并发送该消息。

一、准备

配置好虚拟环境，运行 Outlook 程序。

二、注释

本任务主要考查 Outlook 的草稿相关操作。

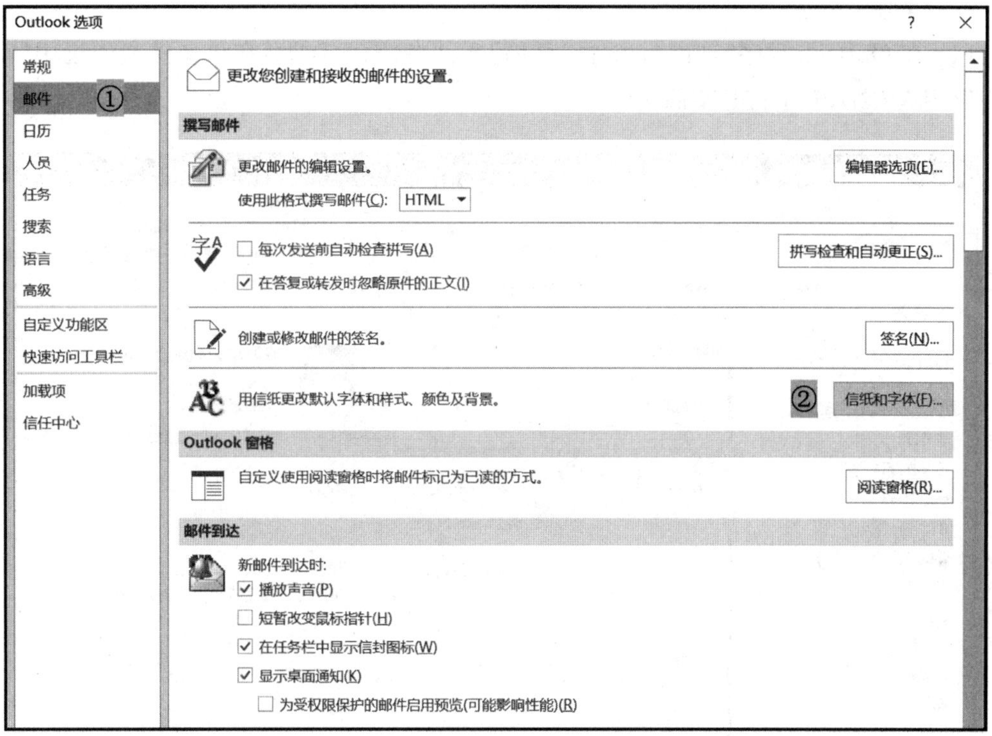

图 5.5　单击邮件信纸和字体设置

图 5.6　新邮件字体设置

三、步骤

（1）在 Outlook 程序窗口左边选择“草稿”文件夹（图 5.7①），在该文件夹中选中“流程开发”（图 5.7②），双击打开草稿文件。

图 5.7　选中“流程开发”草稿文件

（2）在打开的草稿文件窗口中单击“设置文本格式”选项卡（图 5.8①），单击“更改样式”下拉箭头（图 5.8②），在样式集中选中“基本（时尚）”样式（图 5.8③），然后单击“发送”按钮完成任务（图 5.8④）。

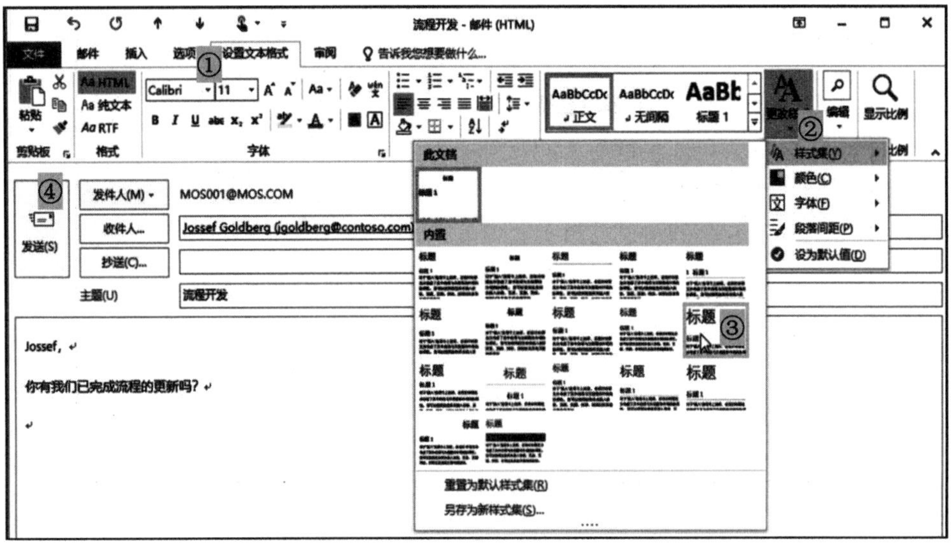

图 5.8　更改草稿邮件样式

任务 5

在“收件箱”中找到“有新的控诉吗?”邮件,根据该邮件创建自动包含邮件内容并邀请所有邮件收件人作为出席者的会议请求。将会议安排在“明天上午 9:00～9:30”进行,地点设在“花园”,发送会议请求。

一、准备

配置好虚拟环境,运行 Outlook 程序。

二、注释

本任务主要考查设置 Outlook 会议回复的相关操作。

三、步骤

(1) 单击 Outlook 的收件箱(图 5.9①),找到“有新的控诉吗?”邮件(图 5.9②),双击该邮件打开邮件窗口,再单击邮件上方“会议回复”按钮(图 5.9③)。

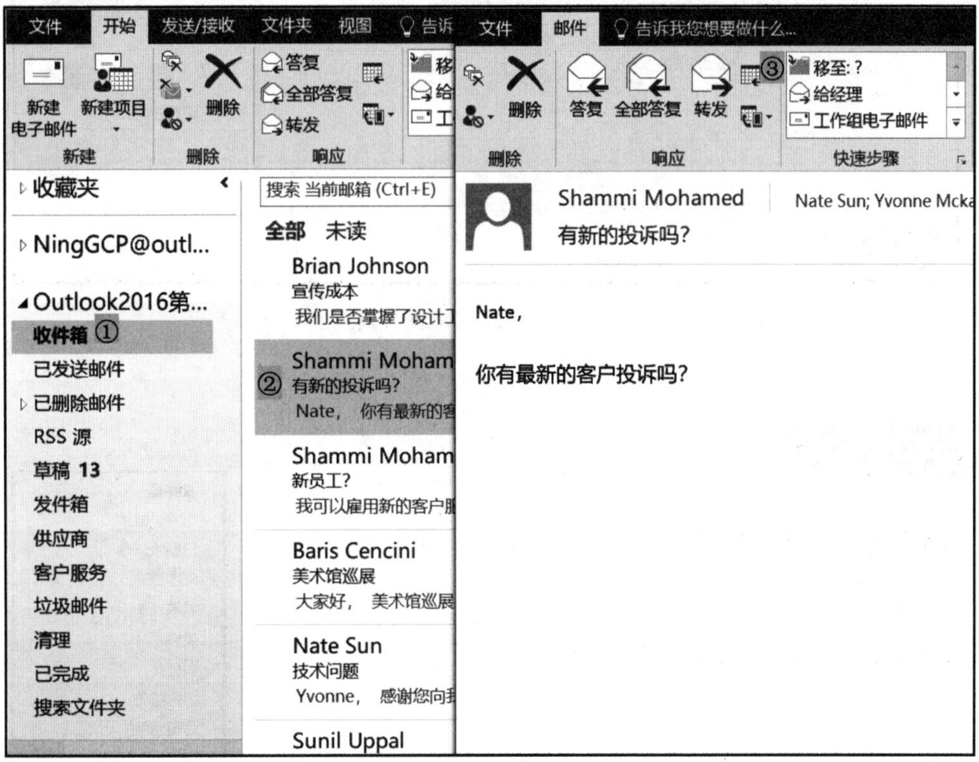

图 5.9　打开“有新的投诉吗?”邮件窗口

(2) 在打开的“有新的投诉吗?”会议回复窗口中,选择所有邮件收件人(图 5.10①),输入地点为“花园”,开始时间为“明天”上午 9:00,结束时间为“明天”上午 9:30(图 5.10②、③、

④)，然后单击“发送”按钮(图 5.10⑤)完成任务。

注 意

时间设置根据考试的实际情况进行设置，日历中安排无法直观发现时可以利用搜索框进行查找。

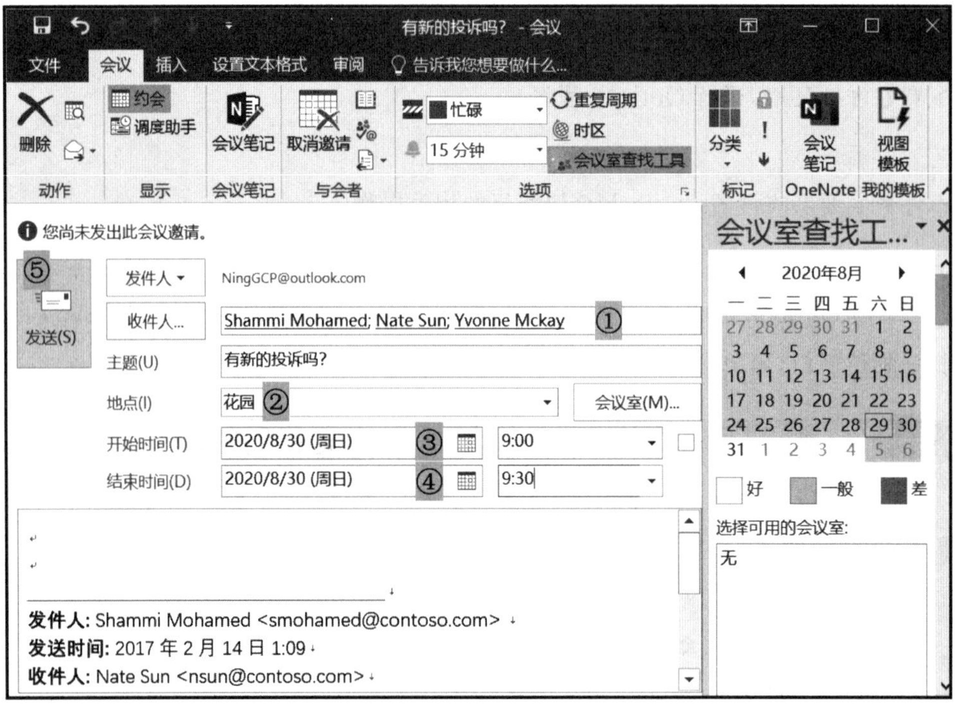

图 5.10　设置会议回复并发送

任务 6

显示“日历”。配置视图已显示当前工作周的日程。

一、准备

运行 Outlook 程序，配置好日历的虚拟环境。

二、注释

本任务主要考查设置 Outlook 日历的相关操作。

三、步骤

(1) 单击 Outlook 程序窗口左下角第二个按钮切换到日历操作，如图 5.11 所示。

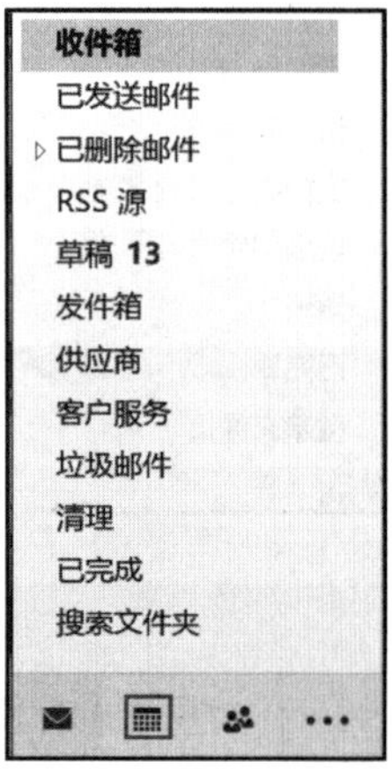

图 5.11　切换到日历操作

(2) 在日历视图的“开始”选项卡中单击“工作周”按钮，以显示当前工作周的日程，如图 5.12 所示。

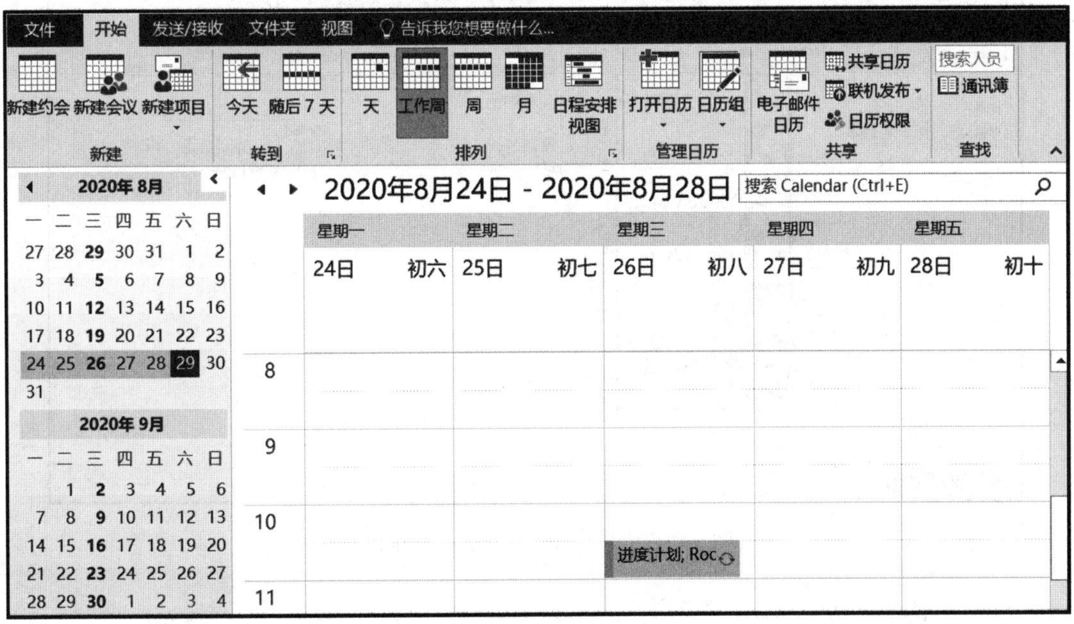

图 5.12 显示当前工作周日程

任务 7

将联系人“Dan Wilson”添加到“管理团队”联系人组。保存并关闭该联系人组。

一、准备

配置好虚拟环境，运行 Outlook 程序。

二、注释

本任务主要考查设置 Outlook 联系人的相关操作。

三、步骤

(1) 单击 Outlook 程序窗口左下角第三个按钮切换到联系人操作，在联系人中选择“管理团队”，双击打开“管理团队—联系人组”窗口，单击“添加成员”下拉箭头，选择来自 Outlook 的联系人，依次如图 5.13①、②、③所示。

(2) 在打开的“选择成员：联系人”对话框中找到“Dan Wilson”这个联系人，单击下方“成员”按钮添加该联系人，单击“确定”按钮返回“管理团队—联系人组”窗口，单击“保存并关闭”，依次如图 5.14①、②、③所示。

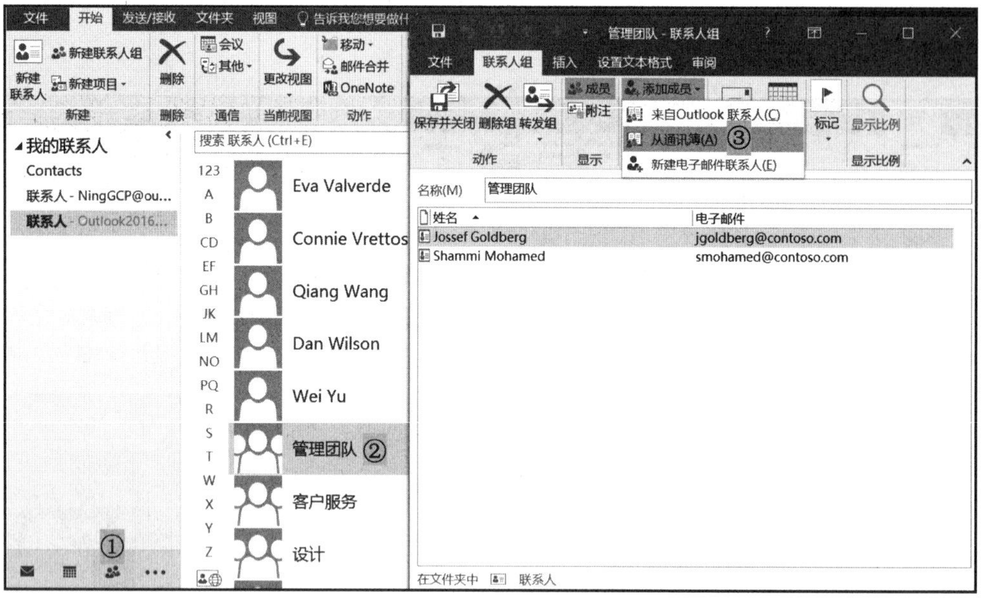

图 5.13　为管理团队联系人组添加成员

图 5.14　添加具体成员到管理团队联系人组

任务 8

配置 Outlook，以在答复邮件时包含并缩进原始邮件文本。

一、准备

配置好虚拟环境，运行 Outlook 程序。

二、注释

本任务主要考查设置 Outlook 邮件的相关操作。

三、步骤

通过“文件”→“选项”打开“Outlook 选项”对话框，左边窗格选择“邮件”，右边窗格找到“答复和转发”，选择“答复邮件时：”“包含并缩进邮件原件文本”，单击“确定”按钮完成设置，依次如图 5.15①、②、③所示。

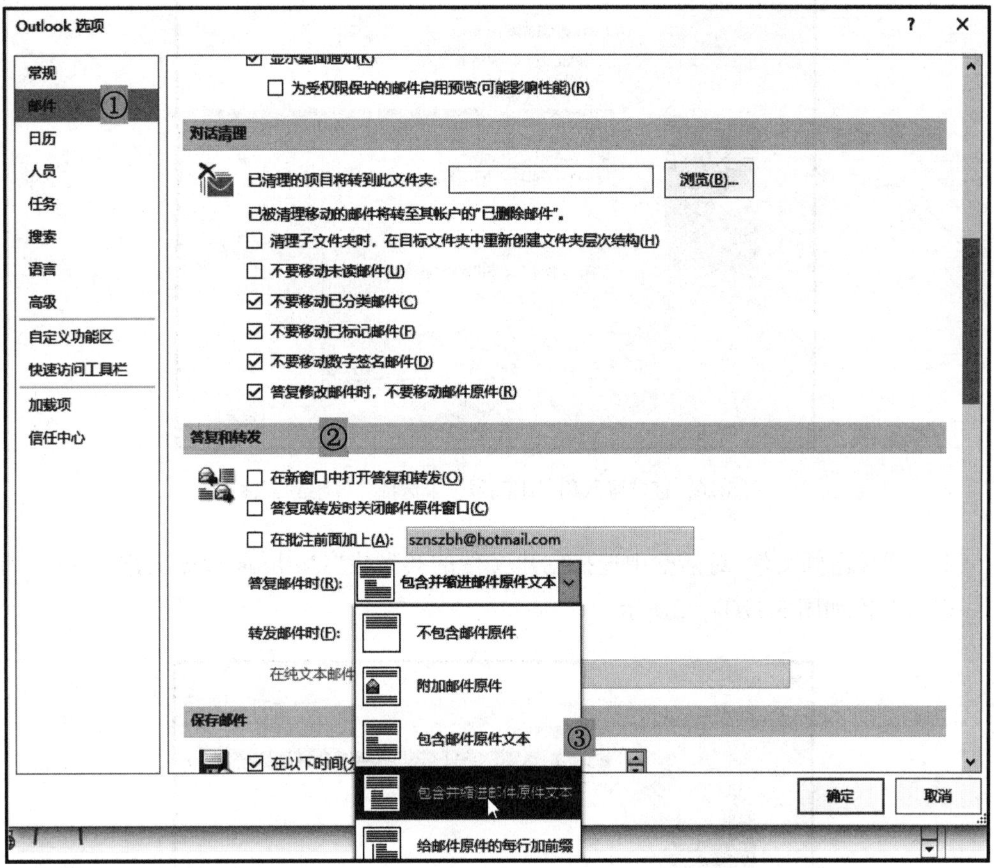

图 5.15　设置答复邮件包含并缩进邮件原件文本

任务 9

将“已删除邮件”文件夹及其子文件夹中的内容导出到.pst 文件。将文件以文件名“已删除.pst”保存到“文档”文件夹中。请勿输入密码。

一、准备

配置好虚拟环境，运行 Outlook 程序。

二、注释

本任务主要考查设置 Outlook 的文件导出相关操作。

三、步骤

（1）通过单击“文件”→“打开和导出”→“导入/导出”打开“导入和导出向导”对话框，选择“导出到文件”操作，单击“下一步”，依次如图 5.16①、②所示。

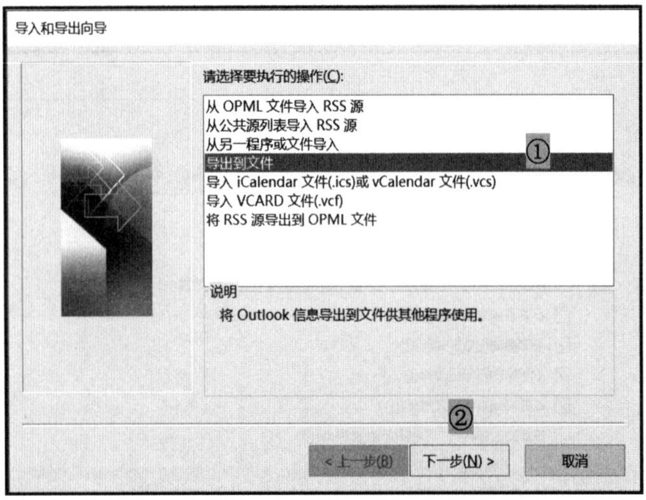

图 5.16　在“导入和导出向导”中选择“导出到文件”

（2）在“导出到文件”对话框中选择创建文件的类型为“Outlook 数据文件(.pst)”，单击“下一步”，依次如图 5.17①、②所示。

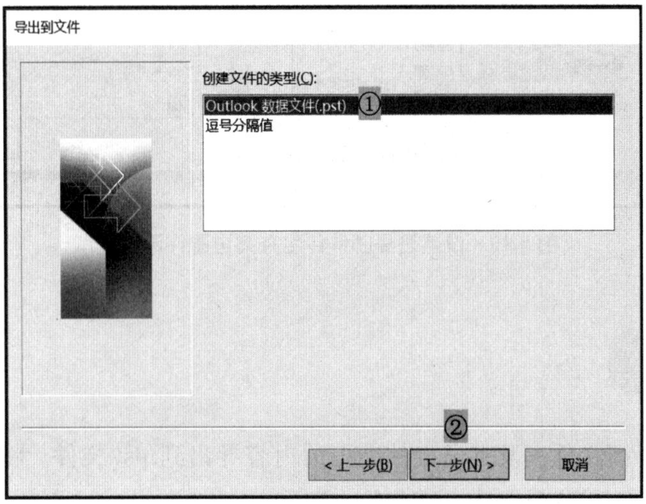

图 5.17　选择导出文件类型为“.pst”

（3）选择要导出的文件夹为“已删除邮件”，勾选“包括子文件夹”，单击“下一步”，依次如图 5.18①、②、③所示。

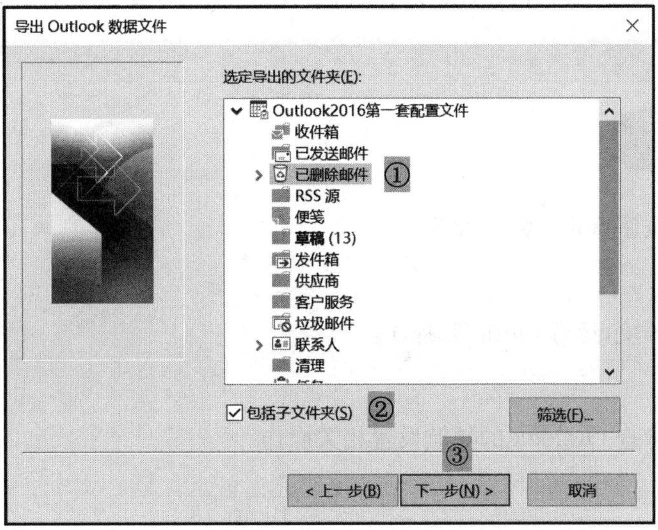

图 5.18　选择导出已删除邮件文件夹及其子文件夹

（4）选择“浏览”导出文件位置（图 5.19①），在打开的对话框中选择“文档”位置（图 5.19②），文件名输入“已删除”（图 5.19③），文件类型为“Outlook 数据文件(.pst)”，然后单击“确定”按钮返回导出向导（图 5.19④），单击“完成”按钮，在弹出的对话框中不输入密码。

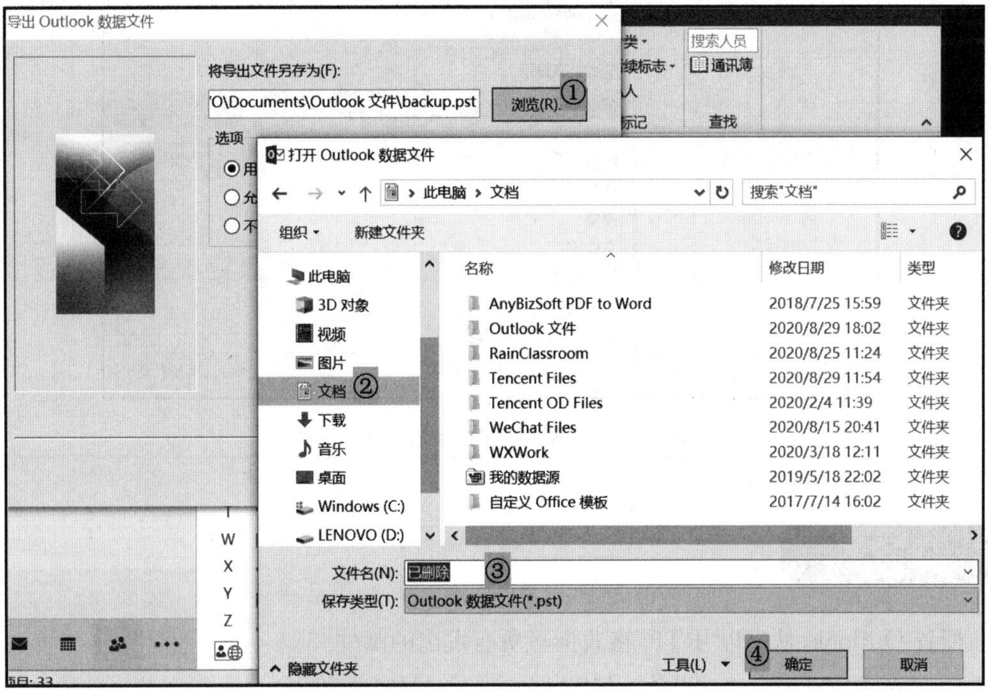

图 5.19　设置导出文件位置、文件名和类型

注 意

询问是否输入密码的对话框只在考试时出现，虚拟练习情况下不会出现。

任务 10

将导航窗格按钮重置为默认设置。

一、准备

配置好虚拟环境，运行 Outlook 程序。

二、注释

本任务主要考查 Outlook 的导航设置相关操作。

三、步骤

单击 Outlook 持续窗口左下角第四个按钮•••，在弹出的菜单中选择“导航选项(V)…”命令，打开“导航选项”对话框，单击“重置”按钮，然后单击“确定”按钮完成设置，依次如图 5.20①、②、③所示。

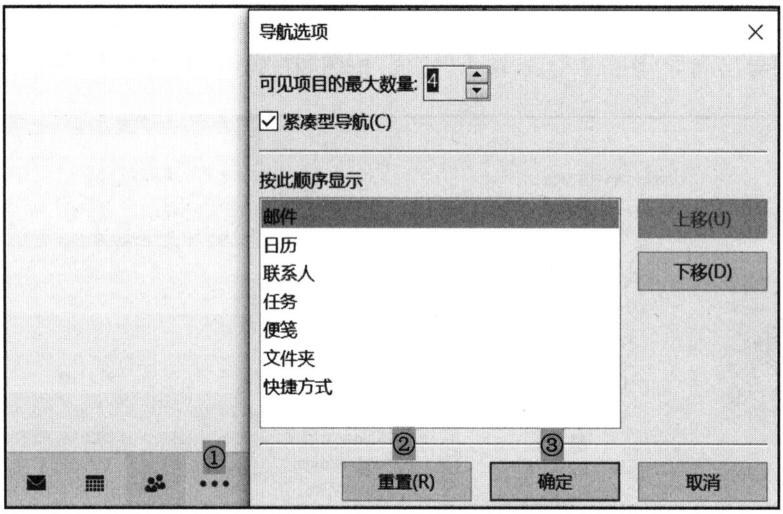

图 5.20　重置导航窗格按钮为默认设置

任务 11

配置 Outlook，从而以“RTF”格式撰写所有发出的邮件。

一、准备

配置好虚拟环境，运行 Outlook 程序。

二、注释

本任务主要考查 Outlook 配置的相关操作。

三、步骤

(1) 单击"文件"选项卡,在如图 5.21 所示窗口左侧单击"选项"打开"Outlook 选项"对话框。

图 5.21 打开 Outlook 文件选项

(2) 在"Outlook 选项"对话框中,左侧选择"邮件",右侧撰写邮件设置中将"使用此格式撰写邮件:"的选项设置为"RTF",再单击"确定"按钮完成设置,依次如图 5.22①、②、③所示。

图 5.22 撰写邮件格式设置为"RTF"

任务 12

创建名为“优先级 1”的“搜索文件夹”，该文件夹显示标记为“重要性一高”的邮件，并至少具有一个附件。

一、准备

配置好虚拟环境，运行 Outlook 程序。

二、注释

本任务主要考查 Outlook 邮件级别的相关操作。

三、步骤

(1) 在 Outlook 程序窗口左侧导航栏单击“搜索文件夹”→“新建搜索文件夹(S)…”命令，如图 5.23 所示。

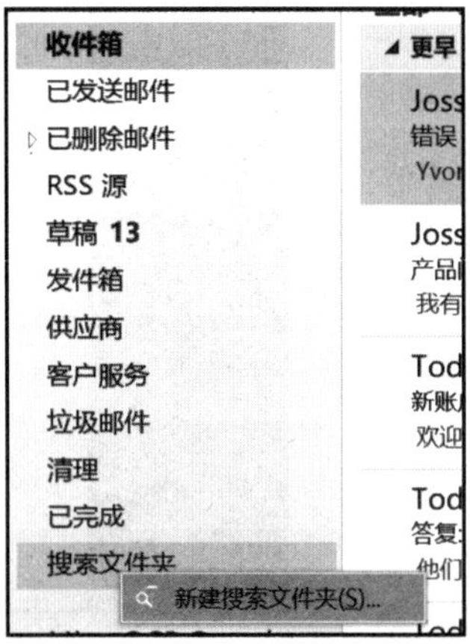

图 5.23　执行新建搜索文件夹命令

(2) 在“新建搜索文件夹”对话框中选择“创建自定义搜索文件夹”(图 5.24①)，单击“选择”按钮打开“自定义搜索文件夹”对话框(图 5.24②)，输入名称为“优先级 1”，再单击“条件”按钮(图 5.24③、④)。

图 5.24　打开“自定义搜索文件夹”对话框

（3）在“搜索文件夹条件”对话框中，单击“其他选择”选项卡（图 5.25①），勾选“仅当项目具有”，并在其下拉列表框中选中“一个或多个附件”，勾选“重要性”，并在其下拉列表中选择“高”（图 5.25②、③），然后单击“确定”按钮返回上级对话框（图 5.25④），确定所有对话框后完成设置。

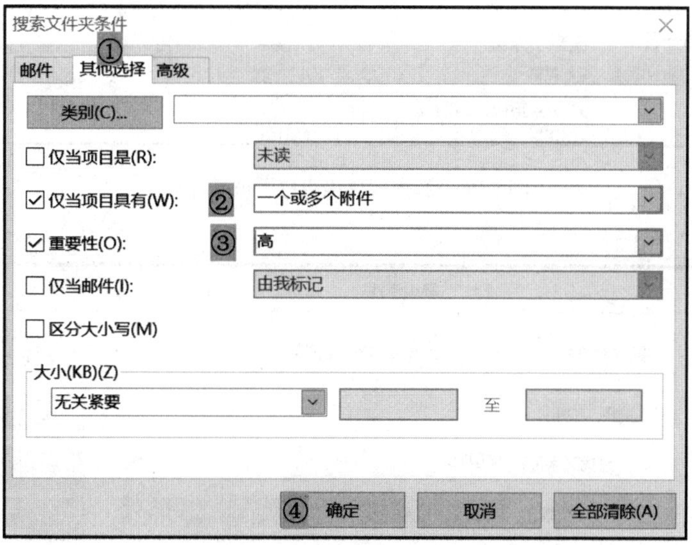

图 5.25　搜索文件夹条件设置

任务 13

用高级查找功能找到在邮件正文中含有短语“模型 18”且敏感度为机密的邮件，删除该邮件，关闭高级查找对话框。

一、准备

配置好虚拟环境，运行 Outlook 程序。

二、注释

本任务主要考查 Outlook 邮件查找的相关操作。

三、步骤

（1）单击左侧导航栏“收件箱”，单击收件箱的搜索框，在出现的“搜索”选项卡中单击“搜索工具”下拉箭头，选择“高级查找”菜单命令，依次如图 5.26①、②、③所示。

（2）在“高级查找”对话框的“邮件”选项卡中，输入查找文字为“模型 18”，位置为“主题字段及邮件正文”，如图 5.27 所示。

（3）单击“高级查找”对话框的“高级”选项卡，定义字段选择“常用字段”→“敏感度”，条件为“等于”，值为“机密”（图 5.28①、②、③），单击“立即查找”按钮（图 5.28④），在弹出的询问“是否添加搜索条件”对话框中选择“是”（图 5.28⑤）。

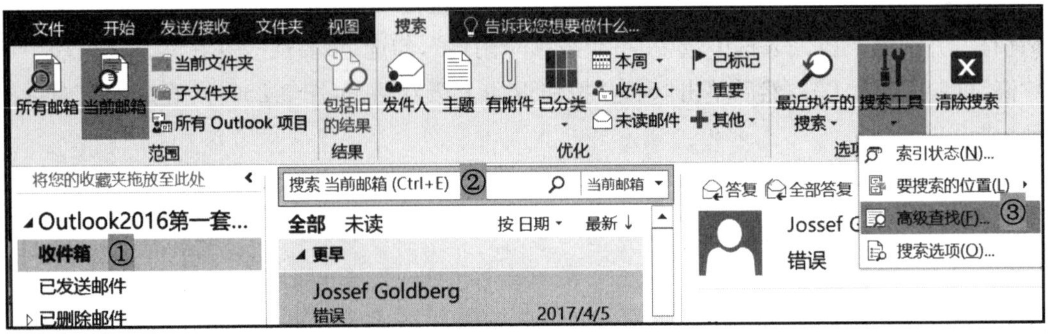

图 5.26　选择“高级查找”菜单命令

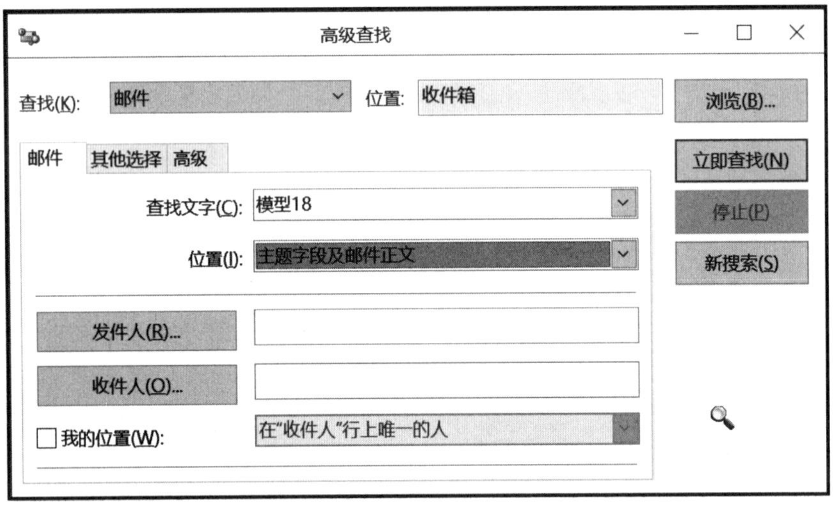

图 5.27　设置邮件查找关键字

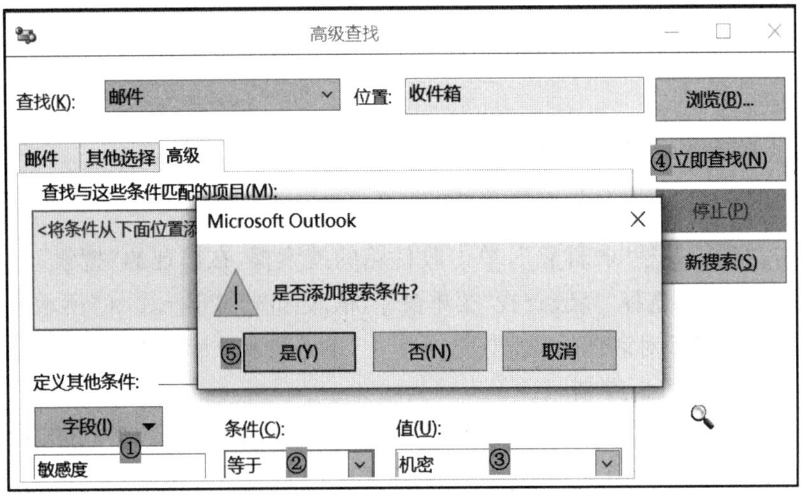

图 5.28　高级搜索字段条件设置

(4) 在"高级查找"对话框中选择符合要求的邮件，右击该邮件，在弹出的快捷菜单中选中"删除"命令，然后关闭"高级查找"对话框，依次如图 5.29①、②所示。

图 5.29 删除查找到的邮件后关闭对话框

任务 14

在"任务"文件夹中找到"撰写审核报告"任务，将此任务分配给"Kim Ralls"。将状态设置为"正在等待其他人"，不要在任务列表中保存更新后的任务副本，发送该任务。

一、准备

配置好虚拟环境，运行 Outlook 程序。

二、注释

本任务主要考查 Outlook 任务设置的相关操作。

三、步骤

(1) 单击 Outlook 窗口左下角任务  按钮(图 5.30①)，在我的任务窗格中单击"任务"显示具体内容(图 5.30②)，双击右侧窗口中"撰写审核报告"任务(图 5.30③)，在弹出的"撰写审核报告—任务"窗口中单击"分配任务"按钮(图 5.30④)。

(2) 在"分配任务"窗口中，选择收件人为"Kim Ralls"(图 5.31①)，将状态设置为"正在等待其他人"，把"在我的任务列表中保存此任务的更新副本"前面的"√"去掉(图 5.31②、③)，单击"发送"按钮完成操作(图 5.31④)。

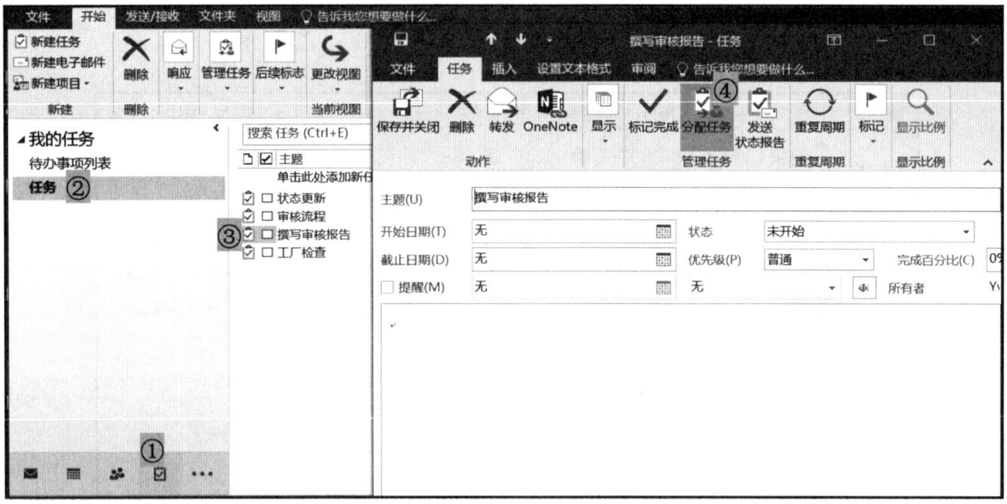

图 5.30　分配“撰写审核报告”任务

图 5.31　设置分配任务的属性并发送

任务 15

在“日历”中找到周四召开的“团队评估”会议。除了“Andy Teal”之外，将“客户服务”组的所有成员作为必须出席者添加到会议。将“Andy Teal”设置为可选出席者，向所有出席者发送邀请。

一、准备

运行 Outlook 程序，配置好日历的虚拟环境。

二、注释

本任务主要考查 Outlook 日程的相关操作。

三、步骤

（1）单击左下角日历按钮，在右边搜索框中输入关键字，在下方搜索结果中双击“团队评估”会议，在“团队评估－会议”窗口中单击转发按钮，在“转发：团队评估－会议”窗口中单击“收件人”按钮，依次如图 5.32①、②、③、④、⑤所示。

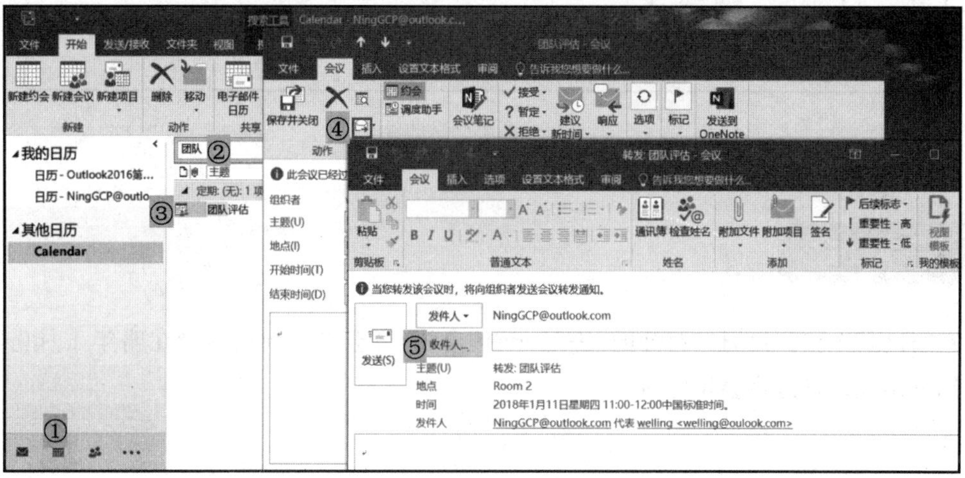

图 5.32 找到转发会议后打开收件人对话框

（2）在“选择与会者及资源：联系人”窗口中，设置“必选”为“客户服务”组，可选为“Andy Teal”，如图 5.33①、②所示单击“确定”按钮返回上级对话框，如图 5.33③所示。

（3）在“转发：团队评估－会议”窗口中展开“收件人”，如图 5.34①所示。在“收件人”文本框中删除联系人

图 5.33 选择与会者

"Andy Teal"，然后单击"发送"完成任务，如图 5.34②所示。

图 5.34 调整必选收件人

任务 16

在"日历"中找到每周三召开的"进度计划"会议，将会议系列更新为在明年 1 月份的第二个周三结束。发送该会议更新。

一、准备

运行 Outlook 程序，配置好日历的虚拟环境。

二、注释

本任务主要考查 Outlook 日程的相关操作。

三、步骤

(1) 单击 Outlook 程序窗口左下角日历按钮 （图 5.35①），切换到日历操作，双击右边日历中的"进度计划"会议（图 5.35②），在打开的对话框中选择"整个序列"（图 5.35③），单击"确定"按钮（图 5.35④）。

(2) 在打开的"进度计划—会议系列"窗口中，单击"会议系列"选项卡中"重复周期"（图 5.36①）打开"约会周期"对话框，选择"重复范围"下的"结束日期"（图 5.36②），在其文本框中设置任务要求的结束时间，然后单击"确定"按钮（图 5.36③），返回"进度计划—会议系列"窗口，单击"发送"完成操作（图 5.36④）。

注 意

时间设置根据考试的实际情况进行设置，日历中安排无法直观发现时可以利用搜索框进行查找。

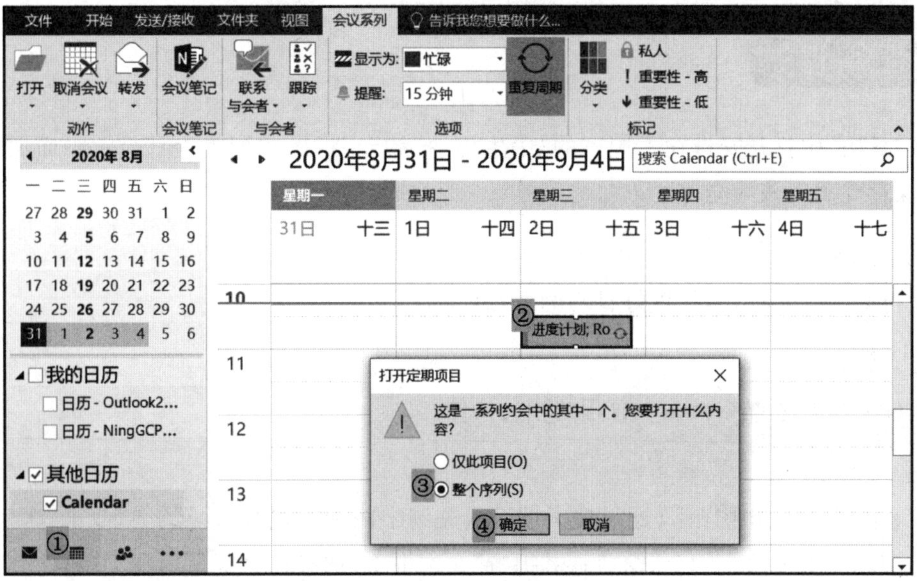

图 5.35 打开“进度计划”会议

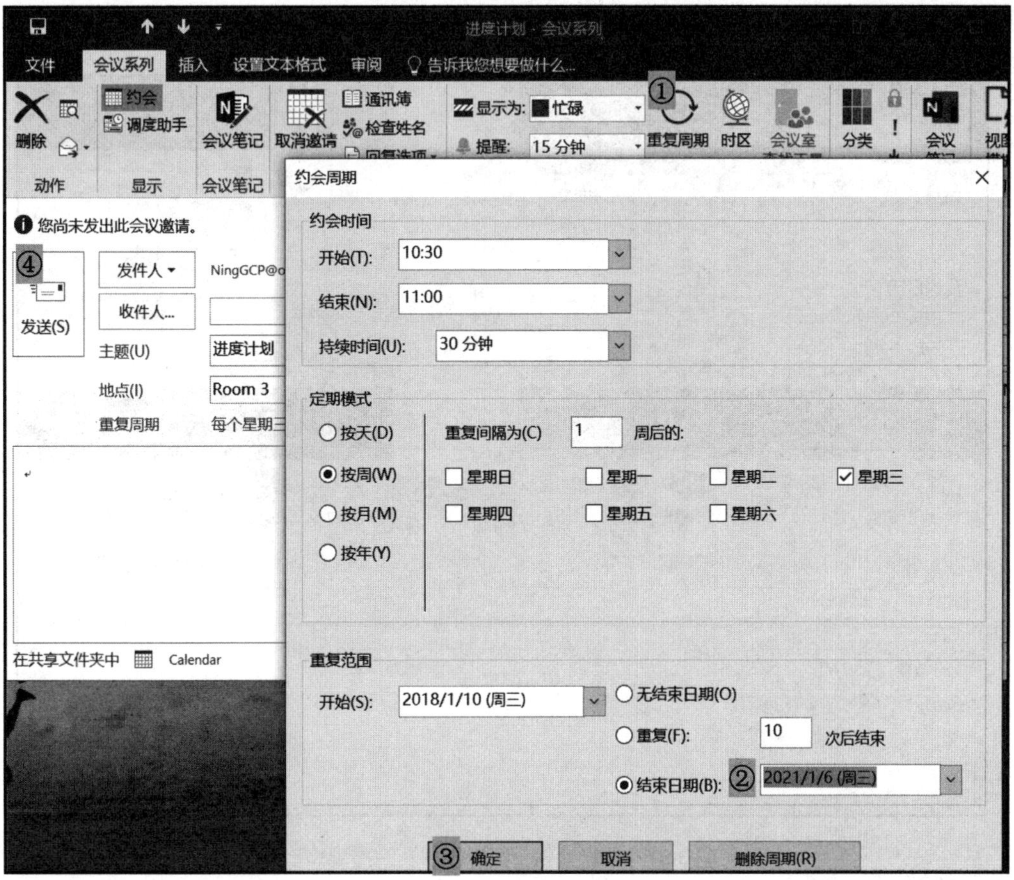

图 5.36 设置会议重复周期的结束时间

任务 17

在“日历”中打开安排在下周三的“医生出诊”约会，将提醒配置为只显示画面而不播放声音，保存并关闭该约会。

一、准备

运行 Outlook 程序，配置好日历的虚拟环境。

二、注释

本任务主要考查 Outlook 日程的相关操作。

三、步骤

（1）在日历工作视图下，通过搜索框输入关键字找到“医生出诊”约会，双击“医生出诊”约会，打开“医生出诊—约会”窗口，在“提醒”文本框中，选择任意提醒时间后，再次单击下拉箭头会出现“声音…”菜单命令，单击该命令，依次如图 5.37①、②、③所示。

（2）在弹出的“提醒声音”对话框中，去掉“播放该声音”的勾选，然后单击“确定”按钮返回上级操作窗口，单击“保存并关闭”按钮完成设置，依次如图 5.38①、②、③所示。

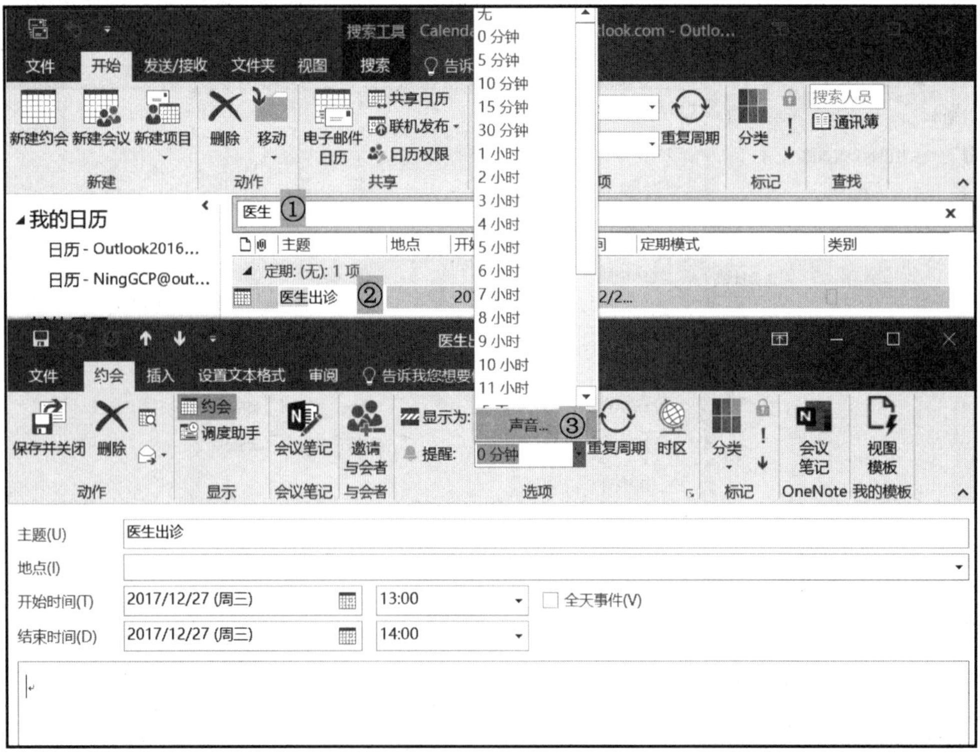

图 5.37　选择设置“医生出诊”的提醒声音

图 5.38 关闭提示声音

任务 18

创建主题为“在家办公”的约会。将约会配置为从明年的第一个周五开始，每隔一周在周五的上午 8:00 到 11:00(从 8 点到 11 点)循环进行，将约会期间的时间显示为“在其他地方工作”。保存并关闭该约会。

一、准备

配置好虚拟环境，运行 Outlook 程序。

二、注释

本任务主要考查 Outlook 约会的相关操作。

三、步骤

在日历工作视图下的“开始”选项卡中，单击“新建约会”按钮，输入新建约会的主题为“在家办公”，约会期间的时间显示为“在其他地方工作”，单击“重复周期”按钮，在弹出的“约会周期”对话框中进行时间设置，开始为“8:00”，结束为“11:00”，定期模式为“按周”，重复间隔为“2 周”后的“星期五”，重复范围开始时间为“明年”的第一个周五，然后单击“确定”按钮返回“在家办公—约会”窗口，单击“保存并关闭”完成设置，依次如图 5.39①～⑨所示。

注 意

时间设置根据考试的实际情况进行设置。

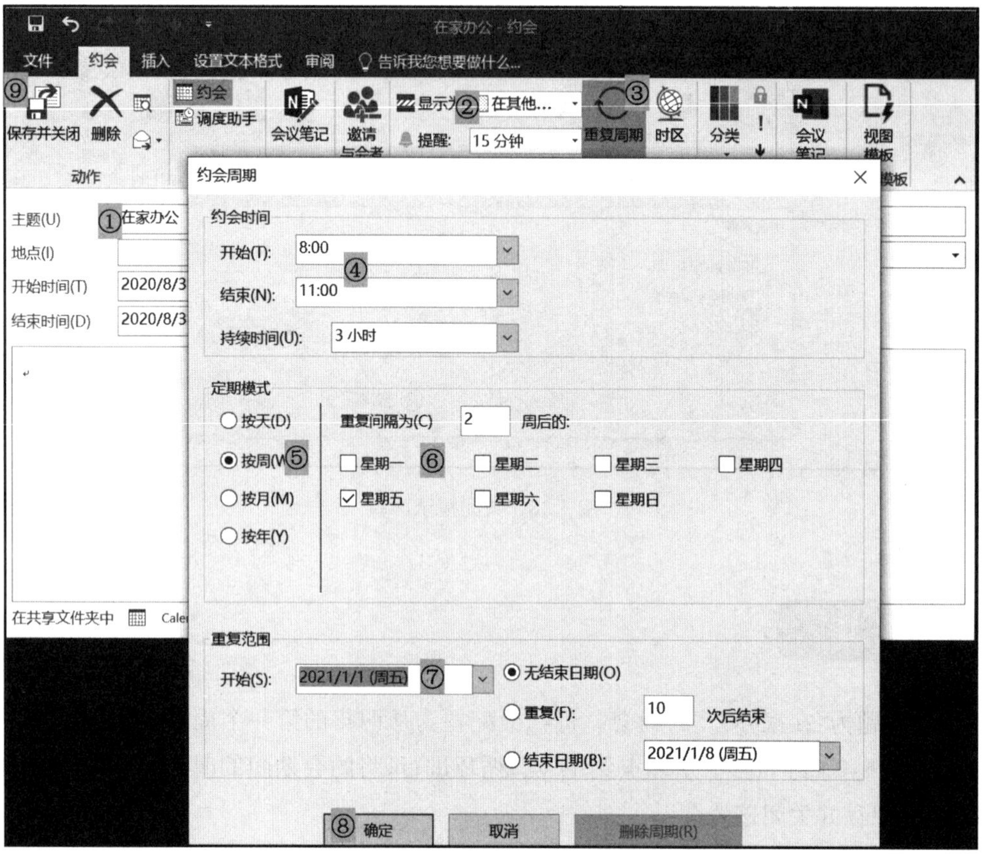

图 5.39　新建约会并设置重复周期

任务 19

在“日历”上找到安排在周五的“航班”约会，更改时间以便约会于“中部时间（美国和加拿大）”的上午 6:00 开始，并于“夏威夷时间”的上午 9:30 结束，请勿更改日期。保存并关闭该约会。

一、准备

运行 Outlook 程序，配置好日历的虚拟环境。

二、注释

本任务主要考查 Outlook 日程的相关操作。

三、步骤

在日历工作视图下“开始”选项卡搜索框中输入“航班”，找到“航班”约会，双击打开后单击上方“时区”，然后在下方根据任务要求设置约会开始时间和结束时间，最后单击“保存并关闭”完成设置，依次如图 5.40①～⑤所示。

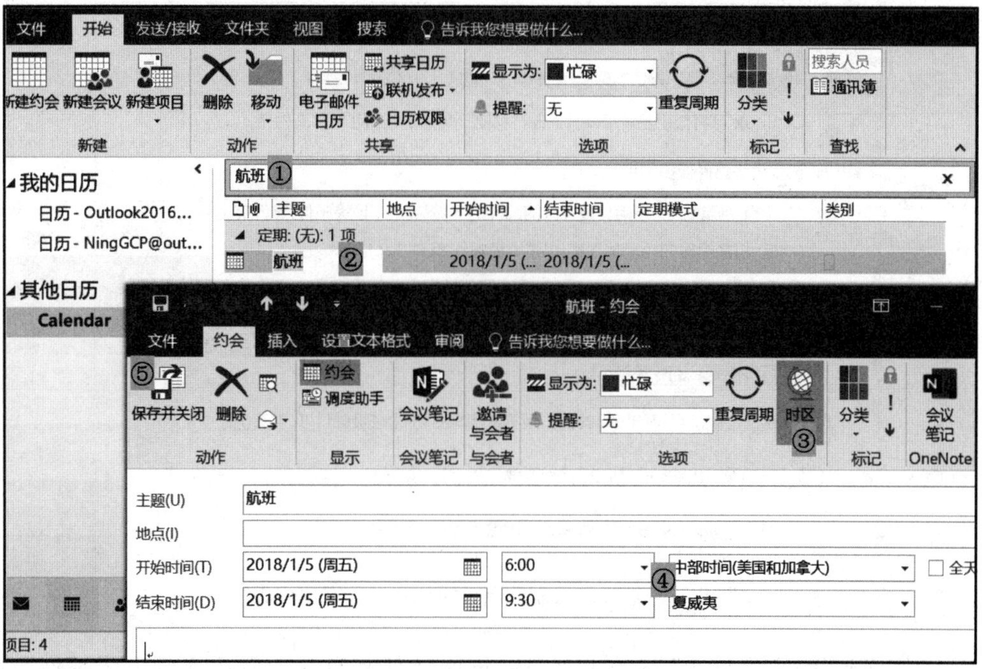

图 5.40 更改“航班”约会时间

任务 20

配置 Outlook，确保永远不会将来自联系人的电子邮件发送至垃圾邮件文件夹。

一、准备

配置好虚拟环境，运行 Outlook 程序。

二、注释

本任务主要考查 Outlook 邮件的相关操作。

三、步骤

（1）单击 Outlook 窗口左下角邮件按钮，在“开始”选项卡中单击“垃圾邮件”的下拉箭头，在其展开的下拉菜单中选中“垃圾邮件选项（O）…”菜单命令，如图 5.41 所示。

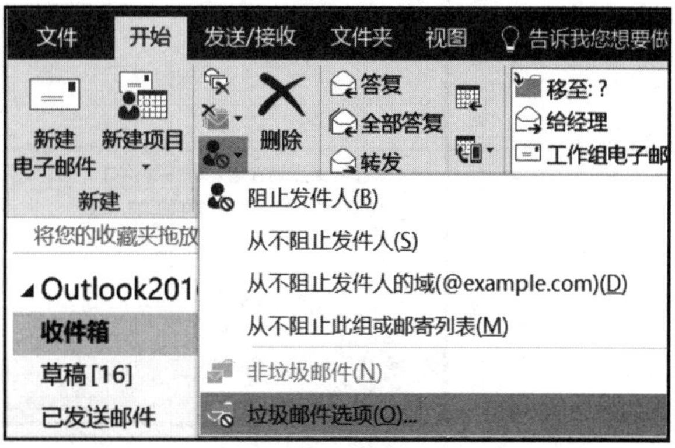

图 5.41 选择“垃圾邮件选项”菜单命令

（2）在“垃圾邮件选项”对话框

的选项中设置保护级别为“仅安全列表:”,如图 5.42 所示。

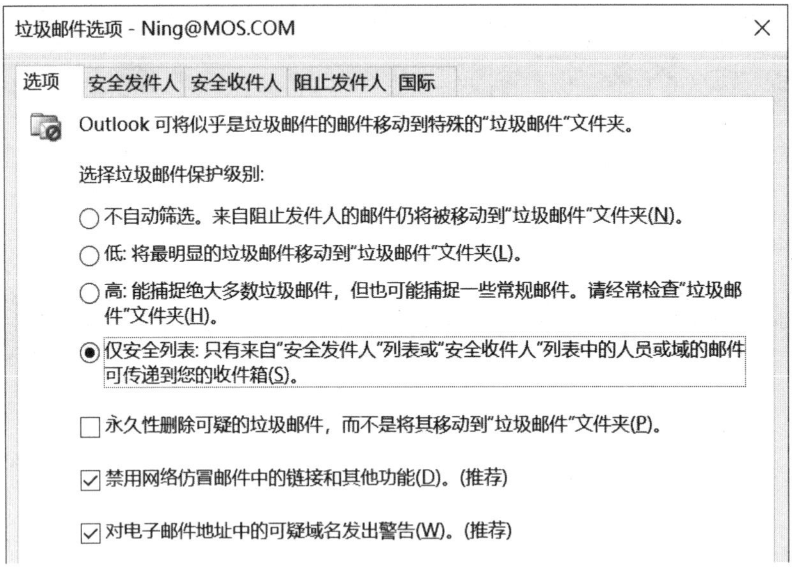

图 5.42　选择垃圾邮件保护级别为“仅安全列表”

(3) 切换到“安全发件人”选项卡,勾选“同时信任来自我的联系人的电子邮件”,单击“确定”按钮完成设置,如图 5.43 所示。

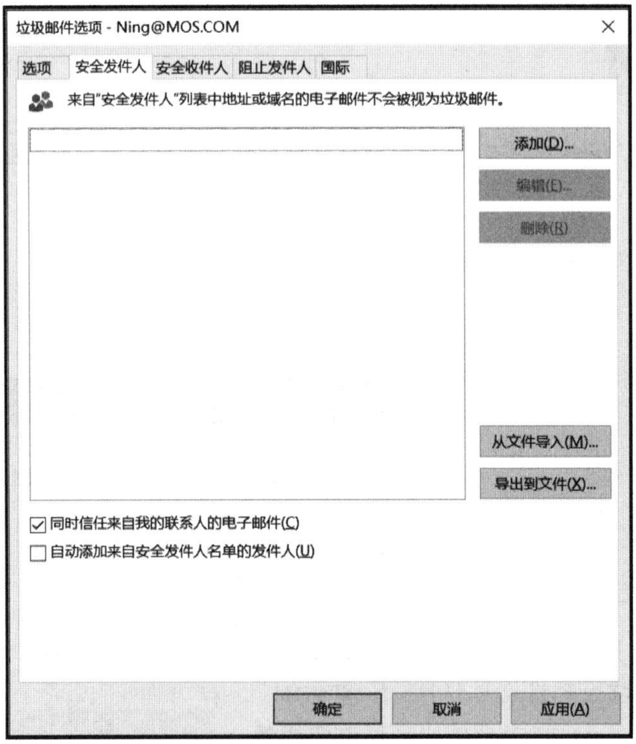

图 5.43　选择信任来自联系人的电子邮件

任务 21

使用“功能区”创建名为“优先级 1”的规则，当您收到只发送给您并标记为“重要性一高”的邮件时，该规则在“新邮件通知”窗口中显示“所需操作”。将所有其他设置保持为默认设置。

一、准备

配置好虚拟环境，运行 Outlook 程序。

二、注释

本任务主要考查设置 Outlook 邮件的相关操作。

三、步骤

(1) 在 Outlook 窗口邮件“开始”选项卡上方功能区单击“规则”下拉箭头，在下拉菜单中选中“创建规则(U)...”命令，如图 5.44 所示。

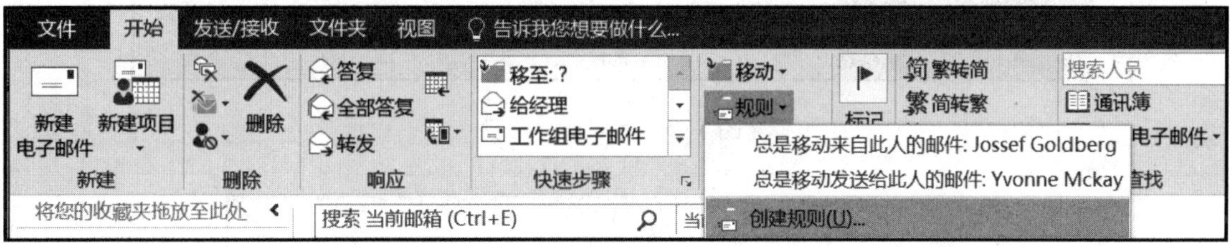

图 5.44 选中“创建规则”菜单命令

(2) 在“创建规则”对话框中，勾选“在新邮件通知窗口中显示”，然后单击“高级选项”打开“规则向导”对话框，在步骤 1 中勾选“只发送给我”“标记为重要性”，步骤 2 中设置“重要性一高”以及在“新邮件通知”窗口中显示邮件“所需操作”，然后单击“下一步”，依次如图5.45 ①～④所示。

(3) 继续单击“下一步”跳过“规则向导”的例外设置到最后一步，输入指定规则的名称为“优先级 1”，然后单击“完成”按钮，如图 5.46 所示。

注 意

任务要求命名规则“优先级 1”的文本与数字之间含空格。

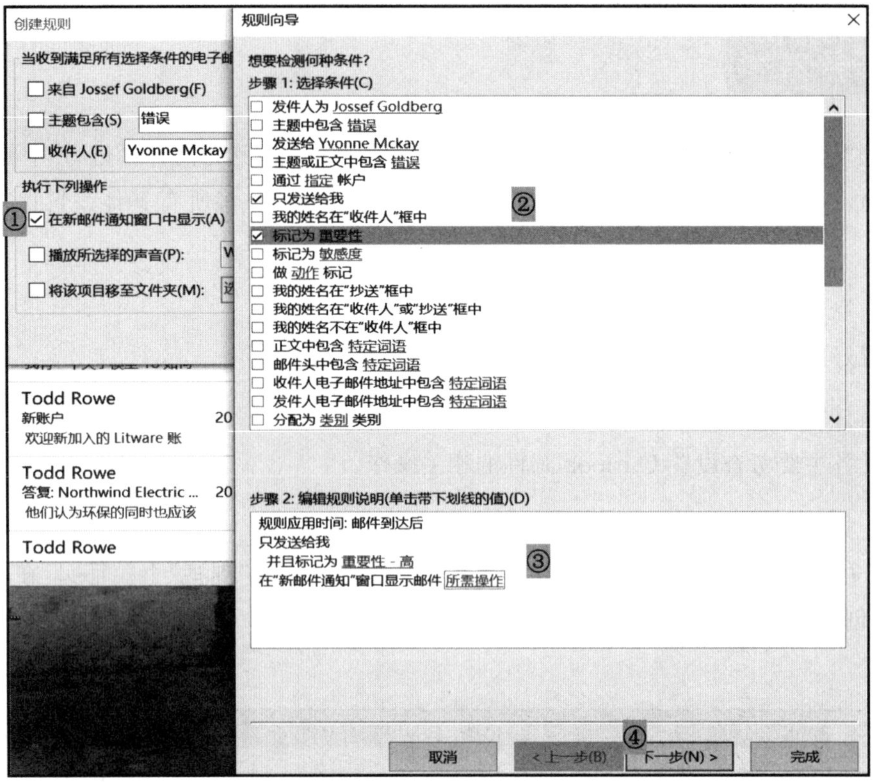

图 5.45　编辑规则内容

图 5.46　指定规则的名称

任务 22

发邮件给“客户服务”联系人组，主题为“公司衬衫”，并添加标签为“小”“中”和“大”的投票按钮。

一、准备

配置好虚拟环境，运行 Outlook 程序。

二、注释

本任务主要考查 Outlook 邮件的相关操作。

三、步骤

(1) 单击 Outlook 窗口“开始”选项卡中的“新建电子邮件”按钮，在新邮件窗口中，选择收件人为“客户服务”组联系人，主题输入“公司衬衫”，切换到“选项”功能区，单击“使用投票按钮”下拉箭头，选择“自定义(C)...”命令，如图 5.47 所示。

图 5.47　添加邮件收件人、主题和投票按钮

(2) 在“属性”对话框中，勾选使用投票按钮，并在其文本框中输入“小;中;大”，此处注意以英文分号分隔文本，然后单击“关闭”按钮返回新邮件窗口，单击“发送”邮件完成任务，如图 5.48 所示。

任务 23

在“草稿”文件夹中打开“新的组织结构图”邮件，将敏感度更改为“机密”，发送该消息。

一、准备

配置好虚拟环境，运行 Outlook 程序。

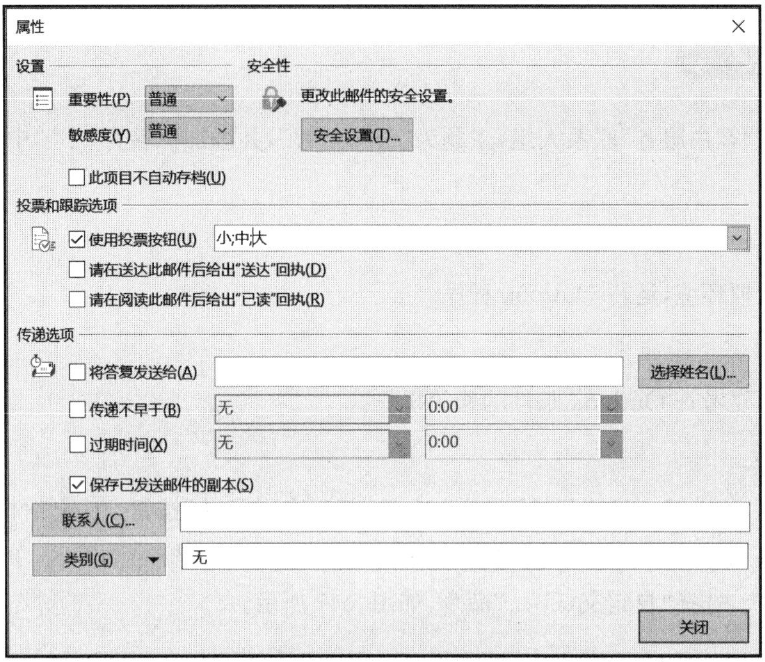

图 5.48　设置投票按钮文本

二、注释

本任务主要考查 Outlook 邮件的相关操作。

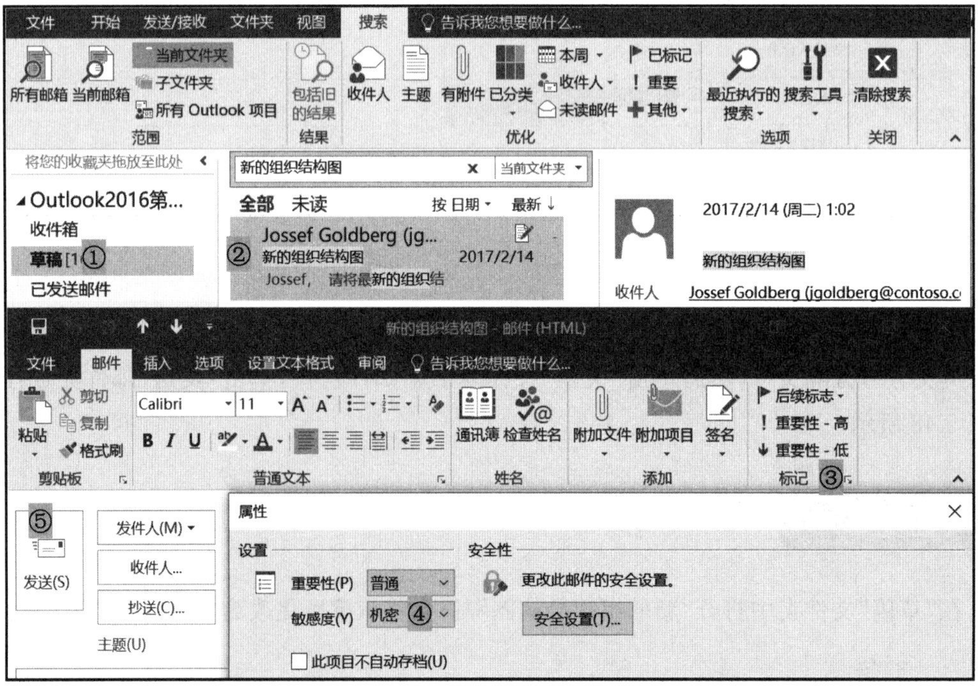

图 5.49　更改邮件敏感度为“机密”

三、步骤

在 Outlook 邮件操作视图的导航栏单击“草稿”文件夹，找到“新的组织结构图”邮件后双击打开，在打开的邮件窗口中单击标记右下角扩展按钮，打开标记“属性”对话框，将敏感度设置为“机密”，然后关闭“属性”对话框返回邮件窗口单击“发送”完成操作，依次如图 5.49①～⑤所示。

任务 24

在“草稿”文件夹中打开“定向培训”邮件，将邮件选项配置为将答复发送给“Andy Teal”。发送该邮件。

一、准备

配置好虚拟环境，运行 Outlook 程序。

二、注释

本任务主要考查 Outlook 邮件的相关操作。

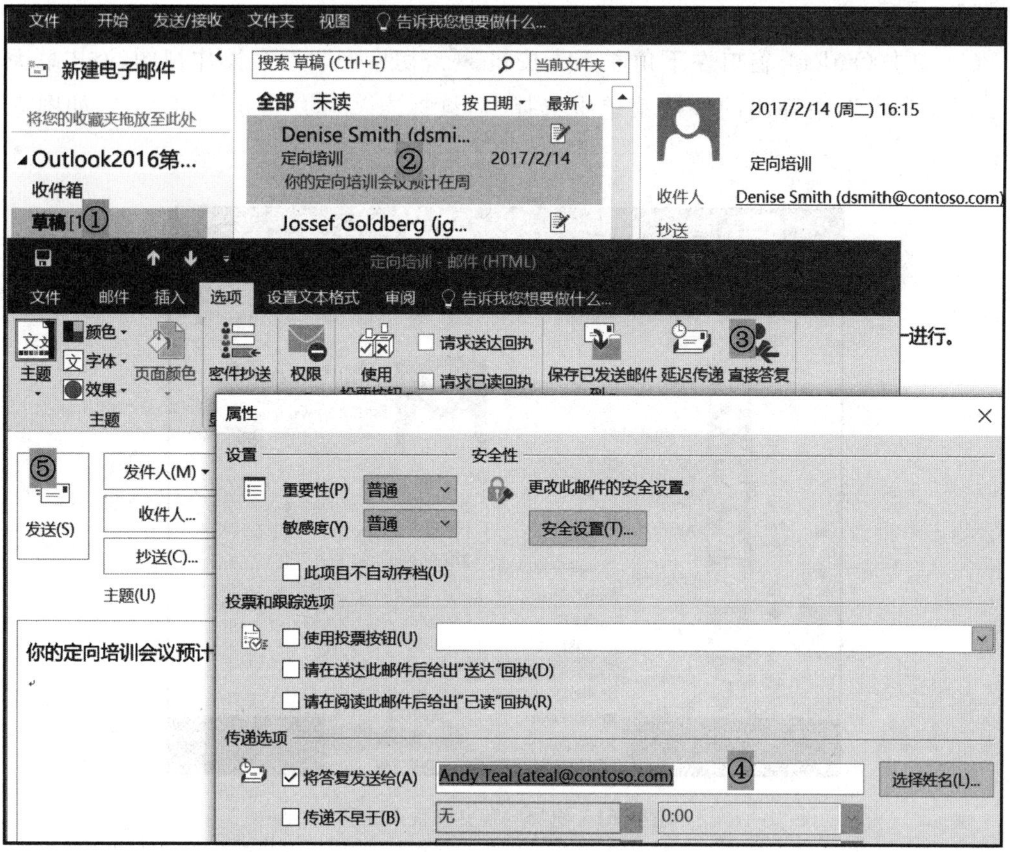

图 5.50　选择直接答复联系人

三、步骤

在 Outlook 邮件操作视图的导航栏单击“草稿”文件夹，找到“定向培训”邮件后双击打开，在打开的邮件窗口中，单击其“选项”功能区的“直接答复”按钮，在打开的“属性”对话框中设置将答复发送给“Andy Teal”，然后关闭“属性”对话框返回邮件窗口，单击“发送”按钮完成操作，依次如图 5.50①～⑤所示。

任务 25

将“安排会议”标签添加至联系人“Thomas Axen”。将开始日期设置为“今天”，并将截止日期设置为“明天”，设置“明天上午 9:00”的提醒。

一、准备

配置好虚拟环境，运行 Outlook 程序。

二、注释

本任务主要考查 Outlook 联系人的相关操作。

三、步骤

(1) 单击 Outlook 窗口左下角联系人按钮 ，切换到联系人操作视图，右击联系人“Thomas Axen”，在弹出的快捷菜单中选择“后续标志”下的“自定义(C)...”，如图 5.51 所示。

图 5.51　选择自定义联系人标签

(2) 在打开的“自定义”对话框中，输入标志为“安排会议”，开始日期设置为“今天”，并将截止日期设置为“明天”，设置“明天”上午“9:00”的提醒，然后单击“确定”按钮完成设置，如图 5.52 所示。

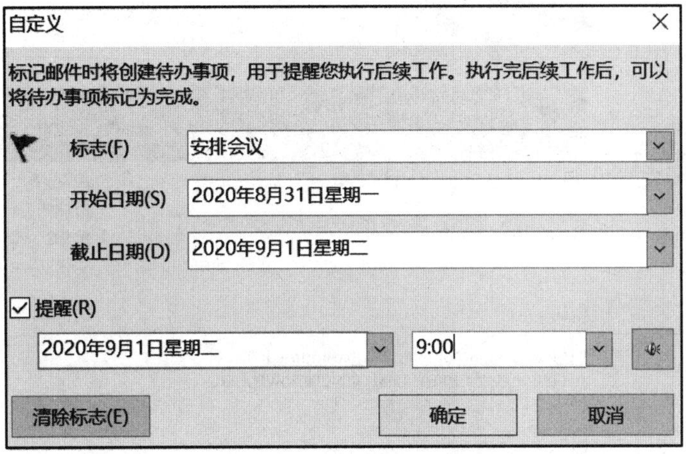

图 5.52　自定义标签内容

注 意

时间设置根据实际情况进行。

任务 26

在“草稿”文件夹中打开“新网站”邮件，为文本“在此”插入超链接，链接到“http://www.contoso.com”，发送该邮件。

一、准备

配置好虚拟环境，运行 Outlook 程序。

二、注释

本任务主要考查 Outlook 邮件的相关操作。

三、步骤

（1）在邮件操作视图导航栏单击“草稿”文件夹，在内容区找到“新网站”邮件，双击打开，选择邮件文本“在此”，右击弹出快捷菜单选择“超链接”菜单命令，依次如图 5.53①、②、③所示。

（2）在打开的“插入超链接”对话框中选择链接到“现有文件或网页”，并在地址文本框中输入“http://www.contoso.com”，如图 5.54 所示，单击“确定”按钮返回邮件窗口，单击“发送”完成操作。

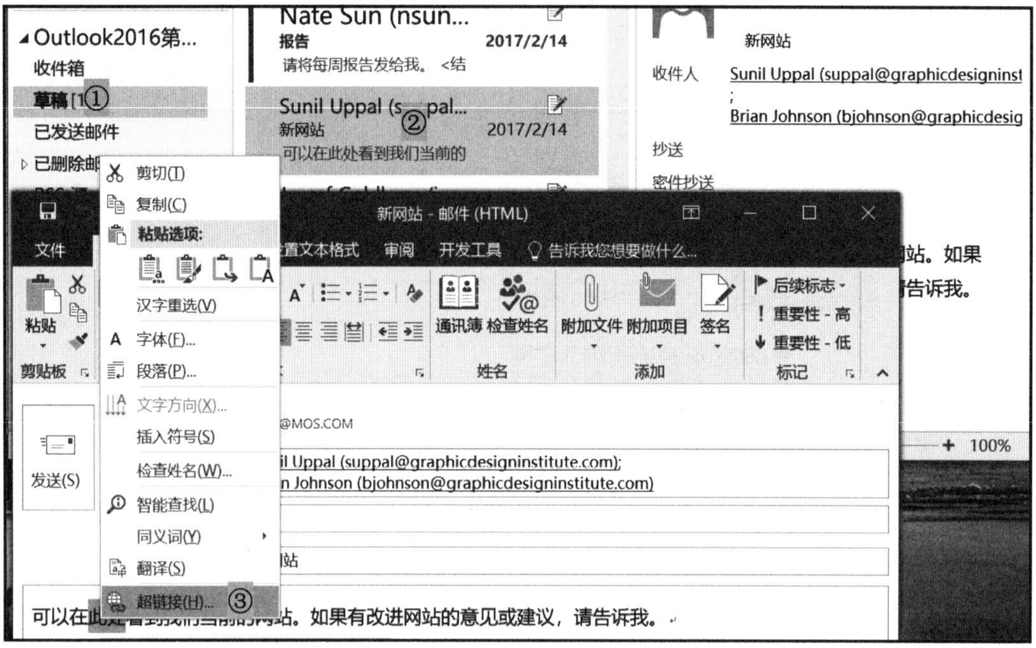

图 5.53　选择邮件文本“超链接”菜单命令

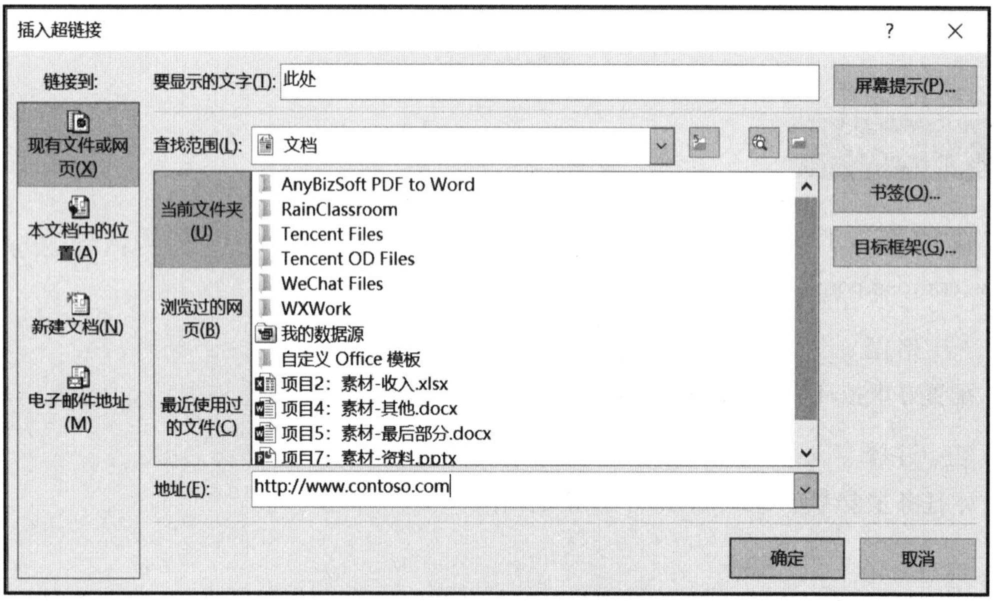

图 5.54　输入链接到的网址

任务 27

在“草稿”文件夹中找到主题为“待审核工作流”的邮件，在正文文本下方插入“图片”文件夹中的“客户服务工作流.png”图片，发送该消息。

一、准备

配置好虚拟环境，运行 Outlook 程序。

二、注释

本任务主要考查 Outlook 邮件的相关操作。

三、步骤

在邮件操作视图导航栏单击“草稿”文件夹，在内容区找到主题为“待审核工作流”的邮件，双击打开，将插入点定位到邮件正文文本下方，单击“插入”选项卡的“图片”，打开“插入图片”对话框，选择位于“图片”文件夹中的“客户服务工作流.png”图片文件，然后单击“插入”按钮返回邮件窗口，再单击“发送”完成操作，依次如图 5.55①～⑥所示。

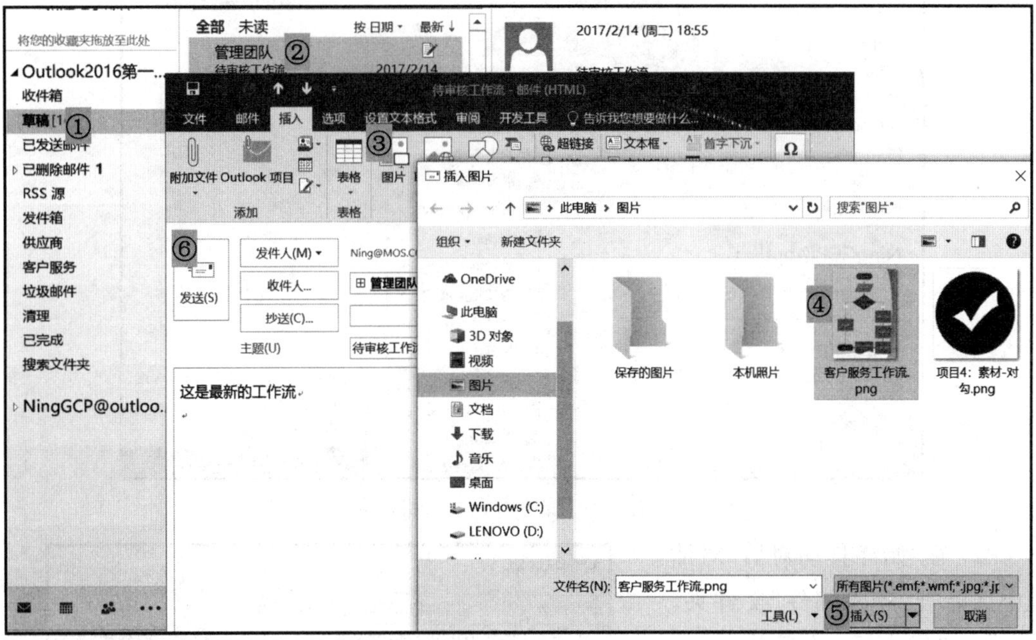

图 5.55　在邮件正文插入图片

任务 28

在“供应商”文件夹中找到“账户”对话，将整个对话和所有与该对话相关的未来邮件发送至“已删除邮件”文件夹。

一、准备

配置好虚拟环境，运行 Outlook 程序。

二、注释

本任务主要考查 Outlook 邮件的相关操作。

三、步骤

（1）在邮件操作视图导航栏单击“供应商”文件夹，在内容区找到“账户”对话，右击该对话，在弹出的快捷菜单中选择“移动”→“总是移动此对话中的邮件”命令，依次如图 5.56①、②、③所示。

图 5.56 选择移动“账户”对话邮件的菜单命令

（2）在“始终移动对话”对话框中选择“已删除邮件”文件夹，如图 5.57①所示，然后单击“确定”按钮完成设置，如图 5.57②所示。

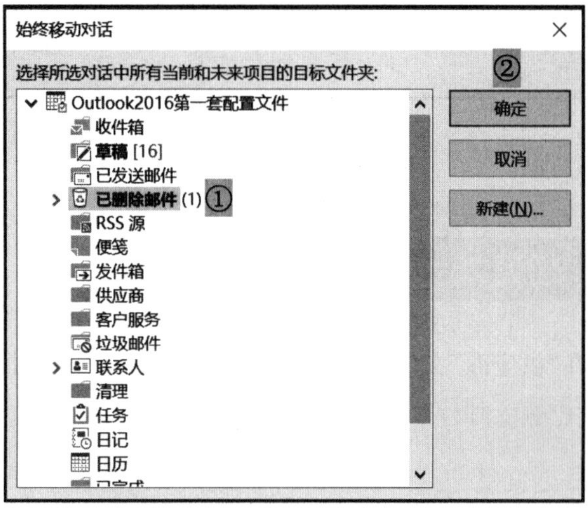

图 5.57 选择移动对话到已删除邮件文件夹

任务 29

将“收件箱”中的邮件按“重要性”进行排序，“重要性一高”的邮件排在顶部，“重要性一低”的邮件排在底部，在每个重要性级别中，按照收到邮件的日期排序邮件，最新收到的邮件显示在第一行。

一、准备

配置好虚拟环境，运行 Outlook 程序。

二、注释

本任务主要考查 Outlook 邮件的相关操作。

三、步骤

(1) 在邮件操作视图导航栏单击“收件箱”文件夹，如图 5.58①所示，在内容区搜索框下方空白处右击，在弹出的快捷菜单中选择“视图设置(V)…”命令，如图 5.58②所示。

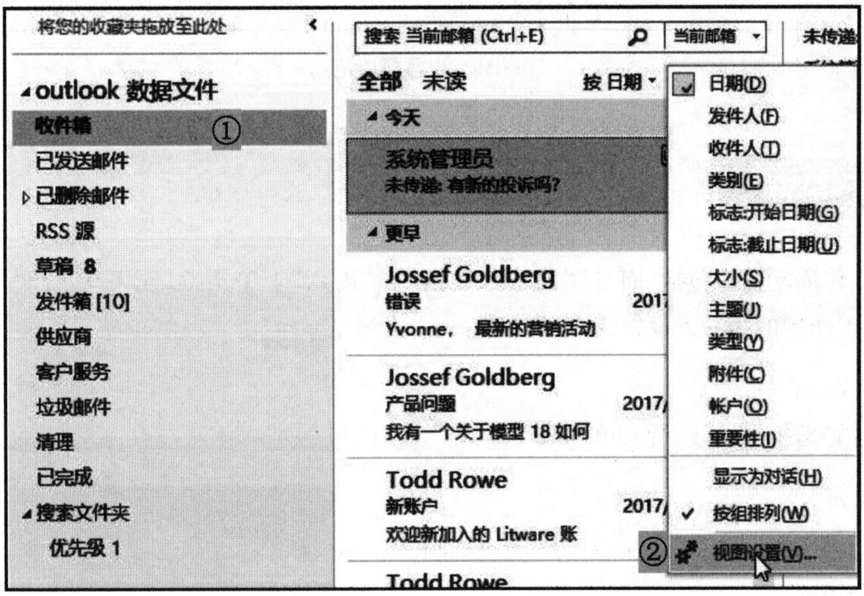

图 5.58 选择收件箱“视图设置”菜单命令

(2) 在弹出的“高级视图设置:压缩”对话框中单击“排序”按钮，打开“排序”对话框，设置排序依据为“重要性”“降序”，第二依据为“接收时间”“降序”，单击“确定”返回上级对话框，再单击“确定”按钮完成设置，依次如图 5.59①～④所示。

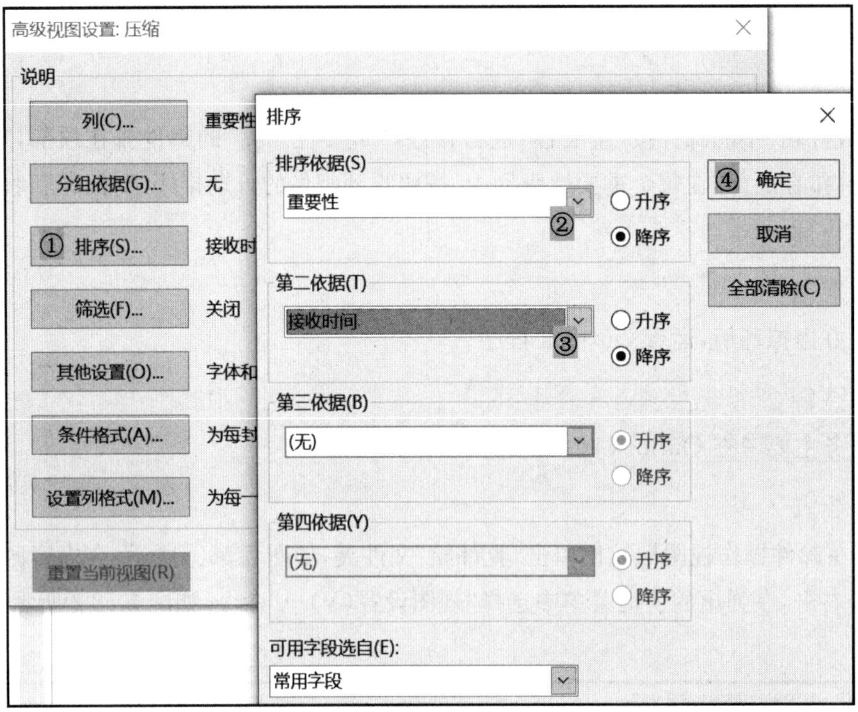

图 5.59　设置排序依据

任务 30

将工作周配置为包括“周二”“周三”“周四”和“周六”上午 7:00 至下午 5:30 的工作时间，将该工作周的第一天设置为“星期二”。

一、准备

配置好虚拟环境，运行 Outlook 程序。

二、注释

本任务主要考查 Outlook 日历的相关操作。

三、步骤

通过单击“文件”→“选项”打开 Outlook 的选项设置，在导航栏选择“日历”，右边找到工作时间设置，设置开始时间为“7:00”，结束时间为“17:30”，工作周包括“周二”“周三”“周四”“周六”，一周的第一天为“星期二”，然后单击“确定”按钮完成设置，依次如图 5.60 ①～③所示。

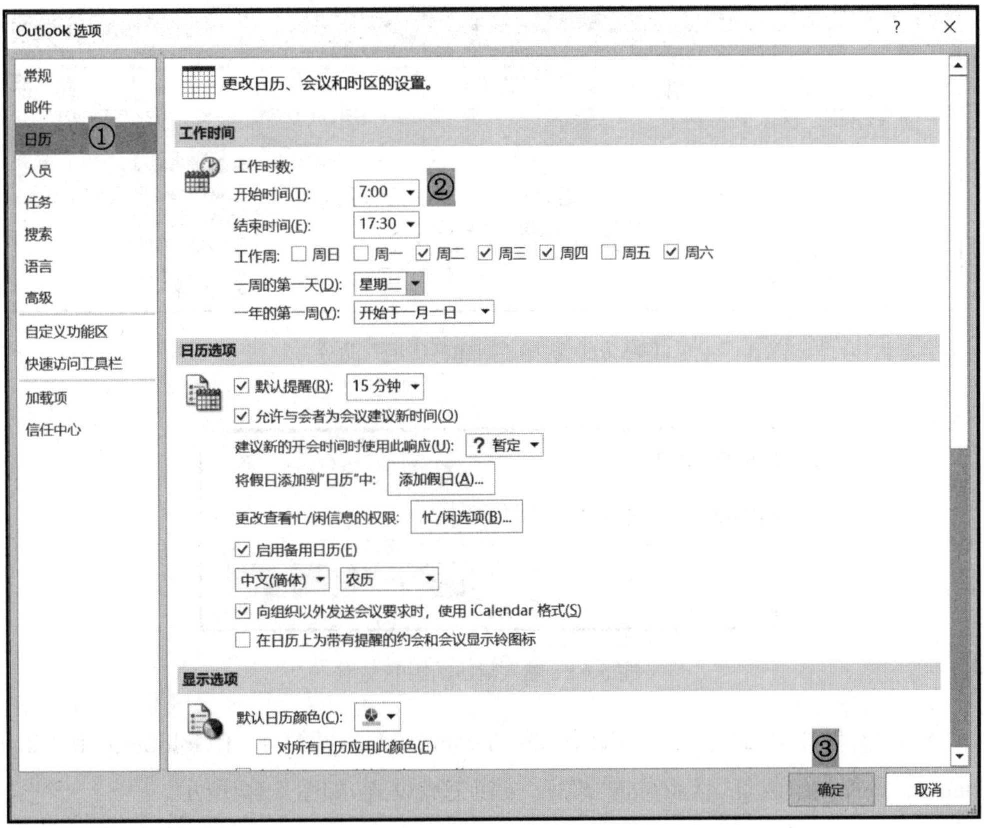

图 5.60 工作时间设置

任务 31

创建包括“Yvonne Mckay”“Jossef Goldberg”和“Shammi Mohamed”日历在内的名为“管理团队”的日历组。

一、准备

配置好虚拟环境，运行 Outlook 程序。

二、注释

本任务主要考查 Outlook 日历的相关操作。

三、步骤

(1) 单击 Outlook 程序窗口左下角日历按钮，在日历工作视图的“开始”选项卡中单击“日历组”的下拉箭头，选择“新建日历组”命令，如图 5.61 所示。

(2) 在弹出的“新建日历组”对话框中输入新日历组的名称“管理团队”，然后单击“确定”按钮，如图 5.62 所示。

图 5.61　选择“新建日历组”命令

图 5.62　输入新日历组的名称

（3）在“选择姓名:联系人”对话框中将“Yvonne Mckay”“Jossef Goldberg”和“Shammi Mohamed”添加到组成员，然后单击“确定”按钮完成设置，如图 5.63 所示。

图 5.63　添加联系人到组成员

任务 32

将联系人从“文档”文件夹中的“个人联系.csv”文件导入到“联系人”文件夹。

一、准备

配置好虚拟环境，运行 Outlook 程序。

二、注释

本任务主要考查 Outlook 文件导入的相关操作。

三、步骤

(1) 通过单击“文件”→“打开和导出”→“导入/导出”打开“导入和导出向导”对话框，选择“从另一程序或文件导入”，然后单击“下一步”，如图 5.64 所示。

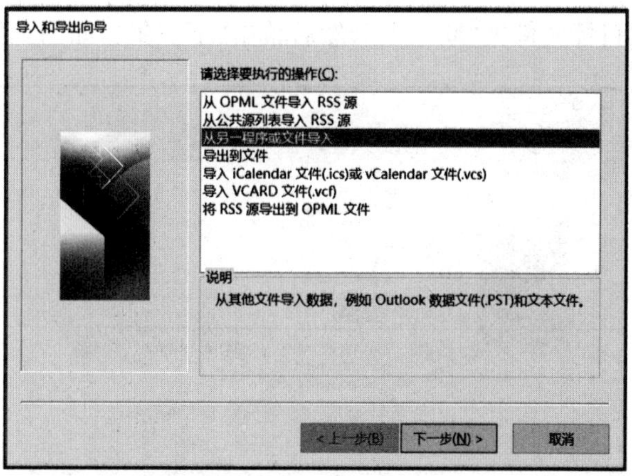

图 5.64　从另一程序或文件导入

(2) 在“导入文件”向导选择“逗号分隔值”，然后单击“下一步”，如图 5.65 所示。

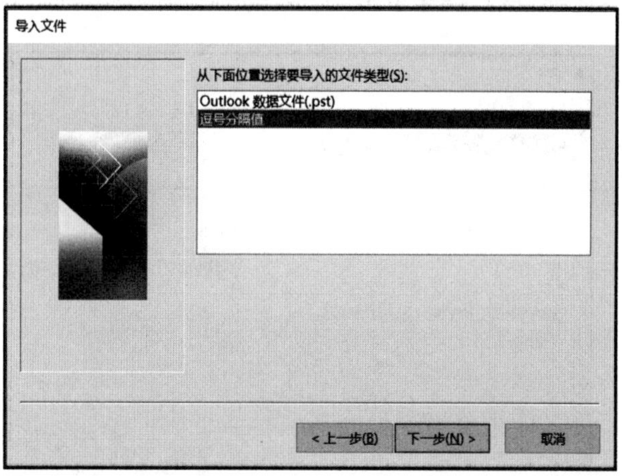

图 5.65　导入文件选择“逗号分隔值”

(3) 通过浏览按钮选择“文档”文件夹中的“个人联系.csv”文件，然后单击“下一步”，如图 5.66 所示。

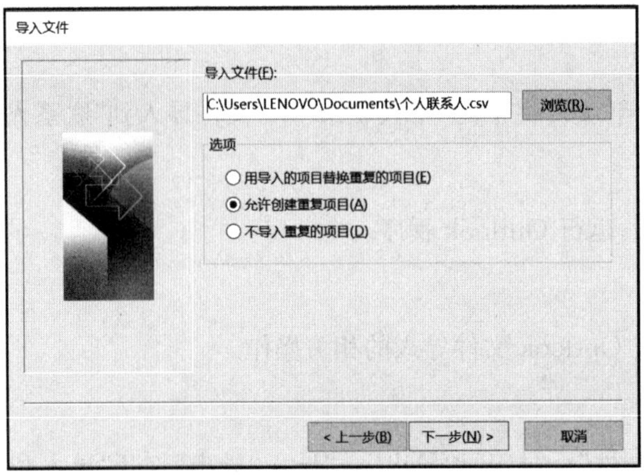

图 5.66　选择要导入的文件 “个人联系人.csv”

(4) 选择导入到目标文件夹“联系人”，然后单击“下一步”，如图 5.67 所示。

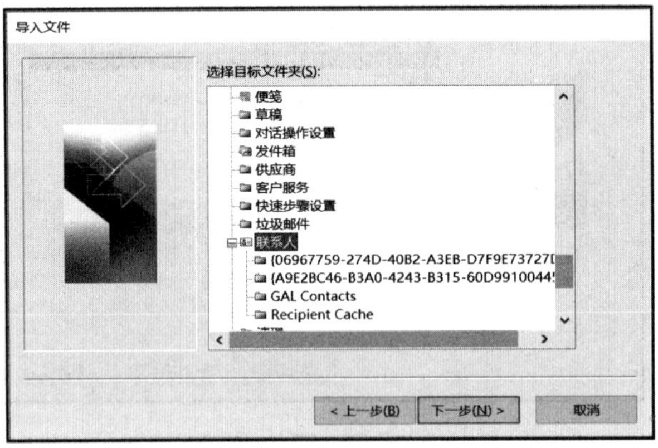

图 5.67　选择目标文件夹

(5) 在“导入文件向导”核对操作单击“完成”，然后等待导入完成，如图 5.68 所示。

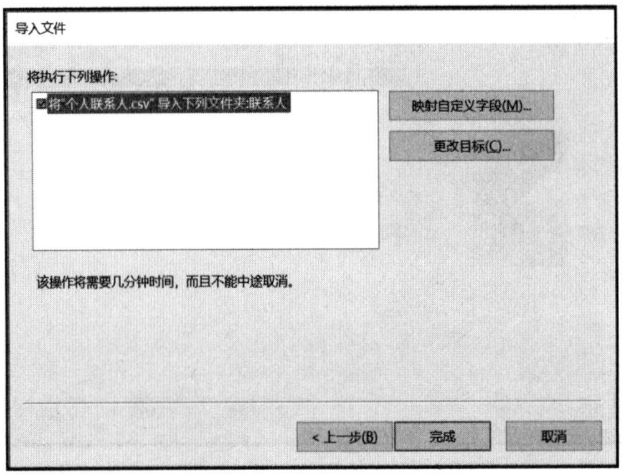

图 5.68　完成导入操作

任务 33

创建名为“Matt Berg”的联系人，电子邮件地址为“mberg@contoso.com”，保存并关闭该联系人。

一、准备

配置好虚拟环境，运行 Outlook 程序。

二、注释

本任务主要考查 Outlook 联系人的相关操作。

三、步骤

单击程序窗口左下角联系人按钮 切换到联系人操作视图，在“开始”选项卡选择“新建联系人”，在弹出的“联系人”窗口中输入联系人姓氏/名字为“Matt”“Berg”，电子邮件地址为“mberg@contoso.com”，保存并关闭该联系人，依次如图 5.69①～④所示。

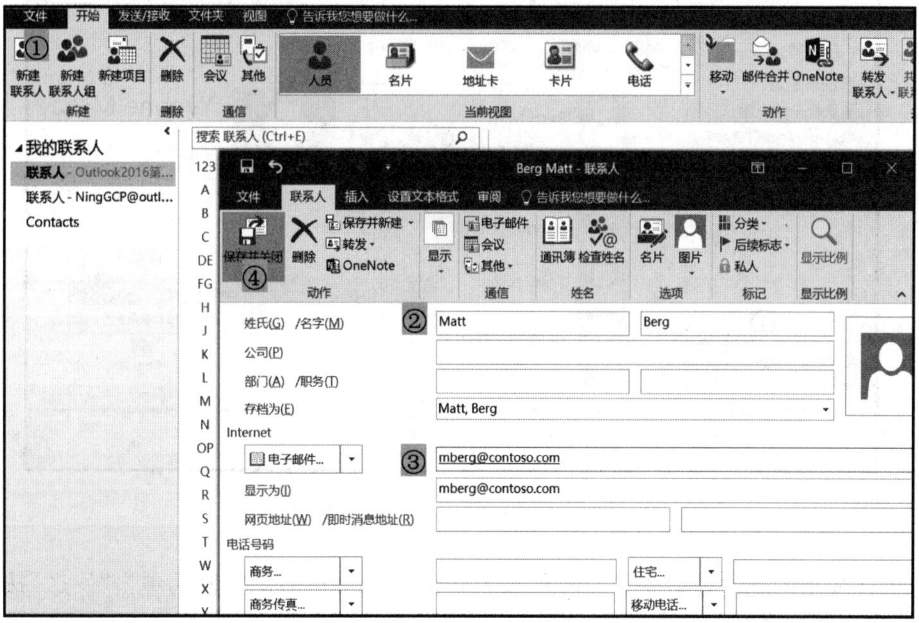

图 5.69　输入新建联系人信息

注 意

输入联系人信息时要注意区分大小写和半角符号。

任务 34

创建包括“Yvonne Mckay”的联系人信息以名片的形式发送给“Adam Barr”。

一、准备

配置好虚拟环境，运行 Outlook 程序。

二、注释

本任务主要考查 Outlook 发送联系人名片的相关操作。

三、步骤

（1）单击程序窗口左下角联系人按钮 切换到联系人操作视图，找到联系人“Yvonne Mckay”，右击该联系人，在快捷菜单中选择“转发联系人”→“作为名片”，依次如图 5.70①、②、③所示。

图 5.70　把联系人作为名片转发

（2）在弹出的邮件窗口中设置收件人为联系人“Adam Barr”，然后单击“发送”按钮完成操作，如图 5.71 所示。

任务 35

将“Kim Ralls”和“Toby Nixon”从“设计”联系人组移除，保存并关闭该联系人组。

一、准备

配置好虚拟环境，运行 Outlook 程序。

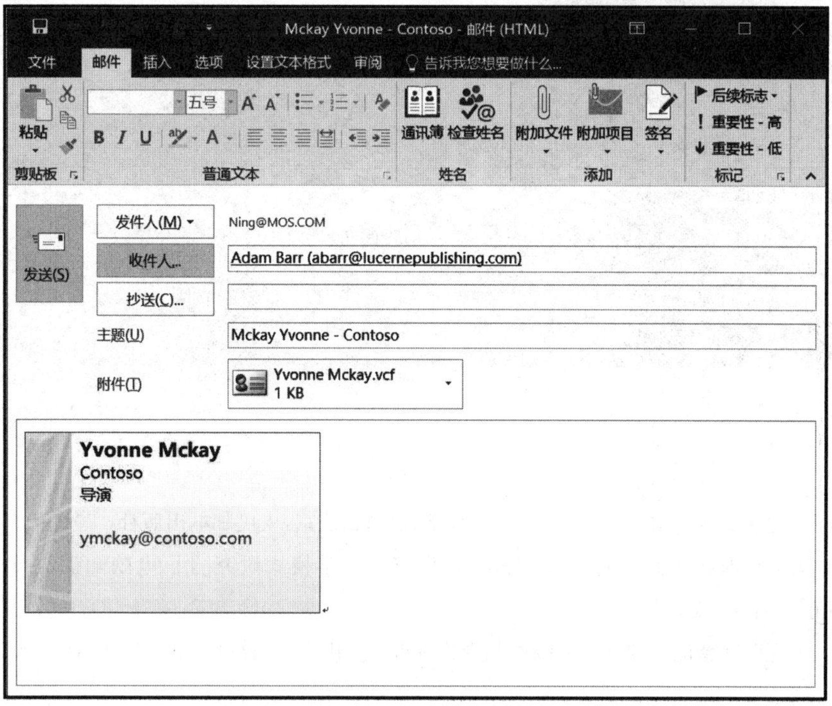

图 5.71　添加收件人并发送邮件

二、注释

本任务主要考查 Outlook 联系人的相关操作。

三、步骤

单击程序窗口左下角联系人按钮 切换到联系人操作视图，找到“设计”联系人组，双击该联系人组打开“设计－联系人组”窗口，选择联系人“Kim Ralls”和“Toby Nixon”，单击上方功能区的“删除成员”按钮，然后保存并关闭该联系人组，依次如图 5.72①～④所示。

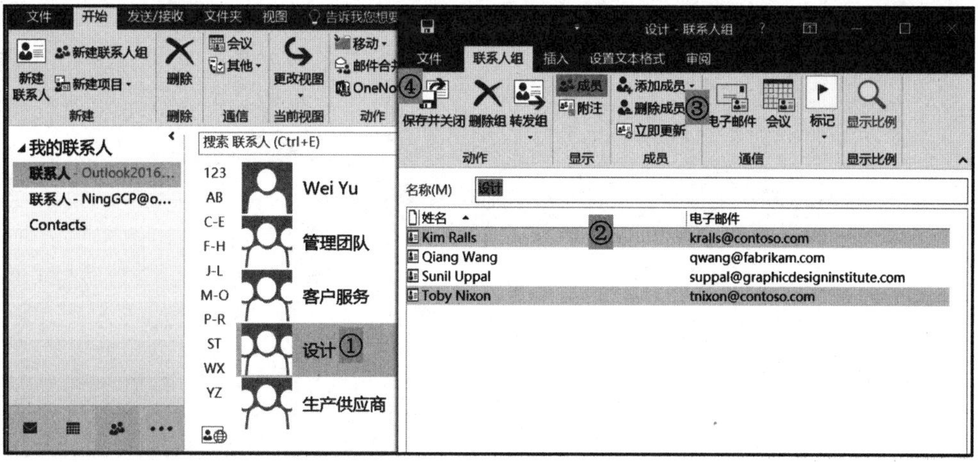

图 5.72　删除联系组成员

参考文献

[1] 周美玲，熊李艳，雷莉霞. 计算思维与计算机基础[M]. 北京：人民邮电出版社，2015.

[2] 吴琼香. 大数据时代下高职院校计算机基础课多元教学模式研究[J]. 电脑知识与技术：学术版，2022，18(12)：160-162.

[3] 杨平. 关于高职计算机基础教学的改革及创新探析[J]. 山海经：教育前沿，2021，000(001)：P.1-1.